付録 とりはずしてお使いください。

計算せんもんドリル

6年

6年　　組

特色と使い方

- このドリルは、計算力を付けるための計算問題をせんもんにあつかったドリルです。
- 教科書ぴったりトレーニングに、このドリルの何ページをすればよいのかが書いてあります。教科書ぴったりトレーニングにあわせてお使いください。

もくじ

おうちのかたへ

- お子さまがお使いの教科書や学校の学習状況により、ドリルのページが前後したり、学習されていない問題が含まれている場合がございます。お子さまの学習状況に応じてお使いください。
- お子さまがお使いの教科書により、教科書ぴったりトレーニングと対応していないページがある場合がございますが、お子さまの興味・関心に応じてお使いください。

1 分数×整数 ①

★できた問題には、「た」をかこう！

できた 1 た　できた 2

1 次の計算をしましょう。　　月　日

① $\frac{1}{6}\times5$　　② $\frac{2}{9}\times4$

③ $\frac{3}{4}\times9$　　④ $\frac{4}{5}\times4$

⑤ $\frac{2}{3}\times2$　　⑥ $\frac{3}{7}\times6$

2 次の計算をしましょう。　　月　日

① $\frac{3}{8}\times2$　　② $\frac{7}{6}\times3$

③ $\frac{5}{12}\times8$　　④ $\frac{10}{9}\times6$

⑤ $\frac{1}{8}\times8$　　⑥ $\frac{4}{3}\times6$

2 分数×整数 ②

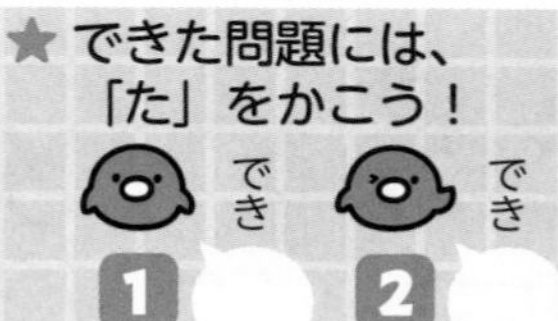

1 次の計算をしましょう。

月　　日

① $\frac{2}{7}\times3$

② $\frac{1}{2}\times9$

③ $\frac{3}{8}\times7$

④ $\frac{5}{4}\times3$

⑤ $\frac{6}{5}\times2$

⑥ $\frac{2}{3}\times8$

2 次の計算をしましょう。

月　　日

① $\frac{1}{4}\times2$

② $\frac{5}{12}\times3$

③ $\frac{1}{12}\times10$

④ $\frac{5}{8}\times6$

⑤ $\frac{1}{3}\times6$

⑥ $\frac{5}{4}\times12$

3 分数÷整数 ①

★できた問題には、「た」をかこう！

1 でき　2 でき

1 次の計算をしましょう。　　月　日

① $\frac{8}{7} \div 9$

② $\frac{6}{5} \div 7$

③ $\frac{4}{3} \div 5$

④ $\frac{10}{3} \div 2$

⑤ $\frac{9}{8} \div 3$

⑥ $\frac{3}{2} \div 3$

2 次の計算をしましょう。　　月　日

① $\frac{2}{9} \div 6$

② $\frac{3}{5} \div 12$

③ $\frac{2}{3} \div 4$

④ $\frac{9}{10} \div 6$

⑤ $\frac{6}{7} \div 4$

⑥ $\frac{9}{4} \div 12$

4 分数÷整数 ②

★できた問題には、「た」をかこう！

でき 1　でき 2

1 次の計算をしましょう。

月　日

① $\frac{5}{6} \div 8$

② $\frac{3}{8} \div 2$

③ $\frac{2}{3} \div 9$

④ $\frac{6}{5} \div 6$

⑤ $\frac{9}{10} \div 3$

⑥ $\frac{15}{2} \div 5$

2 次の計算をしましょう。

月　日

① $\frac{3}{2} \div 9$

② $\frac{2}{7} \div 10$

③ $\frac{4}{3} \div 12$

④ $\frac{6}{5} \div 10$

⑤ $\frac{9}{4} \div 6$

⑥ $\frac{8}{5} \div 6$

5 分数のかけ算①

★できた問題には、「た」をかこう！

1 でき　2 でき

1 次の計算をしましょう。　　月　日

① $\frac{1}{5}\times\frac{1}{6}$

② $\frac{2}{3}\times\frac{2}{5}$

③ $\frac{3}{5}\times\frac{2}{9}$

④ $\frac{3}{7}\times\frac{5}{6}$

⑤ $\frac{14}{9}\times\frac{12}{7}$

⑥ $\frac{5}{2}\times\frac{6}{5}$

2 次の計算をしましょう。　　月　日

① $1\frac{1}{3}\times\frac{2}{5}$

② $1\frac{1}{8}\times1\frac{1}{6}$

③ $\frac{8}{15}\times2\frac{1}{2}$

④ $1\frac{3}{7}\times1\frac{13}{15}$

⑤ $6\times\frac{2}{7}$

⑥ $4\times2\frac{1}{4}$

★できた問題には、「た」をかこう！

できた 1　できた 2

6 分数のかけ算②

1 次の計算をしましょう。

月　日

① $\frac{1}{2}\times\frac{1}{7}$

② $\frac{6}{5}\times\frac{6}{7}$

③ $\frac{4}{5}\times\frac{3}{8}$

④ $\frac{5}{8}\times\frac{4}{3}$

⑤ $\frac{7}{8}\times\frac{2}{7}$

⑥ $\frac{14}{9}\times\frac{3}{16}$

2 次の計算をしましょう。

月　日

① $\frac{6}{7}\times1\frac{3}{5}$

② $1\frac{2}{5}\times1\frac{7}{8}$

③ $2\frac{1}{4}\times\frac{8}{15}$

④ $2\frac{1}{3}\times1\frac{1}{14}$

⑤ $1\frac{1}{8}\times1\frac{7}{9}$

⑥ $4\times\frac{5}{6}$

7 分数のかけ算③

★できた問題には、「た」をかこう！

でき 1　でき 2

1 次の計算をしましょう。

月　　日

① $\frac{1}{4}\times\frac{1}{3}$

② $\frac{5}{6}\times\frac{5}{7}$

③ $\frac{2}{7}\times\frac{3}{8}$

④ $\frac{3}{4}\times\frac{8}{9}$

⑤ $\frac{7}{5}\times\frac{15}{7}$

⑥ $\frac{8}{3}\times\frac{9}{4}$

2 次の計算をしましょう。

月　　日

① $2\frac{1}{3}\times\frac{5}{6}$

② $\frac{4}{7}\times2\frac{3}{4}$

③ $1\frac{1}{10}\times1\frac{4}{11}$

④ $1\frac{1}{4}\times1\frac{3}{5}$

⑤ $7\times\frac{3}{5}$

⑥ $8\times2\frac{1}{2}$

8 分数のかけ算④

★できた問題には、「た」をかこう！

でき 1　でき 2

1 次の計算をしましょう。　　月　日

① $\frac{1}{3}\times\frac{1}{2}$　② $\frac{2}{7}\times\frac{3}{7}$

③ $\frac{5}{6}\times\frac{3}{8}$　④ $\frac{2}{5}\times\frac{5}{8}$

⑤ $\frac{9}{2}\times\frac{8}{3}$　⑥ $\frac{14}{3}\times\frac{9}{7}$

2 次の計算をしましょう。　　月　日

① $\frac{3}{7}\times1\frac{4}{5}$　② $1\frac{3}{8}\times1\frac{2}{11}$

③ $3\frac{3}{4}\times\frac{8}{25}$　④ $1\frac{1}{2}\times1\frac{1}{9}$

⑤ $2\frac{1}{4}\times1\frac{7}{9}$　⑥ $6\times\frac{5}{4}$

9 3つの数の分数のかけ算

★できた問題には、「た」をかこう！

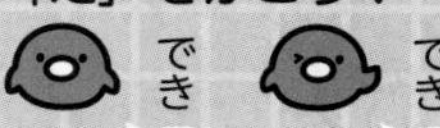

1 次の計算をしましょう。　　　月　　日

① $\frac{4}{3}\times\frac{5}{4}\times\frac{2}{7}$　　② $\frac{8}{5}\times\frac{7}{8}\times\frac{7}{9}$

③ $\frac{2}{5}\times\frac{7}{3}\times\frac{5}{8}$　　④ $\frac{1}{3}\times\frac{14}{5}\times\frac{6}{7}$

⑤ $\frac{7}{6}\times\frac{5}{3}\times\frac{9}{14}$　　⑥ $\frac{5}{4}\times\frac{6}{7}\times\frac{8}{15}$

2 次の計算をしましょう。　　　月　　日

① $\frac{5}{11}\times\frac{5}{12}\times2\frac{3}{4}$　　② $\frac{5}{7}\times\frac{1}{6}\times1\frac{4}{5}$

③ $\frac{3}{7}\times3\frac{1}{2}\times\frac{6}{11}$　　④ $\frac{8}{9}\times1\frac{1}{4}\times\frac{3}{10}$

⑤ $2\frac{2}{3}\times\frac{3}{4}\times\frac{7}{12}$　　⑥ $3\frac{3}{4}\times\frac{5}{6}\times\frac{4}{5}$

10 計算のきまり

★できた問題には、「た」をかこう！

でき

1

月　　日

1 計算のきまりを使って、くふうして計算しましょう。

① $\left(\frac{1}{5}\times\frac{2}{7}\right)\times\frac{7}{2}$

② $\frac{35}{8}\times\left(\frac{1}{5}+\frac{3}{7}\right)$

③ $\left(\frac{1}{3}+\frac{1}{4}\right)\times\frac{12}{5}$

④ $\left(\frac{1}{2}-\frac{4}{9}\right)\times\frac{18}{5}$

⑤ $\frac{1}{4}\times\frac{10}{9}+\frac{1}{5}\times\frac{10}{9}$

⑥ $\frac{3}{5}\times\frac{5}{11}-\frac{2}{7}\times\frac{5}{11}$

11 分数のわり算①

★できた問題には、「た」をかこう！

できた 1　できた 2

1 次の計算をしましょう。

月　日

① $\frac{3}{4} \div \frac{1}{5}$

② $\frac{7}{5} \div \frac{3}{4}$

③ $\frac{8}{5} \div \frac{7}{10}$

④ $\frac{3}{4} \div \frac{9}{5}$

⑤ $\frac{5}{3} \div \frac{10}{9}$

⑥ $\frac{5}{6} \div \frac{15}{2}$

2 次の計算をしましょう。

月　日

① $1\frac{1}{9} \div \frac{3}{7}$

② $\frac{7}{8} \div 3\frac{1}{2}$

③ $2\frac{1}{2} \div 1\frac{1}{3}$

④ $1\frac{2}{5} \div 2\frac{3}{5}$

⑤ $8 \div \frac{1}{2}$

⑥ $\frac{7}{6} \div 14$

★できた問題には、「た」をかこう！

でき 1　でき 2

12 分数のわり算②

1 次の計算をしましょう。

月　日

① $\frac{5}{4} \div \frac{3}{7}$

② $\frac{7}{3} \div \frac{1}{9}$

③ $\frac{7}{2} \div \frac{5}{8}$

④ $\frac{4}{5} \div \frac{8}{9}$

⑤ $\frac{5}{9} \div \frac{20}{3}$

⑥ $\frac{3}{7} \div \frac{9}{14}$

2 次の計算をしましょう。

月　日

① $4\frac{2}{3} \div \frac{7}{9}$

② $\frac{8}{9} \div 1\frac{1}{2}$

③ $1\frac{1}{3} \div 1\frac{4}{5}$

④ $2\frac{2}{9} \div 3\frac{1}{3}$

⑤ $7 \div 4\frac{1}{2}$

⑥ $\frac{9}{8} \div 2$

★できた問題には、「た」をかこう！

できた 1　できた 2

13 分数のわり算③

1 次の計算をしましょう。

月　日

① $\frac{2}{3} \div \frac{1}{4}$

② $\frac{3}{2} \div \frac{8}{3}$

③ $\frac{9}{4} \div \frac{5}{8}$

④ $\frac{7}{9} \div \frac{4}{3}$

⑤ $\frac{8}{7} \div \frac{12}{7}$

⑥ $\frac{5}{6} \div \frac{10}{9}$

2 次の計算をしましょう。

月　日

① $1\frac{2}{5} \div \frac{3}{4}$

② $\frac{9}{10} \div 3\frac{3}{5}$

③ $3\frac{1}{2} \div 1\frac{3}{10}$

④ $1\frac{7}{8} \div 2\frac{1}{2}$

⑤ $6 \div \frac{1}{5}$

⑥ $\frac{3}{4} \div 5$

14 分数のわり算④

★できた問題には、「た」をかこう！

できた 1　できた 2

1 次の計算をしましょう。　　月　　日

① $\frac{8}{3} \div \frac{7}{10}$

② $\frac{4}{3} \div \frac{1}{6}$

③ $\frac{7}{4} \div \frac{5}{8}$

④ $\frac{6}{5} \div \frac{9}{7}$

⑤ $\frac{3}{8} \div \frac{9}{2}$

⑥ $\frac{7}{9} \div \frac{7}{6}$

2 次の計算をしましょう。　　月　　日

① $4\frac{1}{4} \div \frac{5}{8}$

② $\frac{4}{5} \div 1\frac{2}{3}$

③ $1\frac{1}{7} \div 1\frac{1}{5}$

④ $3\frac{3}{4} \div 4\frac{3}{8}$

⑤ $5 \div \frac{10}{3}$

⑥ $5\frac{1}{3} \div 3$

15 分数と小数のかけ算とわり算

1 次の計算をしましょう。

月　　日

① $0.3\times\frac{1}{7}$

② $2.5\times1\frac{3}{5}$

③ $\frac{5}{12}\times0.8$

④ $1\frac{1}{6}\times1.2$

2 次の計算をしましょう。

月　　日

① $0.9\div\frac{5}{6}$

② $1.6\div\frac{2}{3}$

③ $\frac{3}{4}\div0.2$

④ $1\frac{1}{5}\div1.2$

16 分数のかけ算とわり算のまじった式①

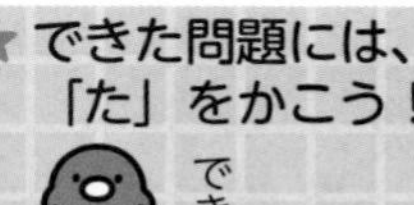

月　日

1 次の計算をしましょう。

① $\frac{1}{2}\times\frac{9}{2}\div\frac{3}{10}$

② $\frac{7}{3}\times\frac{5}{9}\div\frac{10}{3}$

③ $\frac{1}{4}\times\frac{6}{5}\div\frac{9}{5}$

④ $\frac{3}{5}\div\frac{1}{3}\times\frac{6}{7}$

⑤ $\frac{2}{3}\div\frac{8}{9}\times\frac{3}{4}$

⑥ $\frac{8}{5}\div\frac{2}{3}\times5$

⑦ $\frac{5}{9}\div\frac{5}{6}\div\frac{3}{7}$

⑧ $\frac{8}{7}\div\frac{4}{3}\div\frac{6}{5}$

17 分数のかけ算とわり算のまじった式②

月　日

1 次の計算をしましょう。

① $\frac{9}{4}\times\frac{5}{2}\div\frac{7}{8}$

② $\frac{5}{3}\times\frac{2}{7}\div\frac{10}{21}$

③ $\frac{3}{8}\div\frac{5}{6}\times\frac{2}{9}$

④ $\frac{4}{5}\div3\times\frac{9}{8}$

⑤ $\frac{2}{3}\div\frac{8}{7}\div\frac{2}{9}$

⑥ $\frac{3}{4}\div\frac{9}{5}\div\frac{5}{8}$

⑦ $\frac{4}{5}\div\frac{8}{7}\div\frac{14}{15}$

⑧ $\frac{5}{6}\div\frac{1}{9}\div6$

18 かけ算とわり算のまじった式①

★できた問題には、「た」をかこう！

1 でき

1 次の計算をしましょう。

月　日

① $\frac{8}{5}\times\frac{3}{4}\div0.6$

② $\frac{8}{7}\div\frac{5}{6}\times0.5$

③ $\frac{5}{4}\div0.8\times\frac{8}{15}$

④ $\frac{4}{3}\div0.6\div\frac{8}{9}$

⑤ $0.5\times\frac{4}{3}\div0.08$

⑥ $0.9\div\frac{3}{8}\times1.2$

⑦ $0.9\div3.9\times5.2$

⑧ $0.15\times15\div\frac{5}{8}$

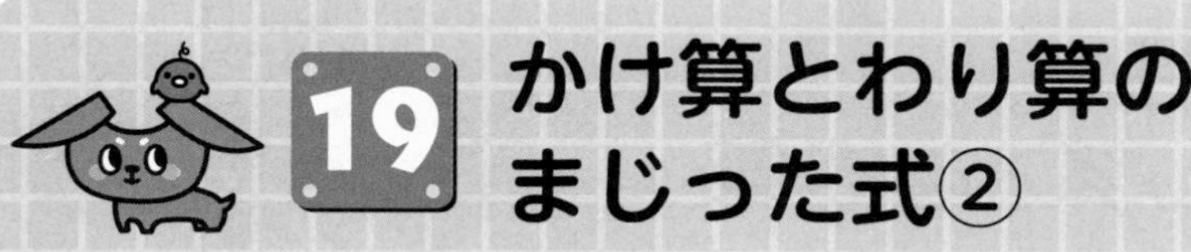

★できた問題には、「た」をかこう！

できた 1

月　日

1 次の計算をしましょう。

① $0.2\times\frac{10}{9}\div6$

② $0.4\times\frac{4}{5}\div1.6$

③ $\frac{2}{3}\times0.8\div8$

④ $\frac{1}{3}\div1.4\times6$

⑤ $5\div0.5\times\frac{3}{4}$

⑥ $2\times\frac{7}{9}\times0.81$

⑦ $0.8\times0.4\div0.06$

⑧ $\frac{6}{5}\div4\div0.9$

6年間の計算のまとめ

20 整数のたし算とひき算

★できた問題には、「た」をかこう！

1 でき　2 でき

1 次の計算をしましょう。

月　日

① 23＋58　② 79＋84　③ 73＋134　④ 415＋569

⑤ 314＋298　⑥ 788＋497　⑦ 1710＋472　⑧ 2459＋1268

2 次の計算をしましょう。

月　日

① 92－45　② 118－52　③ 813－522　④ 412－268

⑤ 431－342　⑥ 1000－478　⑦ 1870－984　⑧ 2241－1736

6年間の計算のまとめ

21 整数のかけ算

★できた問題には、「た」をかこう！

1 次の計算をしましょう。　　月　　日

① 45×2　② 29×7　③ 382×9　④ 708×5

⑤ 39×41　⑥ 54×28　⑦ 78×82　⑧ 32×45

2 次の計算をしましょう。　　月　　日

① 257×53　② 301×49　③ 83×265　④ 674×137

6年間の計算のまとめ

22 整数のわり算

★できた問題には、「た」をかこう！

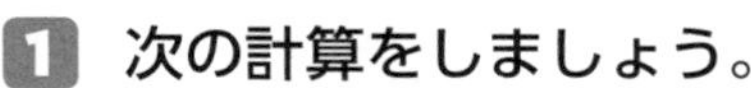

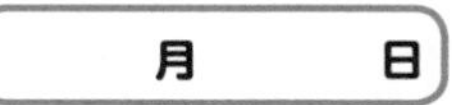

1 次の計算をしましょう。　　月　日

① 78÷6　② 92÷4　③ 162÷3　④ 492÷2

⑤ 68÷17　⑥ 152÷19　⑦ 406÷29　⑧ 5456÷16

2 商を一の位まで求め、あまりも出しましょう。

① 84÷5　② 906÷53　③ 956÷29　④ 2418÷95

6年間の計算のまとめ

23 小数のたし算とひき算

★できた問題には、「た」をかこう！

1 でき　2 でき

1 次の計算をしましょう。　　月　日

① 4.3+3.5　② 2.8+0.3　③ 7.2+4.9　④ 16+0.5

⑤ 0.93+0.69　⑥ 2.75+0.89　⑦ 2.4+0.08　⑧ 61.8+0.94

2 次の計算をしましょう。　　月　日

① 3.7−1.2　② 7.4−4.5　③ 11.7−3.6　④ 4−2.4

⑤ 0.43−0.17　⑥ 2.56−1.94　⑦ 5.7−0.68　⑧ 3−0.09

★できた問題には、「た」をかこう！

1 でき　2 でき

① 3.2×8　② 0.27×2　③ 9.4×66　④ 7.18×15

2 次の計算をしましょう。

① 12×6.7　② 7.3×0.8　③ 2.8×8.2　④ 3.6×2.5

⑤ 9.08×4.8　⑥ 3.4×0.04　⑦ 0.65×0.77　⑧ 13.4×0.56

小数のわり算

① 6.5÷5　② 42÷0.7　③ 39.2÷0.8　④ 37.1÷5.3

⑤ 50.7÷0.78　⑥ 8.37÷2.7　⑦ 19.32÷6.9　⑧ 6.86÷0.98

2 商を $\frac{1}{10}$ の位まで求め、あまりも出しましょう。

① 6.8÷3　② 2.7÷1.6　③ 5.9÷0.15　④ 32.98÷4.3

6年間の計算のまとめ

26 わり進むわり算

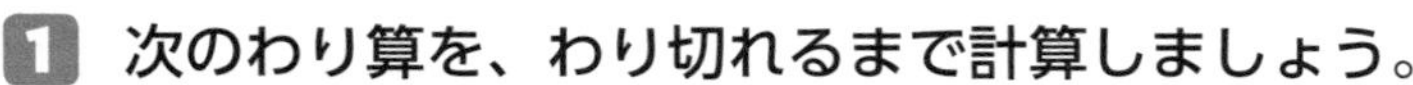

1 次のわり算を、わり切れるまで計算しましょう。

① 5.1÷6　② 11.7÷15　③ 13÷4　④ 21÷24

2 次のわり算を、わり切れるまで計算しましょう。

① 2.3÷0.4　② 2.09÷0.5　③ 3.3÷2.5　④ 9.36÷4.8

⑤ 1.96÷0.35　⑥ 4.5÷0.72　⑦ 72.8÷20.8　⑧ 3.85÷3.08

6年間の計算のまとめ

27 商をがい数で表すわり算

★できた問題には、「た」をかこう！

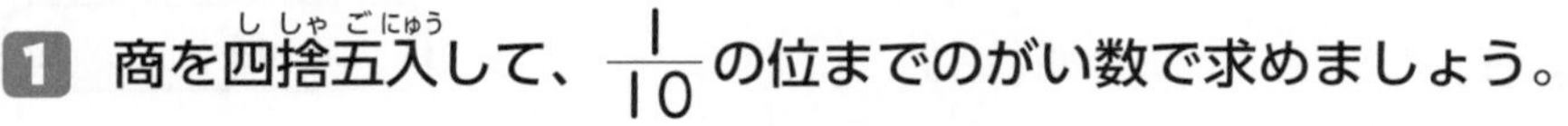

1 商を四捨五入（ししゃごにゅう）して、$\frac{1}{10}$の位までのがい数で求めましょう。

① 9.9÷49　　② 4.9÷5.7　　③ 5.06÷7.9　　④ 1.92÷0.28

2 商を四捨五入して、上から２けたのがい数で求めましょう。

① 26÷9　　② 12.9÷8.3　　③ 8÷0.97　　④ 5.91÷4.2

6年間の計算のまとめ

28 分数のたし算とひき算

★できた問題には、「た」をかこう！

1 でき　2 でき

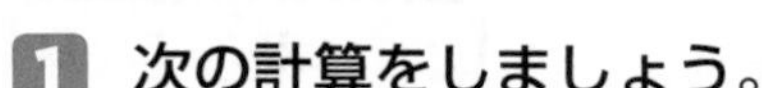

1 次の計算をしましょう。

月　　日

① $\frac{4}{7}+\frac{1}{7}$

② $\frac{2}{3}+\frac{3}{8}$

③ $\frac{1}{5}+\frac{7}{15}$

④ $1\frac{3}{10}+\frac{7}{8}$

⑤ $\frac{5}{6}+3\frac{1}{2}$

⑥ $1\frac{5}{7}+1\frac{11}{14}$

2 次の計算をしましょう。

月　　日

① $\frac{3}{5}-\frac{2}{5}$

② $\frac{4}{5}-\frac{3}{10}$

③ $\frac{5}{6}-\frac{3}{10}$

④ $\frac{34}{21}-\frac{11}{14}$

⑤ $1\frac{1}{12}-\frac{3}{8}$

⑥ $2\frac{3}{5}-1\frac{2}{3}$

29 分数のかけ算

★できた問題には、「た」をかこう！

1 次の計算をしましょう。　　月　日

① $\frac{3}{7}\times4$　　② $9\times\frac{5}{6}$

③ $\frac{2}{5}\times\frac{4}{3}$　　④ $\frac{3}{4}\times\frac{5}{9}$

⑤ $\frac{2}{3}\times\frac{9}{8}$　　⑥ $\frac{7}{5}\times\frac{10}{7}$

2 次の計算をしましょう。　　月　日

① $\frac{4}{5}\times1\frac{2}{3}$　　② $1\frac{1}{8}\times\frac{2}{3}$

③ $1\frac{1}{2}\times1\frac{5}{9}$　　④ $1\frac{1}{9}\times1\frac{7}{8}$

⑤ $1\frac{2}{5}\times1\frac{3}{7}$　　⑥ $2\frac{1}{4}\times1\frac{1}{3}$

6年間の計算のまとめ

30 分数のわり算

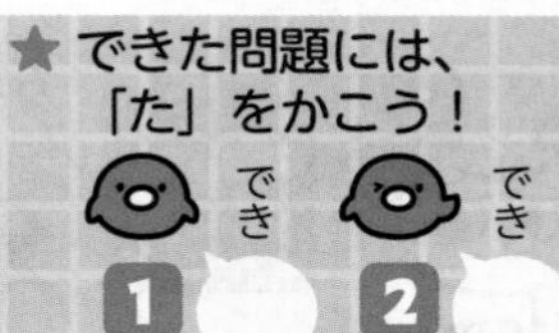

1 次の計算をしましょう。

月　日

① $\frac{3}{4} \div 5$

② $7 \div \frac{5}{8}$

③ $\frac{2}{5} \div \frac{6}{7}$

④ $\frac{5}{6} \div \frac{10}{9}$

⑤ $\frac{10}{7} \div \frac{5}{14}$

⑥ $\frac{8}{3} \div \frac{4}{9}$

2 次の計算をしましょう。

月　日

① $\frac{4}{9} \div 3\frac{1}{3}$

② $1\frac{3}{5} \div \frac{4}{5}$

③ $2\frac{2}{3} \div 1\frac{2}{3}$

④ $2\frac{1}{2} \div 1\frac{7}{8}$

⑤ $1\frac{1}{3} \div 1\frac{7}{9}$

⑥ $1\frac{3}{5} \div 2$

6年間の計算のまとめ

31 分数のかけ算とわり算のまじった式

★できた問題には、「た」をかこう！

月　日

1 次の計算をしましょう。

① $\frac{3}{2}\times\frac{5}{9}\times\frac{4}{5}$

② $5\times\frac{2}{15}\times4\frac{1}{2}$

③ $\frac{8}{7}\times\frac{5}{16}\div\frac{5}{6}$

④ $\frac{5}{6}\times4\frac{1}{2}\div\frac{5}{7}$

⑤ $\frac{5}{8}\div\frac{3}{4}\times\frac{3}{5}$

⑥ $2\frac{1}{4}\div6\times\frac{14}{15}$

⑦ $\frac{2}{3}\div\frac{14}{15}\div\frac{8}{7}$

⑧ $1\frac{2}{5}\div\frac{9}{10}\div7$

32 いろいろな計算

★できた問題には、「た」をかこう！

1 でき　2 でき

1 次の計算をしましょう。

月　日

① $4\times5+3\times6$

② $6\times7-14\div2$

③ $48\div6-16\div8$

④ $10-(52-7)\div9$

⑤ $(9+7)\div2+8$

⑥ $12+2\times(3+5)$

2 次の計算をしましょう。

月　日

① $\left(\frac{2}{7}+\frac{3}{5}\right)\times35$

② $30\times\left(\frac{5}{6}-\frac{7}{10}\right)$

③ $0.4\times6\times\frac{5}{8}$

④ $0.32\times9\div\frac{8}{5}$

⑤ $\frac{2}{9}\div4\times0.6$

⑥ $0.49\div\frac{7}{25}\div3$

答え

1 分数×整数 ①

1 ① $\frac{5}{6}$　② $\frac{8}{9}$
③ $\frac{27}{4}\left(6\frac{3}{4}\right)$　④ $\frac{16}{5}\left(3\frac{1}{5}\right)$
⑤ $\frac{4}{3}\left(1\frac{1}{3}\right)$　⑥ $\frac{18}{7}\left(2\frac{4}{7}\right)$

2 ① $\frac{3}{4}$　② $\frac{7}{2}\left(3\frac{1}{2}\right)$
③ $\frac{10}{3}\left(3\frac{1}{3}\right)$　④ $\frac{20}{3}\left(6\frac{2}{3}\right)$
⑤ 1　⑥ 8

2 分数×整数 ②

1 ① $\frac{6}{7}$　② $\frac{9}{2}\left(4\frac{1}{2}\right)$
③ $\frac{21}{8}\left(2\frac{5}{8}\right)$　④ $\frac{15}{4}\left(3\frac{3}{4}\right)$
⑤ $\frac{12}{5}\left(2\frac{2}{5}\right)$　⑥ $\frac{16}{3}\left(5\frac{1}{3}\right)$

2 ① $\frac{1}{2}$　② $\frac{5}{4}\left(1\frac{1}{4}\right)$
③ $\frac{5}{6}$　④ $\frac{15}{4}\left(3\frac{3}{4}\right)$
⑤ 2　⑥ 15

3 分数÷整数 ①

1 ① $\frac{8}{63}$　② $\frac{6}{35}$
③ $\frac{4}{15}$　④ $\frac{5}{3}\left(1\frac{2}{3}\right)$
⑤ $\frac{3}{8}$　⑥ $\frac{1}{2}$

2 ① $\frac{1}{27}$　② $\frac{1}{20}$
③ $\frac{1}{6}$　④ $\frac{3}{20}$
⑤ $\frac{3}{14}$　⑥ $\frac{3}{16}$

4 分数÷整数 ②

1 ① $\frac{5}{48}$　② $\frac{3}{16}$
③ $\frac{2}{27}$　④ $\frac{1}{5}$
⑤ $\frac{3}{10}$　⑥ $\frac{3}{2}\left(1\frac{1}{2}\right)$

2 ① $\frac{1}{6}$　② $\frac{1}{35}$
③ $\frac{1}{9}$　④ $\frac{3}{25}$
⑤ $\frac{3}{8}$　⑥ $\frac{4}{15}$

5 分数のかけ算①

1 ① $\frac{1}{30}$　② $\frac{4}{15}$
③ $\frac{2}{15}$　④ $\frac{5}{14}$
⑤ $\frac{8}{3}\left(2\frac{2}{3}\right)$　⑥ 3

2 ① $\frac{8}{15}$　② $\frac{21}{16}\left(1\frac{5}{16}\right)$
③ $\frac{4}{3}\left(1\frac{1}{3}\right)$　④ $\frac{8}{3}\left(2\frac{2}{3}\right)$
⑤ $\frac{12}{7}\left(1\frac{5}{7}\right)$　⑥ 9

6 分数のかけ算②

1 ① $\frac{1}{14}$　② $\frac{36}{35}\left(1\frac{1}{35}\right)$
③ $\frac{3}{10}$　④ $\frac{5}{6}$
⑤ $\frac{1}{4}$　⑥ $\frac{7}{24}$

2 ① $\frac{48}{35}\left(1\frac{13}{35}\right)$　② $\frac{21}{8}\left(2\frac{5}{8}\right)$
③ $\frac{6}{5}\left(1\frac{1}{5}\right)$　④ $\frac{5}{2}\left(2\frac{1}{2}\right)$
⑤ 2　⑥ $\frac{10}{3}\left(3\frac{1}{3}\right)$

7 分数のかけ算③

1 ① $\frac{1}{12}$　② $\frac{25}{42}$
③ $\frac{3}{28}$　④ $\frac{2}{3}$
⑤ 3　⑥ 6

2 ① $\frac{35}{18}\left(1\frac{17}{18}\right)$　② $\frac{11}{7}\left(1\frac{4}{7}\right)$
③ $\frac{3}{2}\left(1\frac{1}{2}\right)$　④ 2
⑤ $\frac{21}{5}\left(4\frac{1}{5}\right)$　⑥ 20

8 分数のかけ算④

1 ① $\frac{1}{6}$　② $\frac{6}{49}$
③ $\frac{5}{16}$　④ $\frac{1}{4}$
⑤ 12　⑥ 6

2 ① $\frac{27}{35}$　② $\frac{13}{8}\left(1\frac{5}{8}\right)$
③ $\frac{6}{5}\left(1\frac{1}{5}\right)$　④ $\frac{5}{3}\left(1\frac{2}{3}\right)$
⑤ 4　⑥ $\frac{15}{2}\left(7\frac{1}{2}\right)$

9 ３つの数の分数のかけ算

1 ① $\frac{10}{21}$　② $\frac{49}{45}\left(1\frac{4}{45}\right)$
③ $\frac{7}{12}$　④ $\frac{4}{5}$
⑤ $\frac{5}{4}\left(1\frac{1}{4}\right)$　⑥ $\frac{4}{7}$

2 ① $\frac{25}{48}$　② $\frac{3}{14}$
③ $\frac{9}{11}$　④ $\frac{1}{3}$
⑤ $\frac{7}{6}\left(1\frac{1}{6}\right)$　⑥ $\frac{5}{2}\left(2\frac{1}{2}\right)$

10 計算のきまり

1 ① $\frac{1}{5}$(0.2)　② $\frac{11}{4}\left(2\frac{3}{4}、2.75\right)$
③ $\frac{7}{5}\left(1\frac{2}{5}、1.4\right)$　④ $\frac{1}{5}$(0.2)
⑤ $\frac{1}{2}$(0.5)　⑥ $\frac{1}{7}$

11 分数のわり算①

1 ① $\frac{15}{4}\left(3\frac{3}{4}\right)$　② $\frac{28}{15}\left(1\frac{13}{15}\right)$
③ $\frac{16}{7}\left(2\frac{2}{7}\right)$　④ $\frac{5}{12}$
⑤ $\frac{3}{2}\left(1\frac{1}{2}\right)$　⑥ $\frac{1}{9}$

2 ① $\frac{70}{27}\left(2\frac{16}{27}\right)$　② $\frac{1}{4}$
③ $\frac{15}{8}\left(1\frac{7}{8}\right)$　④ $\frac{7}{13}$
⑤ 16　⑥ $\frac{1}{12}$

12 分数のわり算②

1 ① $\frac{35}{12}\left(2\frac{11}{12}\right)$　② 21
③ $\frac{28}{5}\left(5\frac{3}{5}\right)$　④ $\frac{9}{10}$
⑤ $\frac{1}{12}$　⑥ $\frac{2}{3}$

2 ① 6　② $\frac{16}{27}$
③ $\frac{20}{27}$　④ $\frac{2}{3}$
⑤ $\frac{14}{9}\left(1\frac{5}{9}\right)$　⑥ $\frac{9}{16}$

13 分数のわり算③

1 ① $\frac{8}{3}\left(2\frac{2}{3}\right)$　② $\frac{9}{16}$
③ $\frac{18}{5}\left(3\frac{3}{5}\right)$　④ $\frac{7}{12}$
⑤ $\frac{2}{3}$　⑥ $\frac{3}{4}$

2 ① $\frac{28}{15}\left(1\frac{13}{15}\right)$　② $\frac{1}{4}$
③ $\frac{35}{13}\left(2\frac{9}{13}\right)$　④ $\frac{3}{4}$
⑤ 30　⑥ $\frac{3}{20}$

14 分数のわり算④

1 ① $\frac{80}{21}\left(3\frac{17}{21}\right)$　② 8
③ $\frac{14}{5}\left(2\frac{4}{5}\right)$　④ $\frac{14}{15}$
⑤ $\frac{1}{12}$　⑥ $\frac{2}{3}$

2 ① $\frac{34}{5}\left(6\frac{4}{5}\right)$ ② $\frac{12}{25}$
③ $\frac{20}{21}$ ④ $\frac{6}{7}$
⑤ $\frac{3}{2}\left(1\frac{1}{2}\right)$ ⑥ $\frac{16}{9}\left(1\frac{7}{9}\right)$

15 分数と小数のかけ算とわり算

1 ① $\frac{3}{70}$ ② 4
③ $\frac{1}{3}$ ④ $\frac{7}{5}\left(1\frac{2}{5}、1.4\right)$

2 ① $\frac{27}{25}\left(1\frac{2}{25}、1.08\right)$ ② $\frac{12}{5}\left(2\frac{2}{5}、2.4\right)$
③ $\frac{15}{4}\left(3\frac{3}{4}、3.75\right)$ ④ 1

16 分数のかけ算とわり算のまじった式①

1 ① $\frac{15}{2}\left(7\frac{1}{2}\right)$ ② $\frac{7}{18}$
③ $\frac{1}{6}$ ④ $\frac{54}{35}\left(1\frac{19}{35}\right)$
⑤ $\frac{9}{16}$ ⑥ 12
⑦ $\frac{14}{9}\left(1\frac{5}{9}\right)$ ⑧ $\frac{5}{7}$

17 分数のかけ算とわり算のまじった式②

1 ① $\frac{45}{7}\left(6\frac{3}{7}\right)$ ② 1
③ $\frac{1}{10}$ ④ $\frac{3}{10}$
⑤ $\frac{21}{8}\left(2\frac{5}{8}\right)$ ⑥ $\frac{2}{3}$
⑦ $\frac{3}{4}$ ⑧ $\frac{5}{4}\left(1\frac{1}{4}\right)$

18 かけ算とわり算のまじった式①

1 ① 2 ② $\frac{24}{35}$
③ $\frac{5}{6}$ ④ $\frac{5}{2}\left(2\frac{1}{2}、2.5\right)$
⑤ $\frac{25}{3}\left(8\frac{1}{3}\right)$ ⑥ $\frac{72}{25}\left(2\frac{22}{25}、2.88\right)$
⑦ $\frac{6}{5}\left(1\frac{1}{5}、1.2\right)$ ⑧ $\frac{18}{5}\left(3\frac{3}{5}、3.6\right)$

19 かけ算とわり算のまじった式②

1 ① $\frac{1}{27}$ ② $\frac{1}{5}$(0.2)
③ $\frac{1}{15}$ ④ $\frac{10}{7}\left(1\frac{3}{7}\right)$
⑤ $\frac{15}{2}\left(7\frac{1}{2}、7.5\right)$ ⑥ $\frac{63}{50}\left(1\frac{13}{50}、1.26\right)$
⑦ $\frac{16}{3}\left(5\frac{1}{3}\right)$ ⑧ $\frac{1}{3}$

20 6年間の計算のまとめ 整数のたし算とひき算

1 ①81 ②163 ③207 ④984
⑤612 ⑥1285 ⑦2182 ⑧3727

2 ①47 ②66 ③291 ④144
⑤89 ⑥522 ⑦886 ⑧505

21 6年間の計算のまとめ 整数のかけ算

1 ①90 ②203 ③3438 ④3540
⑤1599 ⑥1512 ⑦6396 ⑧1440

2 ①13621 ②14749 ③21995 ④92338

22 6年間の計算のまとめ 整数のわり算

1 ①13 ②23 ③54 ④246
⑤4 ⑥8 ⑦14 ⑧341

2 ①16 あまり 4 ②17 あまり 5
③32 あまり 28 ④25 あまり 43

23 6年間の計算のまとめ 小数のたし算とひき算

1 ①7.8 ②3.1 ③12.1 ④16.5
⑤1.62 ⑥3.64 ⑦2.48 ⑧62.74

2 ①2.5 ②2.9 ③8.1 ④1.6
⑤0.26 ⑥0.62 ⑦5.02 ⑧2.91

24 6年間の計算のまとめ 小数のかけ算

1 ①25.6 ②0.54 ③620.4 ④107.7

2 ①80.4 ②5.84 ③22.96 ④9
⑤43.584 ⑥0.136 ⑦0.5005 ⑧7.504

25 6年間の計算のまとめ 小数のわり算

1 ①1.3　②60　③49　④7　⑤65　⑥3.1　⑦2.8　⑧7

2 ①2.2 あまり 0.2　②1.6 あまり 0.14　③39.3 あまり 0.005　④7.6 あまり 0.3

26 6年間の計算のまとめ わり進むわり算

1 ①0.85　②0.78　③3.25　④0.875

2 ①5.75　②4.18　③1.32　④1.95　⑤5.6　⑥6.25　⑦3.5　⑧1.25

27 6年間の計算のまとめ 商をがい数で表すわり算

1 ①0.2　②0.9　③0.6　④6.9

2 ①2.9　②1.6　③8.2　④1.4

28 6年間の計算のまとめ 分数のたし算とひき算

1 ①$\frac{5}{7}$　②$\frac{25}{24}\left(1\frac{1}{24}\right)$　③$\frac{2}{3}$　④$\frac{87}{40}\left(2\frac{7}{40}\right)$　⑤$\frac{13}{3}\left(4\frac{1}{3}\right)$　⑥$\frac{7}{2}\left(3\frac{1}{2}\right)$

2 ①$\frac{1}{5}$　②$\frac{1}{2}$　③$\frac{8}{15}$　④$\frac{5}{6}$　⑤$\frac{17}{24}$　⑥$\frac{14}{15}$

29 6年間の計算のまとめ 分数のかけ算

1 ①$\frac{12}{7}\left(1\frac{5}{7}\right)$　②$\frac{15}{2}\left(7\frac{1}{2}\right)$　③$\frac{8}{15}$　④$\frac{5}{12}$　⑤$\frac{3}{4}$　⑥2

2 ①$\frac{4}{3}\left(1\frac{1}{3}\right)$　②$\frac{3}{4}$　③$\frac{7}{3}\left(2\frac{1}{3}\right)$　④$\frac{25}{12}\left(2\frac{1}{12}\right)$　⑤2　⑥3

30 6年間の計算のまとめ 分数のわり算

1 ①$\frac{3}{20}$　②$\frac{56}{5}\left(11\frac{1}{5}\right)$　③$\frac{7}{15}$　④$\frac{3}{4}$　⑤4　⑥6

2 ①$\frac{2}{15}$　②2　③$\frac{8}{5}\left(1\frac{3}{5}\right)$　④$\frac{4}{3}\left(1\frac{1}{3}\right)$　⑤$\frac{3}{4}$　⑥$\frac{4}{5}$

31 6年間の計算のまとめ 分数のかけ算とわり算のまじった式

1 ①$\frac{2}{3}$　②3　③$\frac{3}{7}$　④$\frac{21}{4}\left(5\frac{1}{4}\right)$　⑤$\frac{1}{2}$　⑥$\frac{7}{20}$　⑦$\frac{5}{8}$　⑧$\frac{2}{9}$

32 6年間の計算のまとめ いろいろな計算

1 ①38　②35　③6　④5　⑤16　⑥28

2 ①31　②4　③$\frac{3}{2}\left(1\frac{1}{2}、1.5\right)$　④$\frac{9}{5}\left(1\frac{4}{5}、1.8\right)$　⑤$\frac{1}{30}$　⑥$\frac{7}{12}$

教科書ぴったりトレーニング

はなまるシール

★ ふろくの「がんばり表」に使おう！
★ はじめに、キミのおとも犬を選んで、がんばり表にはろう！
★ 学習が終わったら、がんばり表に「はなまるシール」をはろう！
★ 余ったシールは自由に使ってね。

キミのおとも犬

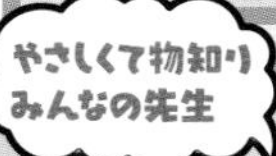

はなまるシール

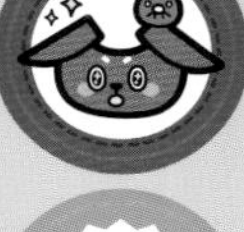

ごほうびシール

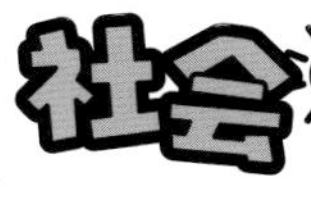

教科書ぴったりトレーニング

算数 6 年 がんばり表

いつも見えるところに、この「がんばり表」をはっておこう。
この「ぴたトレ」を学習したら、シールをはろう！
どこまでがんばったかわかるよ。

シールの中から好きなぴた犬を選ぼう。

おうちのかたへ

がんばり表のデジタル版「デジタルがんばり表」では、デジタル端末でも学習の進捗記録をつけることができます。1冊やり終えると、抽選でプレゼントが当たります。「ぴたサポシステム」にご登録いただき、「デジタルがんばり表」をお使いください。LINE または PC・ブラウザを利用する方法があります。

ぴたサポシステムご利用ガイドはこちら
https://www.shinko-keirin.co.jp/shinko/news/pittari-support-system

スタート

1. 対称な図形
❶ 整った形 ❷ 線対称な図形 ❸ 点対称な図形 ❹ 多角形と対称

2〜3ページ	4〜5ページ	6〜7ページ	8〜9ページ	10〜11ページ
ぴったり12	ぴったり12	ぴったり12	ぴったり12	ぴったり3
できたらシールをはろう	できたらシールをはろう	できたらシールをはろう	できたらシールをはろう	できたらシールをはろう

2. 文字と式
❶ 文字を使った式 ❷ 式のよみとり方 ❸ 文字にあてはまる数

12〜13ページ	14〜15ページ	16〜17ページ
ぴったり12	ぴったり12	ぴったり3
できたらシールをはろう	できたらシールをはろう	できたらシールをはろう

3. 分数のかけ算とわり算

18〜19ページ	20〜21ページ
ぴったり12	ぴったり3
できたらシールをはろう	できたらシールをはろう

4. 分数のかけ算
❶ 分数をかける計算 ❷ 分数のかけ算を使う問題 ❸ 積が1になる2つの数

22〜23ページ	24〜25ページ	26〜27ページ	28〜29ページ
ぴったり12	ぴったり12	ぴったり12	ぴったり3
できたらシールをはろう	できたらシールをはろう	できたらシールをはろう	できたらシールをはろう

5. 分数のわり算
❶ 分数でわる計算 ❷ 分数のわり算を使う計算

30〜31ページ	32〜33ページ	34〜35ページ	36〜37ページ
ぴったり12	ぴったり12	ぴったり12	ぴったり3
できたらシールをはろう	できたらシールをはろう	できたらシールをはろう	できたらシールをはろう

6. 倍を表す分数

38ページ	39ページ
ぴったり12	ぴったり3
できたらシールをはろう	できたらシールをはろう

★. どんな計算になるか考えよう

40〜41ページ
できたらシールをはろう

7. データの調べ方
❶ 平均とちらばりのようす ❷ データを代表する値 ❸ データの調べ方とよみとり方

42〜43ページ	44〜45ページ	46〜47ページ	48〜49ページ
ぴったり12	ぴったり12	ぴったり12	ぴったり3
できたらシールをはろう	できたらシールをはろう	できたらシールをはろう	できたらシールをはろう

8. 円の面積

50〜51ページ	52〜53ページ
ぴったり12	ぴったり3
できたらシールをはろう	できたらシールをはろう

9. 角柱と円柱の体積

54〜55ページ	56〜57ページ
ぴったり12	ぴったり3
できたらシールをはろう	できたらシールをはろう

10. 場合の数
❶ ならび方 ❷ 組み合わせ方

58〜59ページ	60〜61ページ	62〜63ページ
ぴったり12	ぴったり12	ぴったり3
できたらシールをはろう	できたらシールをはろう	できたらシールをはろう

11. 比
❶ 2つの数で表す割合 ❷ 等しい比 ❸ 比を使った問題

64〜65ページ	66〜67ページ	68〜69ページ	70〜71ページ
ぴったり12	ぴったり12	ぴったり12	ぴったり3
できたらシールをはろう	できたらシールをはろう	できたらシールをはろう	できたらシールをはろう

12. 拡大図と縮図
❶ 形が同じで大きさのちがう図形 ❷ 拡大図と縮図のかき方 ❸ 縮図と縮尺

72〜73ページ	74〜75ページ	76〜77ページ	78〜79ページ
ぴったり12	ぴったり12	ぴったり12	ぴったり3
できたらシールをはろう	できたらシールをはろう	できたらシールをはろう	できたらシールをはろう

13. およその面積と体積
❶ およその面積 ❷ およその体積

80〜81ページ	82〜83ページ
ぴったり12	ぴったり3
できたらシールをはろう	できたらシールをはろう

14. 比例と反比例
❶ 比例 ❷ 比例の式とグラフ ❸ 比例の利用 ❹ 反比例 ❺ 反比例の式とグラフ

84〜85ページ	86〜87ページ	88〜89ページ	90〜91ページ	92〜93ページ	94〜95ページ
ぴったり12	ぴったり12	ぴったり12	ぴったり12	ぴったり12	ぴったり3
できたらシールをはろう	できたらシールをはろう	できたらシールをはろう	できたらシールをはろう	できたらシールをはろう	できたらシールをはろう

★. レッツプログラミング

96〜97ページ
プログラミング
できたらシールをはろう

6年間のまとめ

98〜104ページ
できたらシールをはろう

ゴール

最後までがんばったキミは「ごほうびシール」をはろう！

ごほうびシールをはろう

教科書ぴったりトレーニング 算数 6年 日本文教版 折込①(オモテ) (キリトリ線)

教科書ぴったりトレーニングの使い方

『ぴたトレ』は教科書にぴったり合わせて使うことができるよ。教科書も見ながら、勉強していこうね。ぴた犬たちが勉強をサポートするよ。

ふだんの学習

ぴったり1 準備

教科書のだいじなところをまとめていくよ。
ねらい でどんなことを勉強するかわかるよ。
問題に答えながら、わかっているかかくにんしよう。
QR コードから「3 分でまとめ動画」が見られるよ。

※QR コードは株式会社デンソーウェーブの登録商標です。

↓

ぴったり2 練習

「ぴったり1」で勉強したことが身についているかな？かくにんしながら、練習問題に取り組もう。

↓

ぴったり3 確かめのテスト

「ぴったり1」「ぴったり2」が終わったら取り組んでみよう。
学校のテストの前にやってもいいね。
わからない問題は、ふりかえり を見て前にもどってかくにんしよう。

↓

実力チェック

- 夏のチャレンジテスト
- 冬のチャレンジテスト
- 春のチャレンジテスト
- 6年 算数のまとめ 学力診断テスト

夏休み、冬休み、春休み前に使いましょう。
学期の終わりや学年の終わりのテスト前にやってもいいね。

ふだんの学習が終わったら、「がんばり表」にシールをはろう。

別冊 答えとてびき

うすいピンク色のところには「答え」が書いてあるよ。
取り組んだ問題の答え合わせをしてみよう。わからなかった問題やまちがえた問題は、右の「てびき」を読んだり、教科書を読み返したりして、もう一度見直そう。

おうちのかたへ

本書『教科書ぴったりトレーニング』は、教科書の要点や重要事項をつかむ「ぴったり1 準備」、おさらいをしながら問題に慣れる「ぴったり2 練習」、テスト形式で学習事項が定着したか確認する「ぴったり3 確かめのテスト」の3段階構成になっています。教科書の学習順序やねらいに完全対応していますので、日々の学習（トレーニング）にぴったりです。

「観点別学習状況の評価」について

学校の通知表は、「知識・技能」「思考・判断・表現」「主体的に学習に取り組む態度」の3つの観点による評価がもとになっています。

問題集やドリルでは、一般に知識・技能を問う問題が中心になりますが、本書『教科書ぴったりトレーニング』では、次のように、観点別学習状況の評価に基づく問題を取り入れて、成績アップに結びつくことをねらいました。

ぴったり3 確かめのテスト　**チャレンジテスト**

- 「知識・技能」を問う問題か、「思考・判断・表現」を問う問題かで、それぞれに分類して出題しています。
- 「知識・技能」では、主に基礎・基本の問題を、「思考・判断・表現」では、主に活用問題を取り扱っています。

発展について

はってん … 学習指導要領では示されていない「発展的な学習内容」を扱っています。

別冊『答えとてびき』について

おうちのかたへ では、次のようなものを示しています。

- 学習のねらいやポイント
- 他の学年や他の単元の学習内容とのつながり
- まちがいやすいことやつまずきやすいところ

お子様への説明や、学習内容の把握などにご活用ください。

（キリトリ線）
教科書ぴったりトレーニング 算数 6年 日本文教版 折込①(ウラ)

もくじ

算数６年
日本文教版 小学算数

教科書ぴったりトレーニング

▶３分でまとめ動画

① 整った形

教科書 12〜15ページ 答え 1ページ

次の□にあてはまる数や記号をかきましょう。

ねらい 線対称な図形の意味がわかるようにしよう。 練習 1 2 3 →

線対称な図形

1つの直線を折りめにして折ったとき、両側がぴったり重なる図形を、**線対称**な図形といいます。
また、この直線を**対称の軸**といいます。

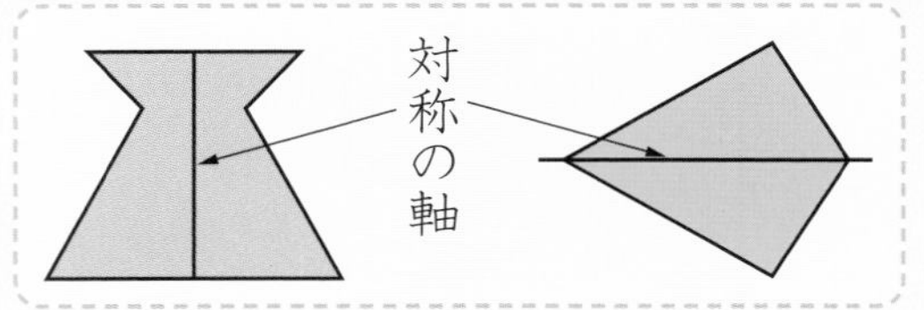

1 右の線対称な図形には、対称の軸がそれぞれ何本ありますか。

(1) (2) (3)

解き方 対称の軸をかき入れると、図のようになります。

(1)
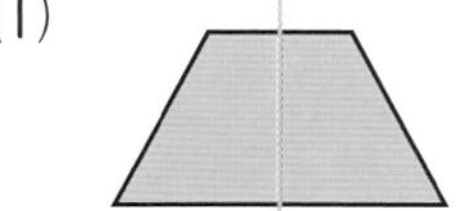
(2)
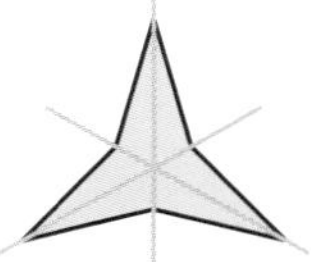
(3)
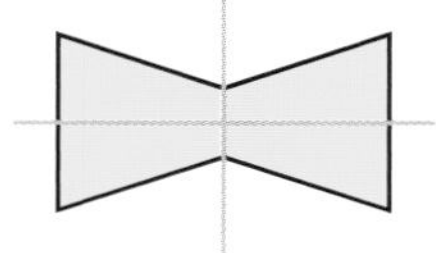

答え □本　答え □本　答え □本

ねらい 点対称な図形の意味がわかるようにしよう。 練習 2 3 →

点対称な図形

1つの点を中心にして180°回転したとき、もとの図形にぴったり重なる図形を、**点対称**な図形といいます。
また、この点を**対称の中心**といいます。

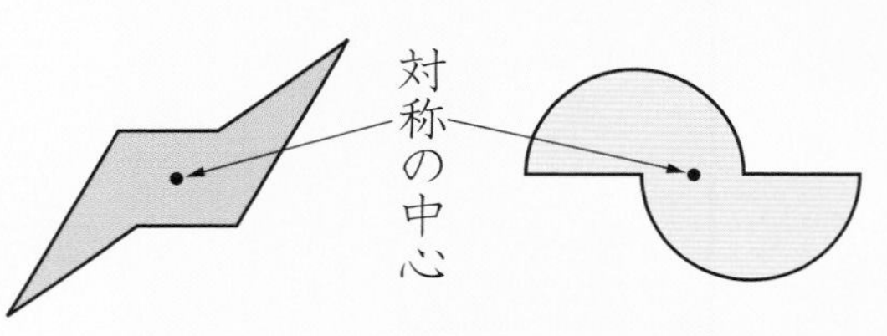

2 右の図のうち、点対称な図形はどれですか。

㋐
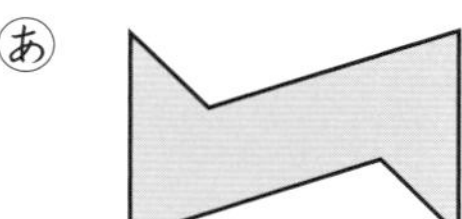
㋑
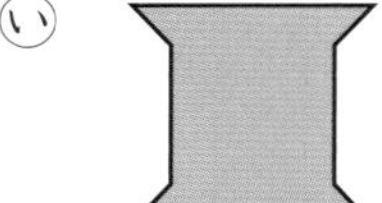
㋒
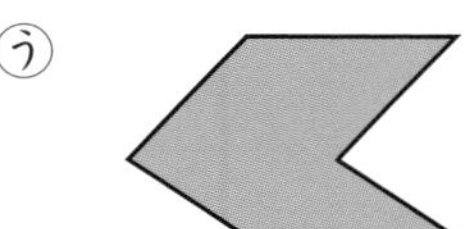

解き方 ㋐と㋑は、下の図の点Oを中心にして□°回転させると、もとの図形にぴったり重なります。

㋐
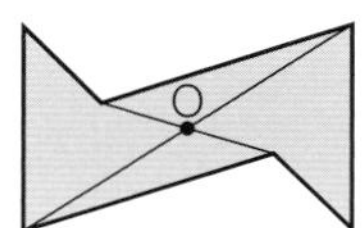

㋑
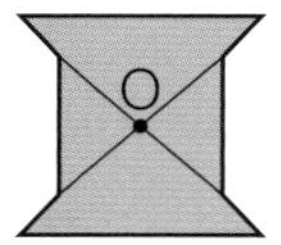

答え □と□

練習

★できた問題には、「た」をかこう！★

でき 1 た　でき 2　でき 3

学習日　　月　　日

教科書 12〜15ページ　答え 1ページ

1 下の図は線対称な図形です。対称の軸はそれぞれ何本ありますか。 教科書 13ページ 1

①

(　　　　　)

②

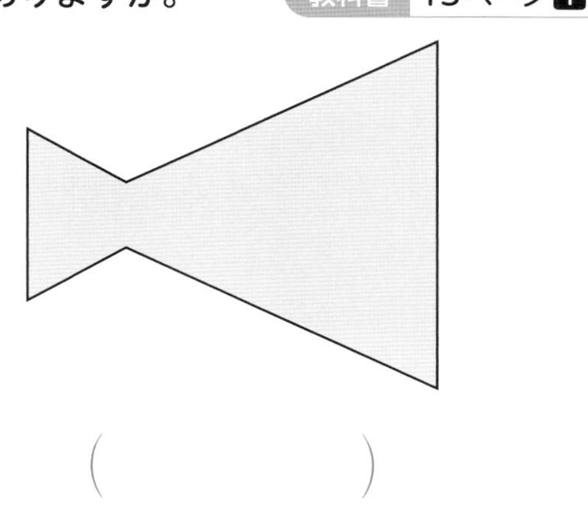

(　　　　　)

③

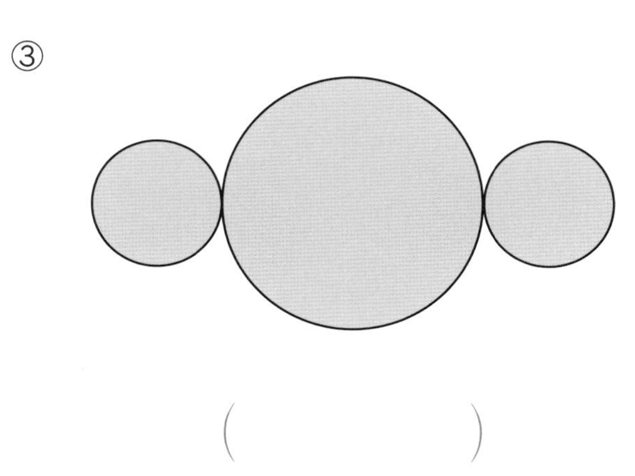

(　　　　　)

④

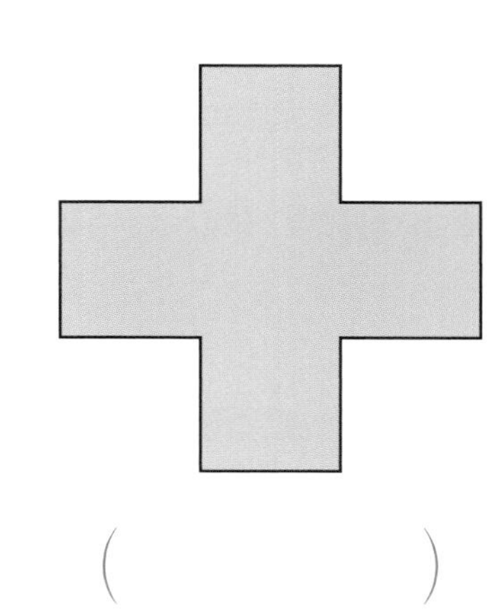

(　　　　　)

2 下の図のうち、線対称な図形と点対称な図形を選びましょう。 教科書 13ページ 1

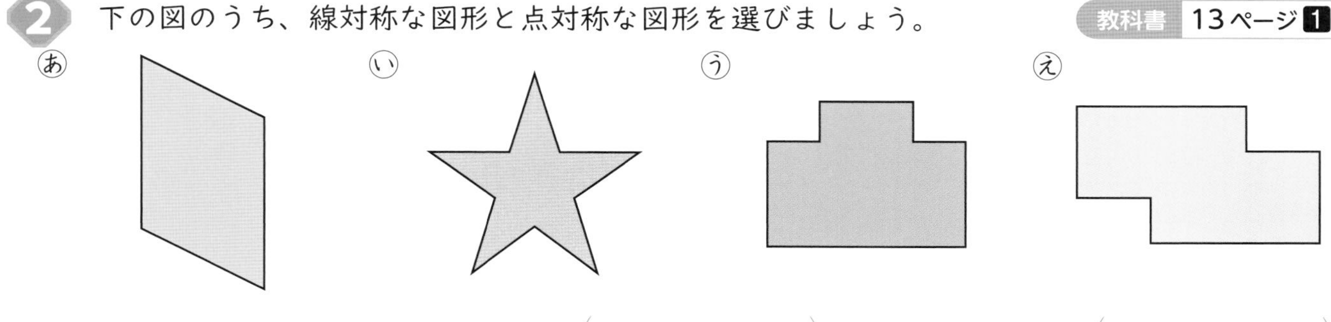

線対称な図形 (　　　　　)　点対称な図形 (　　　　　)

3 下のアルファベットのうち、線対称な形と点対称な形を選びましょう。 教科書 13ページ 1

線対称な形 (　　　　　)　点対称な形 (　　　　　)

ヒント

1 紙に写しとって、ぴったり重なるように折ってみましょう。

② 線対称な図形

教科書 16〜18ページ 答え 2ページ

次の□にあてはまる記号や数、ことばをかきましょう。

ねらい 線対称な図形について理解しよう。 練習 ① ②→

対応する点、対応する辺、対応する角

線対称な図形で、対称の軸で折るとぴったり重なりあう点や辺や角を、それぞれ**対応する点**、**対応する辺**、**対応する角**といいます。

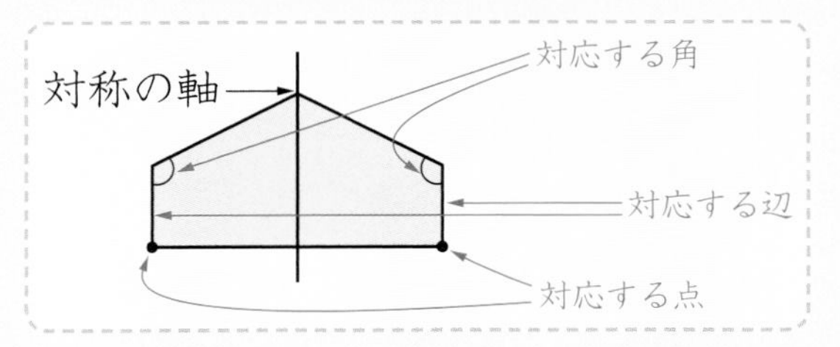

1 右の図は線対称な図形です。

(1) 対称の軸をかき入れましょう。

(2) 辺ABに対応する辺はどれですか。

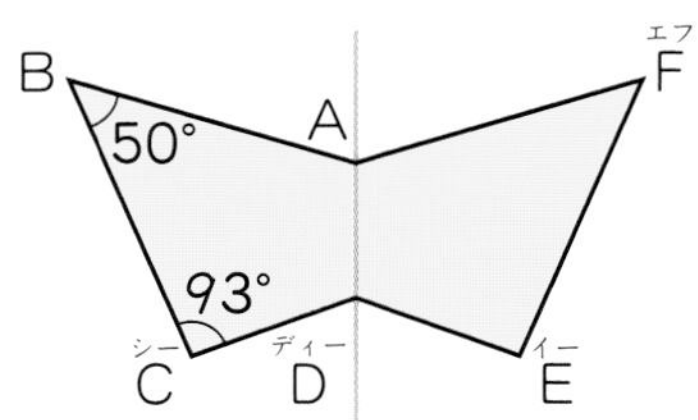

解き方 (1) 対称の軸は、点A、Dを通る直線です。

(2) 辺ABに対応する辺は、辺□です。

ねらい 線対称な図形の性質を使って、線対称な図形をかけるようにしよう。 練習 ② ③ ④→

線対称な図形の性質

線対称な図形では、次のことがいえます。

- 対応する辺の長さや対応する角の大きさはそれぞれ等しくなっています。
- 対応する2つの点を結ぶ直線は、対称の軸と垂直に交わります。
- この交わる点から対応する2つの点までの長さは、等しくなっています。

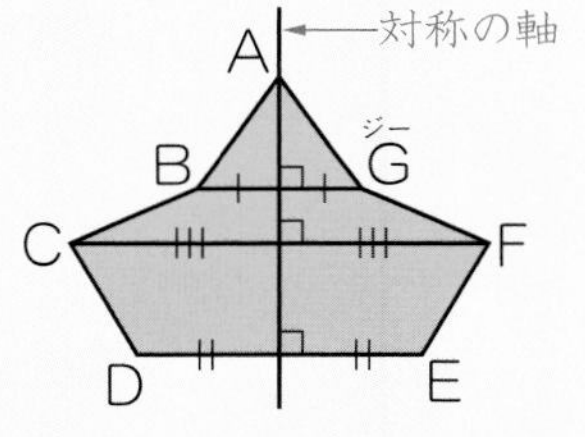

2 右の図は線対称な図形で、直線BHの長さは2cmです。

(1) 直線FHの長さは何cmですか。

(2) 点Gに対応する点をかきましょう。

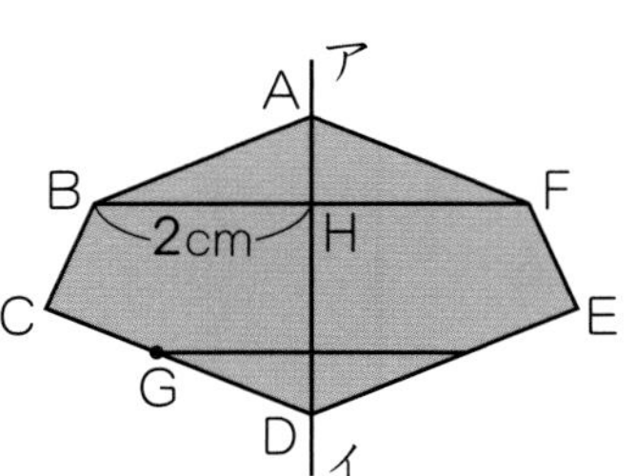

解き方 (1) 直線FHは、直線□と同じ長さで、□cmです。

(2) 点Gから、直線アイに□な直線をひきます。
この直線が辺DEと交わる点が対応する点です。

3 直線アイが対称の軸になるように、線対称な図形をかきましょう。

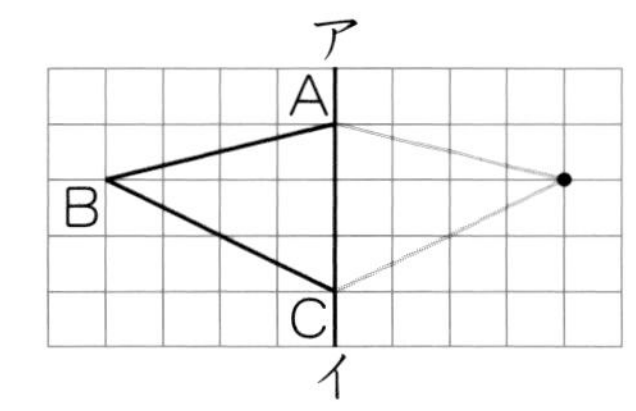

解き方 点Bを通り、直線アイに□な直線の上に、点Bに対応する点をかきます。

1 **右の図は線対称な図形です。** 教科書 16ページ 1

① 対称の軸をかき入れましょう。

② 点Cに対応する点はどれですか。

（　　　　）

③ 辺ABに対応する辺はどれですか。

（　　　　）

④ 角Dに対応する角はどれですか。

（　　　　）

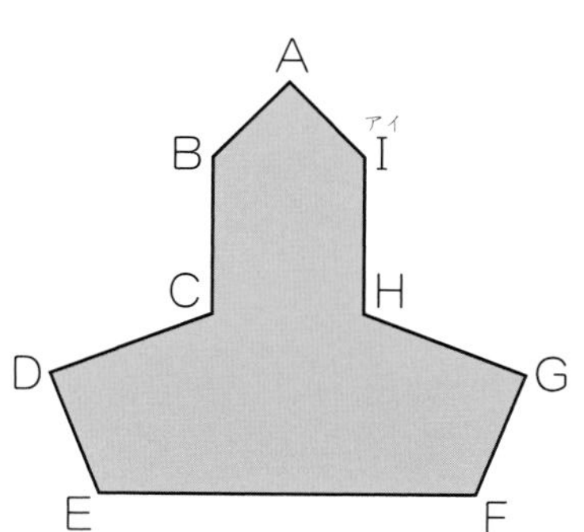

2 **右の図は線対称な図形です。** 教科書 16ページ 1

① 辺BC、直線CEの長さは、それぞれ何cmですか。

辺BC（　　　　）　直線CE（　　　　）

② 角Gの大きさは何度ですか。

（　　　　）

③ 点Hに対応する点をかきましょう。

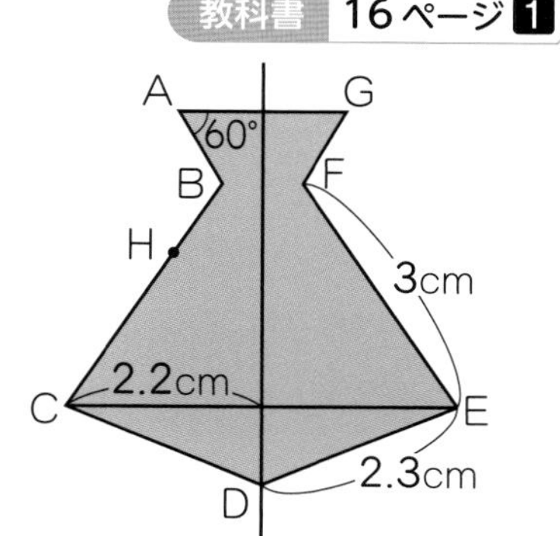

3 **直線アイを対称の軸とする線対称な図形をかきましょう。** 教科書 18ページ 2

①

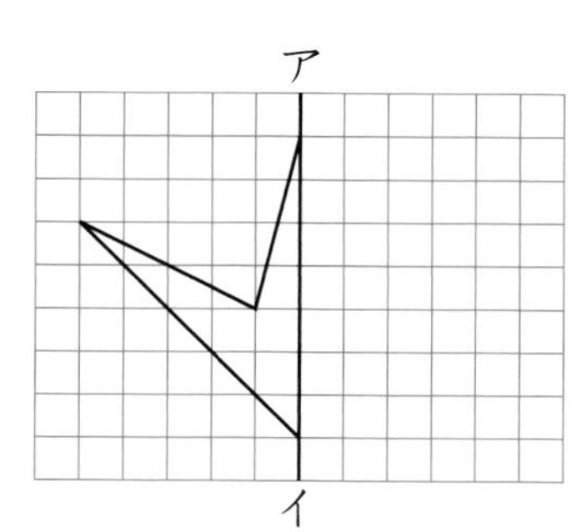

②

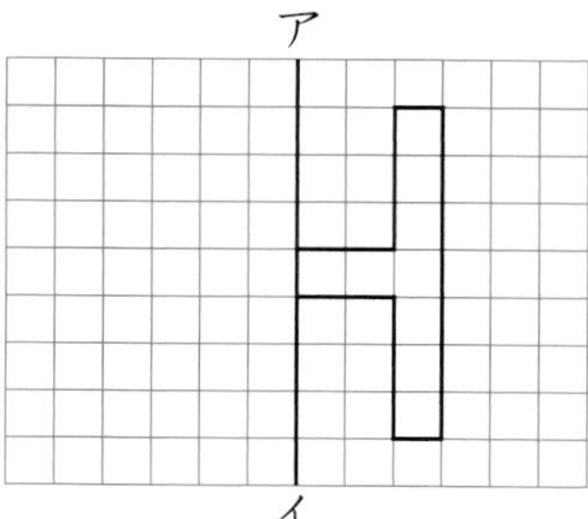

③

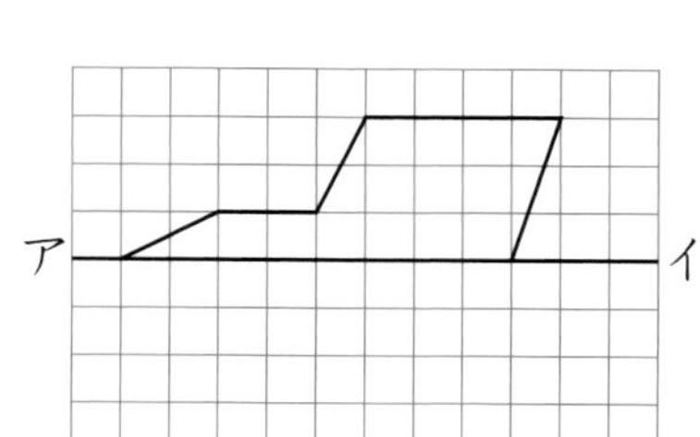

4 **直線アイを対称の軸とする線対称な図形をかきましょう。** 教科書 18ページ 3

①

ア

イ

②

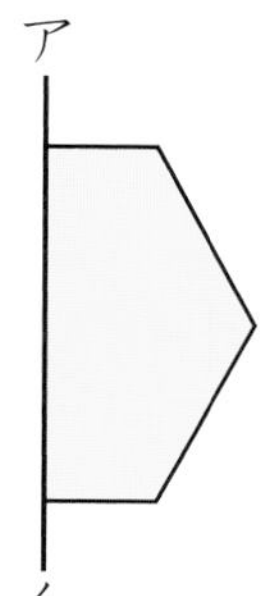

ヒント 3 4 線対称な図形を、対称の軸で2つに分けると、一方がもう一方を裏返した形になります。

ぴったり1 準備

学習日　月　日

1 対称な図形

③ 点対称な図形

教科書 19～21ページ　答え 3ページ

次の□にあてはまる記号やことばをかきましょう。

ねらい 点対称(てんたいしょう)な図形の対応する点、辺、角をいえるようにしよう。　練習 1 2→

対応する点、対応する辺、対応する角

点対称な図形で、対称の中心のまわりに180°回転すると、ぴったり重なりあう点や辺や角を、それぞれ**対応する点、対応する辺、対応する角**といいます。

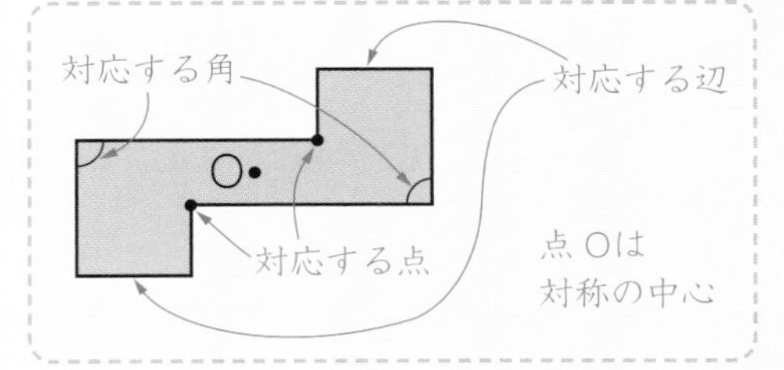

1 右の図は点対称な図形です。

(1) 点Aに対応する点はどれですか。

(2) 辺BCに対応する辺はどれですか。

(3) 角Dに対応する角はどれですか。

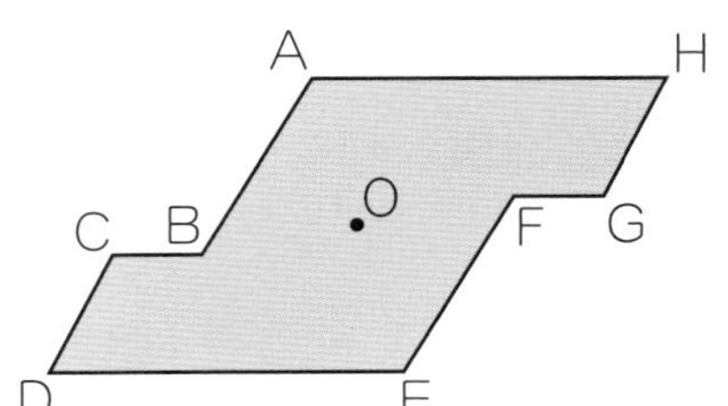

解き方 (1) 点Aに対応する点は、点□です。

(2) 辺BCに対応する辺は、辺□です。

(3) 角Dに対応する角は、角□です。

ねらい 点対称な図形の性質を使って、点対称な図形をかけるようにしよう。　練習 2 3 4→

点対称な図形の性質

点対称な図形では、次のことがいえます。

- 対応する辺の長さや対応する角の大きさはそれぞれ等しくなっています。
- 対応する2つの点を結ぶ直線は、対称の中心を通ります。
- 対称の中心から対応する2つの点までの長さは、等しくなっています。

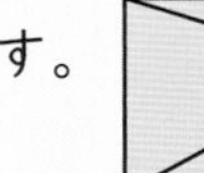

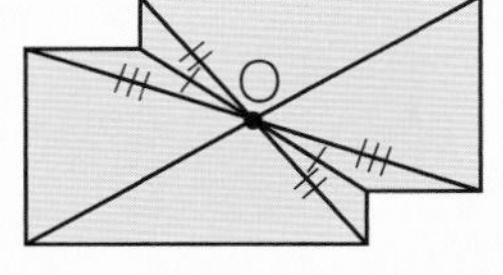

2 平行四辺形は点対称な図形です。

(1) 右の図に対称の中心をかき入れましょう。

(2) 点Eに対応する点をかきましょう。

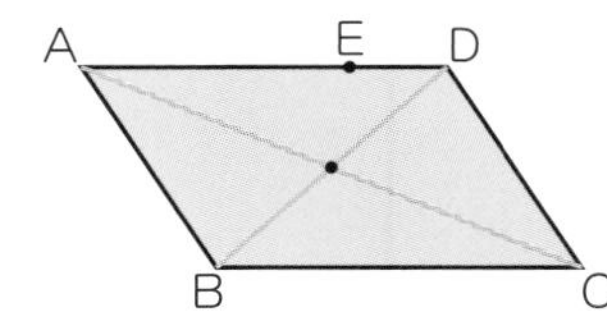

解き方 (1) 対応する点Aと□、点Bと□を結びます。交わる点が対称の中心です。

(2) 点Eと□を通る直線をひきます。
この直線が辺BCと交わる点が対応する点です。

3 点Oが対称の中心になるように、点対称な図形をかきましょう。

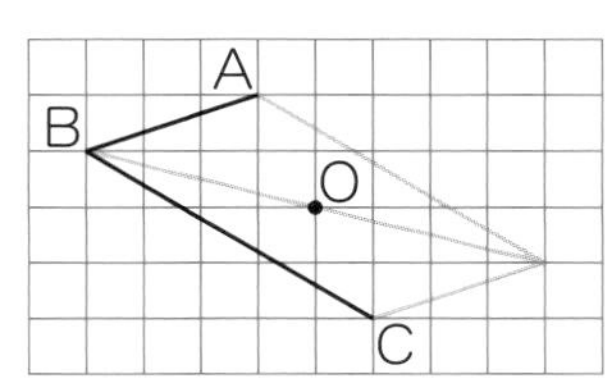

解き方 点Bに対応する点は、直線□をのばしたところにあります。

★できた問題には、「た」をかこう！★

できた ❶ できた ❷ できた ❸ できた ❹

学習日　月　日

 教科書 19～21ページ　 答え 3ページ

1 右の図は点対称な図形です。　教科書 19ページ 1

① 点Cに対応する点はどれですか。

(　　　　)

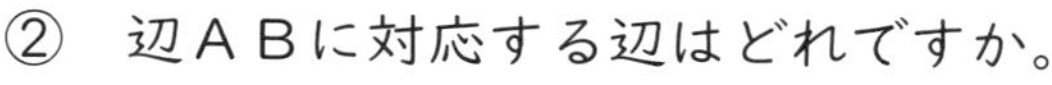

② 辺ABに対応する辺はどれですか。

(　　　　)

③ 角Dに対応する角はどれですか。

(　　　　)

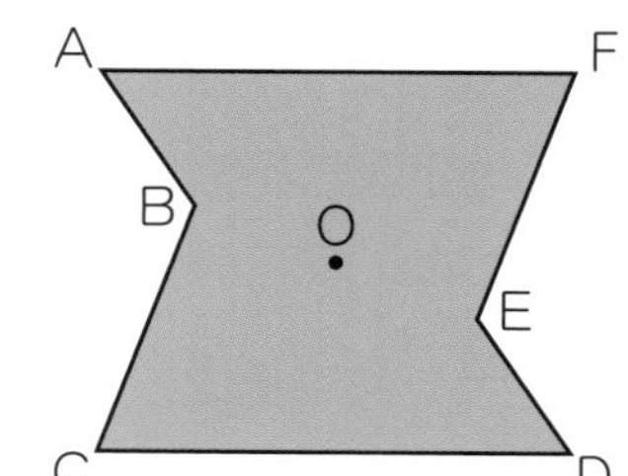

2 下の図は点対称な図形です。対称の中心をかき入れましょう。また、点Aに対応する点をかきましょう。　教科書 20ページ 1・2

①

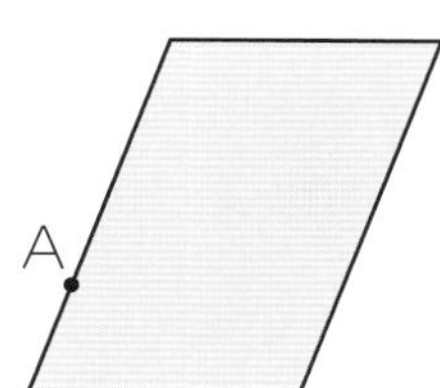

②

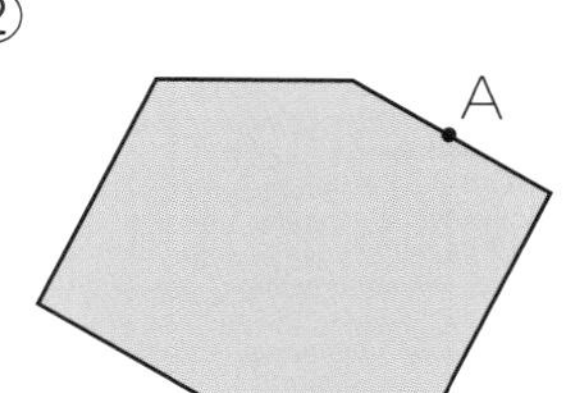

③

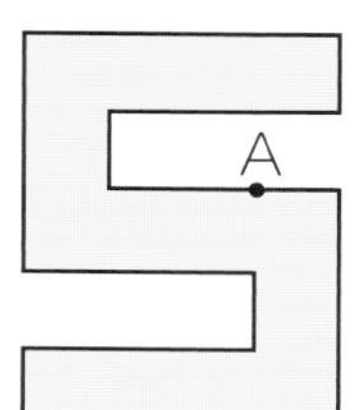

④

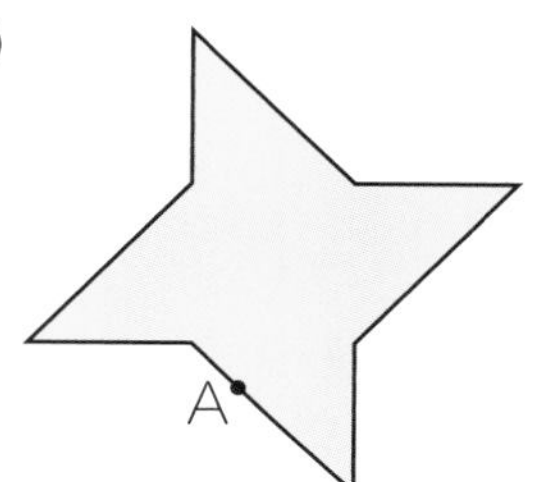

3 下の図は、点Oを対称の中心とする点対称な図形の半分です。点対称な図形を完成させましょう。　教科書 21ページ 2

①

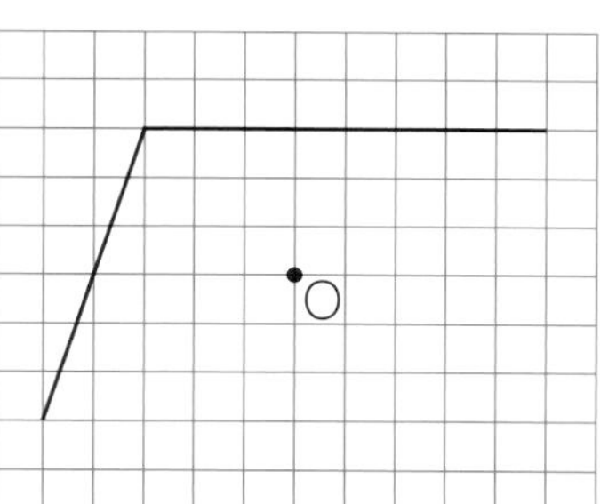

②

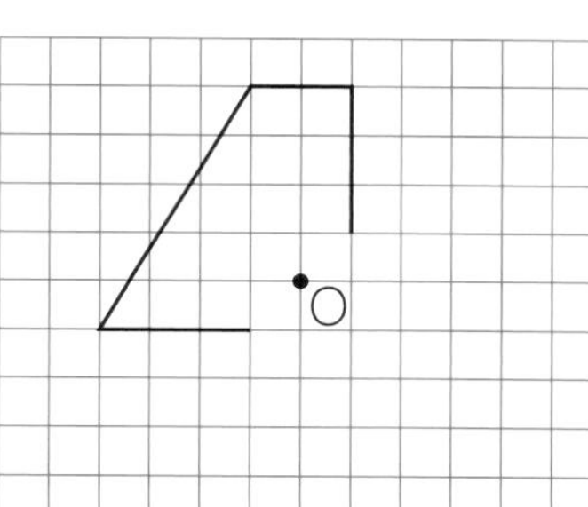

③

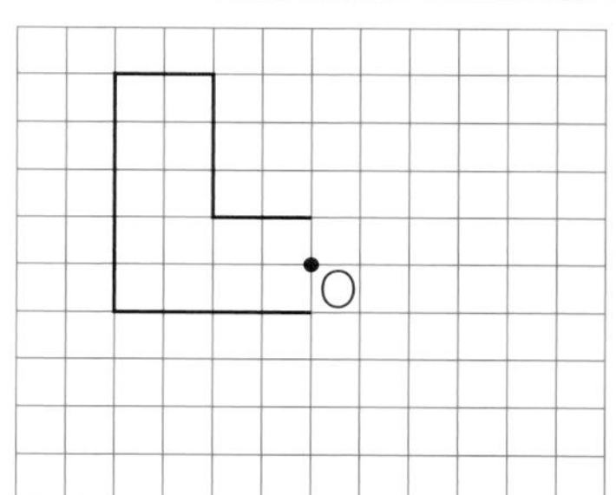

4 点Oを対称の中心とする点対称な図形をかきましょう。　教科書 21ページ 3

①

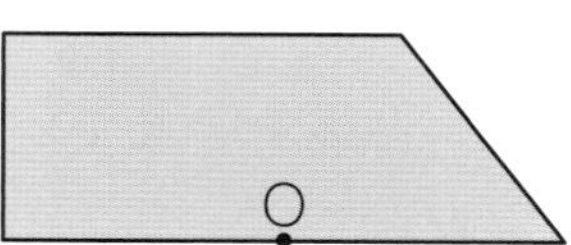

②

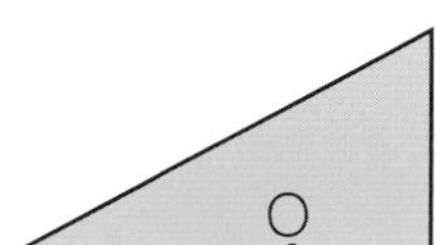

③

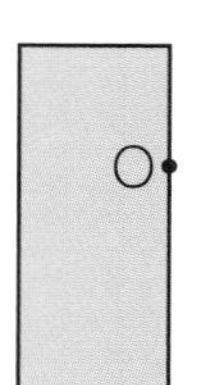

ヒント　❷ 対応する頂点を結んで、対称の中心をかきます。

④ 多角形と対称

教科書 22～23ページ　答え 4ページ

次の［　］にあてはまることばや記号、数をかきましょう。

ねらい 四角形について、線対称（せんたいしょう）や点対称な図形かどうかわかるようにしよう。 練習 1→

四角形と線対称、点対称

✪**線対称な四角形**　長方形、ひし形、正方形

✪**点対称な四角形**　平行四辺形、長方形、ひし形、正方形

台形の中でも（等脚（とうきゃく）台形）は線対称な図形だよ。

1 右の長方形について答えましょう。

(1) 線対称な図形といえますか。
いえるとしたら、対称の軸（じく）は何本ありますか。

(2) 点対称な図形といえますか。
いえるとしたら、対称の中心はどこにありますか。

解き方 (1) 線対称な図形と［　　］。
対称の軸は、辺ＡＢと辺ＤＣの真ん中を通る直線アイと、辺ＡＤと辺［　　］の真ん中を通る直線ウエの［　　］本あります。

(2) 点対称な図形と［　　］。
対称の中心は、点Ａと点Ｃ、点Ｂと点［　　］がそれぞれ対応するので、対角線ＡＣと［　　］の交わった点になります。

ねらい 正多角形について、線対称や点対称な図形かどうかわかるようにしよう。 練習 2 3→

正多角形と線対称、点対称

✪**線対称な正多角形**　すべての正多角形は線対称な図形で、対称の軸は辺の数と同じだけあります。

✪**点対称な正多角形**　辺の数が偶数（ぐうすう）の正多角形は、点対称な図形です。

2 正五角形と正六角形について答えましょう。

(1) 対称の軸は何本ありますか。　　(2) 点対称な図形はどれですか。

解き方 (1) 正多角形はすべて線対称な図形で、対称の軸は辺の数と同じだけあります。
正五角形…［　　］本　　正六角形…［　　］本

(2) 辺の数が偶数の正多角形が点対称な図形です。
［　　］です。

（対称の軸）

★できた問題には、「た」をかこう！★

できた 1　できた 2　できた 3

教科書 22〜23ページ　答え 4ページ

1 下の図形について、線対称な図形には対称の軸を、点対称な図形には対称の中心Oをかき入れましょう。また、あとの問題に答えましょう。

教科書 22ページ 1

㋐

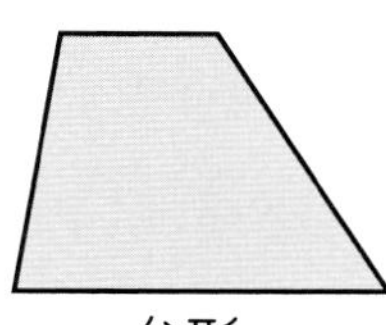

台形

㋑

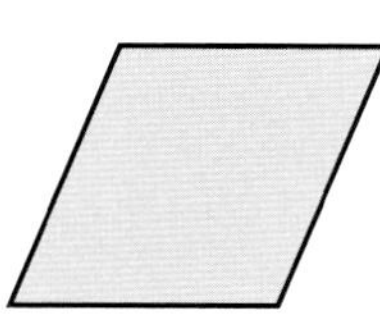

平行四辺形

㋒

長方形

㋓

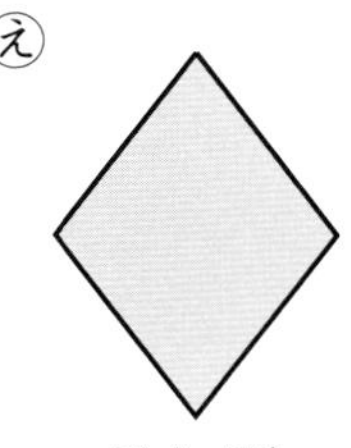

ひし形

㋔

正方形

① 線対称な図形はどれですか。すべて記号で答えましょう。（　　　）

② 点対称な図形はどれですか。すべて記号で答えましょう。（　　　）

③ 線対称でも点対称でもある図形はどれですか。すべて記号で答えましょう。

（　　　）

2 下の正多角形について、線対称な図形か点対称な図形かを調べましょう。

教科書 23ページ 2

正方形

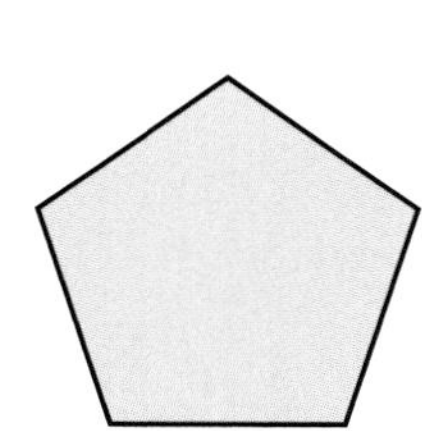

正五角形

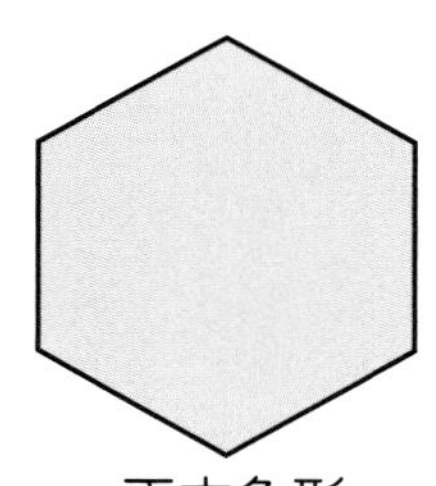

正六角形

正七角形

	線対称	対称の軸の数	点対称
正方形			
正五角形			
正六角形			
正七角形			

対称の軸には、多角形の頂点(ちょうてん)を通らないものもあるね。

！まちがい注意

3 次の□にあてはまることばをかきましょう。

教科書 23ページ 3

円は、①□を対称の軸とする②□対称な図形です。

また、③□を対称の中心とする④□対称な図形です。

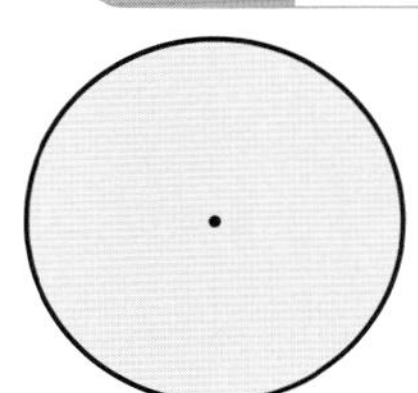

ヒント

2 対称の軸や対称の中心をかき入れてみましょう。
辺の数が偶数と奇数(きすう)でちがいがあることがわかります。

ぴったり3

確かめのテスト

1 対称な図形

時間 30 分

／100

合格 80 点

教科書 12～26 ページ　答え 5 ページ

知識・技能　／80点

1 次の□にあてはまることばや数をかきましょう。　各5点(25点)

① 1つの直線を折りめにして折ったとき、両側がぴったり重なる図形を、□な図形といいます。また、この直線を□といいます。

② 1つの点を中心にして□°回転したとき、もとの図形にぴったり重なる図形を、□な図形といいます。また、この点を□といいます。

2 よく出る 下のアルファベットについて答えましょう。　全部できて 各5点(10点)

あ 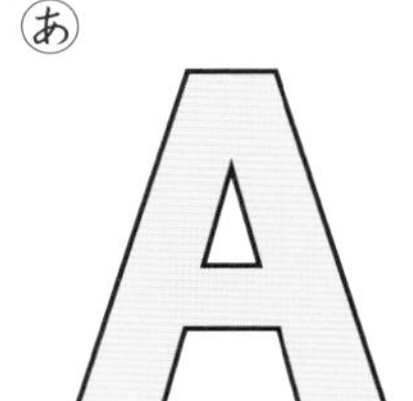

い 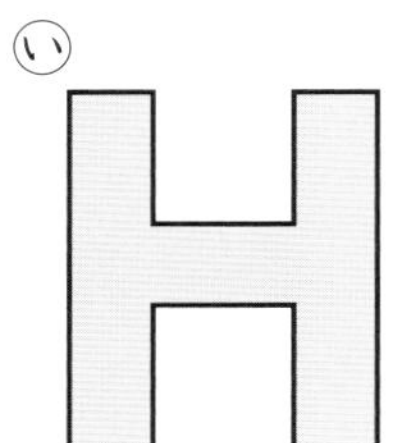

う 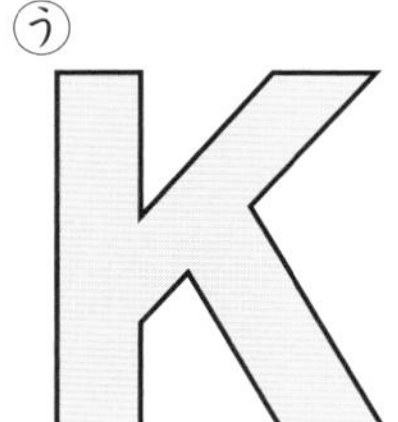

え 

お 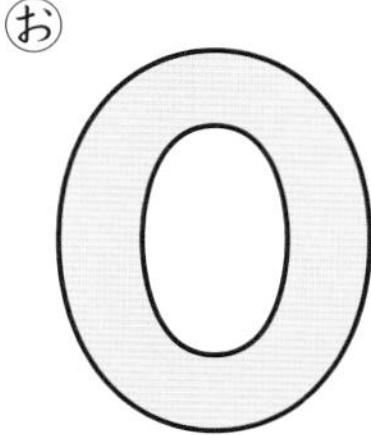

① 線対称(せんたいしょう)な図形はどれですか。（　　　）

② 点対称な図形はどれですか。（　　　）

3 よく出る 下の正多角形について、線対称な図形か点対称な図形かを調べましょう。　全部できて 各5点(20点)

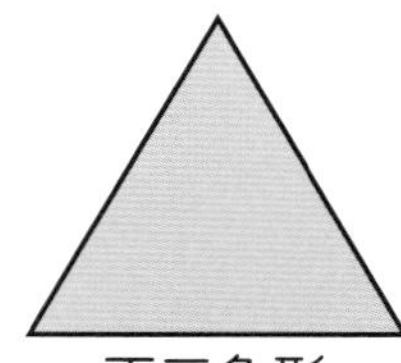

正三角形

正方形

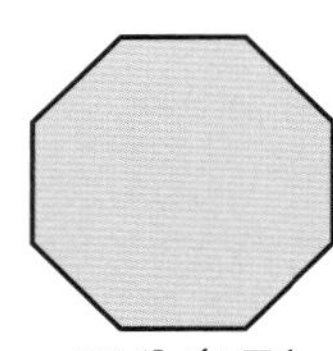

正八角形

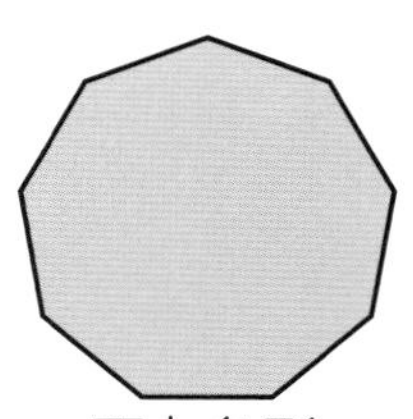

正九角形

	線対称	対称の軸(じく)の数	点対称
①正三角形			
②正方形			
③正八角形			
④正九角形			

4 よく出る 下の図で、直線アイを対称の軸とした線対称な図形と、点Oを対称の中心とした点対称な図形をかきましょう。

各5点(10点)

① 線対称

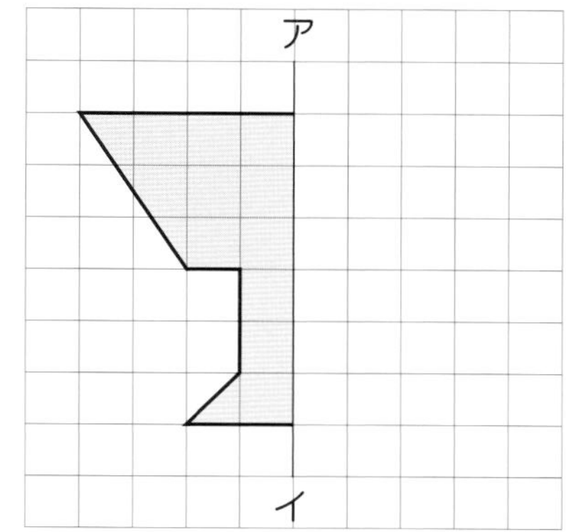

② 点対称

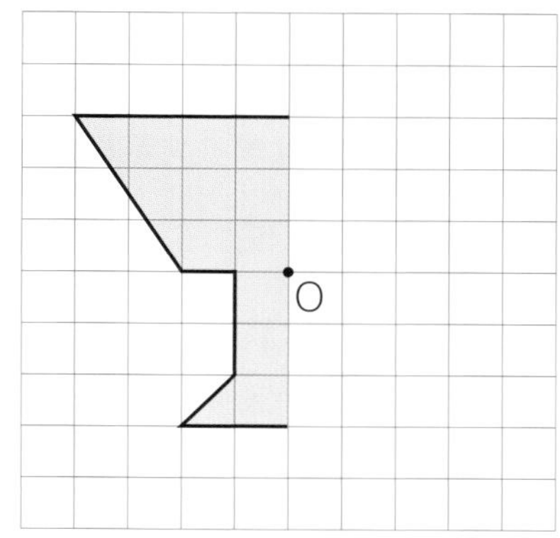

5 右の図は、線対称でも点対称でもある図形です。

全部できて 各5点(15点)

① 対称の軸をすべてかき入れましょう。

② 対称の中心Oをかき入れましょう。

③ 点対称な図形と見たとき、辺ＡＪに対応する辺はどれですか。

(　　　　)

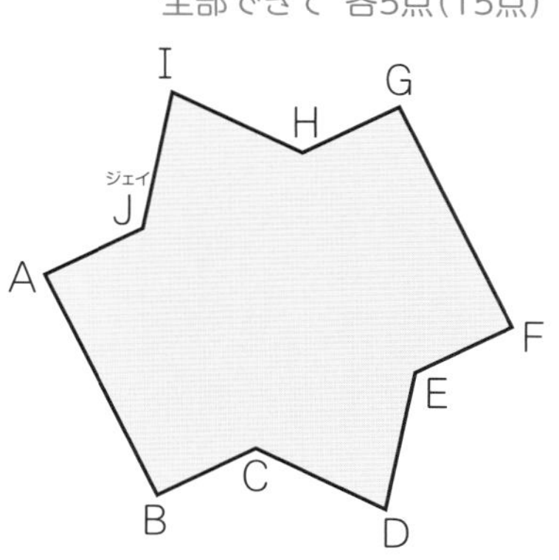

思考・判断・表現

／20点

6 次のあからおのうち、正しいものをすべて選び、記号で答えましょう。

(10点)

あ 二等辺三角形は線対称な図形です。

い 正三角形は点対称な図形です。

う ひし形は点対称な図形です。

え 台形は線対称な図形です。

お 長方形の対角線は対称の軸になります。

(　　　　)

できたらスゴイ！

7 折り紙を４つ折りにして、右の図のように切ると、どんな図形になりますか。

(10点)

(　　　　)

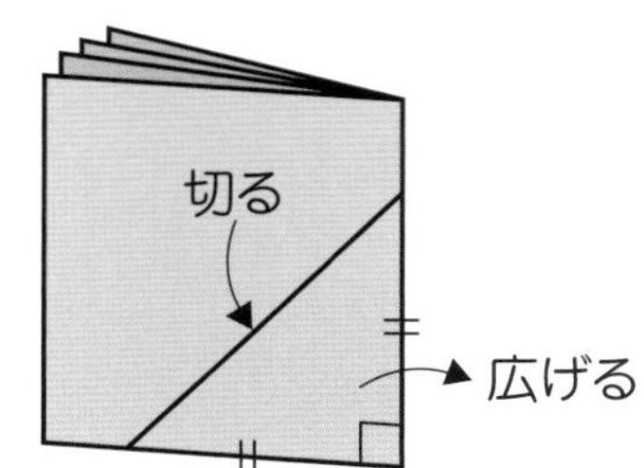

1がわからないときは、２ページの1 2にもどって確認(かくにん)してみよう。

学習日　月　日

① 文字を使った式

教科書 28～30ページ　答え 6ページ

次の□にあてはまる文字や数をかきましょう。

ねらい 文字を使った式がつくれるようにしよう。 練習 1 2 →

文字を使った式

いろいろと変わる数は、数のかわりに x（エックス）や a（エー）などの文字を使って表すこともできます。

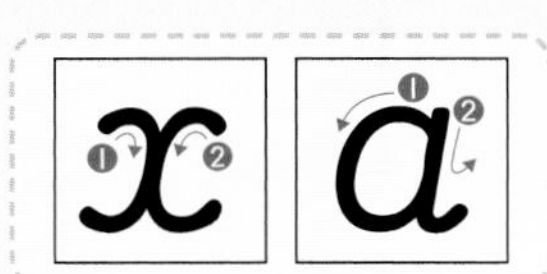

（例） りんご1個の値段（ねだん）を x 円として、りんご3個の代金を式に表すと、

$x \times 3$ となります。

（x：1個の値段、3：個数）

りんご1個の値段が何円であっても、文字を使うと代金を1つの式で表すことができます。

1 1本 a 円のえんぴつを6本買います。このときの代金を式に表しましょう。

解き方 ことばの式は、次のようになります。

1本の値段×本数＝代金

ことばの式に文字と数をあてはめて、

式は、□×6

ねらい 2つの文字を使って、式がつくれるようにしよう。 練習 3 →

2つの文字を使った式

2つの数量の関係は、x と y（ワイ）の2つの文字を使った式に表すことがあります。

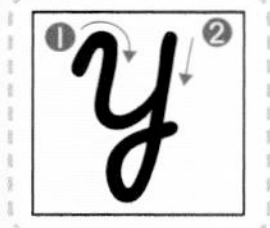

2 縦（たて）3cm の長方形があります。

(1) この長方形の横の長さを x cm、面積を y cm² として、このことを式に表しましょう。

(2) 横の長さが4cm のときの面積を求めましょう。

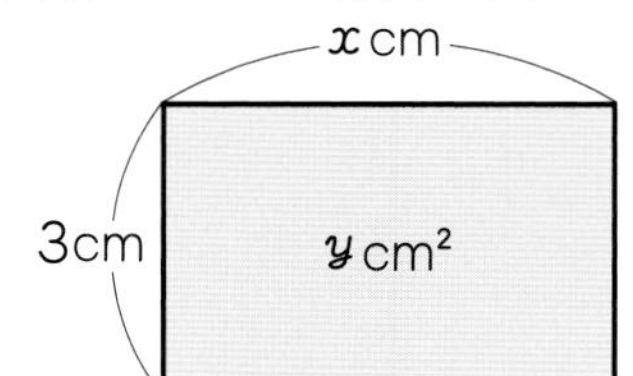

解き方 (1) 縦×横＝面積　の公式に、数と文字をあてはめて、

3×□＝□

(2) (1)の式の x に4をあてはめて、y を求めます。

3×□＝□

答え □ cm²

x か y のどちらかの値（あたい）がきまると、もう1つの値もきまるね。

学習日　　月　　日

★できた問題には、「た」をかこう！★

でき 1　でき 2　でき 3

教科書 28～30ページ　答え 6ページ

1 ゆうとさんは、ノート｜冊と200円のはさみを買います。

教科書 29ページ 1

① ノート｜冊の値段を x 円として、買い物の代金を式に表しましょう。

(　　　　)

② ｜冊100円のノートを買ったとき、①の式で、x に数をあてはめて買い物の代金を求めましょう。

(　　　　)

③ ｜冊160円のノートを買ったとき、①の式で、x に数をあてはめて買い物の代金を求めましょう。

(　　　　)

2 次のことがらを文字を使った式に表しましょう。

教科書 29ページ 1

① 300gの箱に x gのボールを入れたときの全体の重さ

(　　　　)

② ｜個180円のおかしを a 個買ったときの代金

(　　　　)

③ x 円のくだものを買って、1000円出したときのおつり

(　　　　)

④ ｜辺 x cmの正方形のまわりの長さ

(　　　　)

3 ｜mの重さが35gの針金があります。この針金の長さと重さについて考えます。

教科書 30ページ 2

① 長さが変わるときの重さを調べます。
表のあいているところに数をかきましょう。

長さ(m)	1	2	3	4	5
重さ(g)					

② この針金の長さを x m、重さを y gとして、x と y の関係を式に表しましょう。

(　　　　)

ヒント　2 ③ 出したお金－代金＝おつり

ぴったり1 準備

2 文字と式

学習日　月　日

② 式のよみとり方
③ 文字にあてはまる数

教科書 31～32ページ　答え 6ページ

 次の□にあてはまる文字や数、記号をかきましょう。

ねらい 文字を使った式の意味が理解できるようにしよう。　練習 ①②→

式のよみとり方

文字を使った式で、いろいろな場面を表したり、よみとったりすることができます。

1 $x \times 8 = y$ の式で表される場面を、次の㋐、㋑の中から選びましょう。

㋐ 面積が x cm² で底辺 8 cm の平行四辺形の高さは y cm です。
㋑ 底辺 x cm、高さ 8 cm の平行四辺形の面積は y cm² です。

解き方 ㋐、㋑の場面を式で表してみましょう。

㋐ 平行四辺形の面積÷底辺＝高さ　だから、x □ $8 = y$

㋑ 底辺×高さ＝平行四辺形の面積　だから、x □ $8 = y$

答え □

ねらい 1つの文字を使った式をつくれるようにしよう。　練習 ③④→

わからない数量を文字を使って式に表すと、数量の関係がわかりやすくなり、文字にあてはまる数を求めやすくなります。

$x + 130 = 280$
$x = 280 - 130$
$x = 150$

2 式に表して、答えを求めましょう。
1枚(まい)80円のクッキーを買って、100円のふくろにつめます。
クッキーは予算内でできるだけ多く買うようにします。
予算が1000円のとき、クッキーを何枚買うことができますか。

解き方 クッキーの数を x 枚として、代金を式に表すと、

□ × x + □

x に数をあてはめます。

80×10+100=900
80×11+100=980
80×12+100=1060
⋮

クッキー1枚の値段(ねだん)×枚数＋ふくろの値段が代金だから…

1000円をこえないように、できるだけ多く買うので、□枚

★できた問題には、「た」をかこう！★

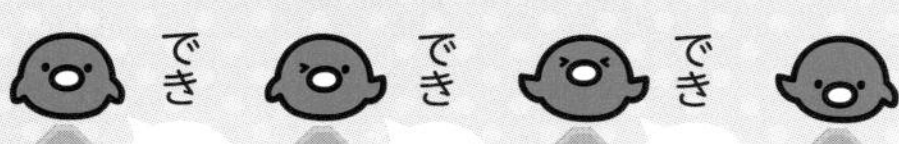

学習日　　月　　日

教科書 31～32ページ　答え 6ページ

1 右の長方形について、次の式はどのようなことを表していますか。 教科書 31ページ 1

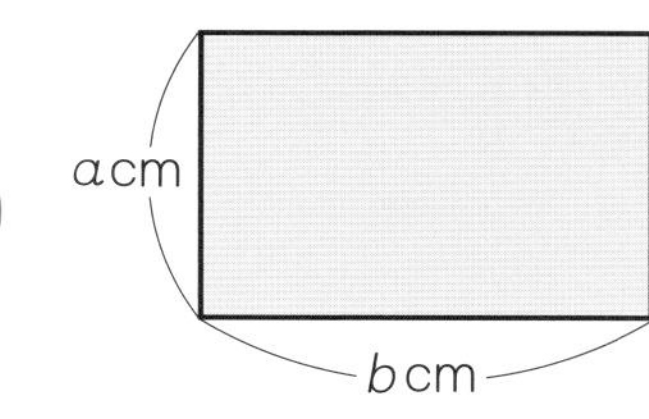

① $a \times b$

（　　　　　　　　）

② $(a+b) \times 2$

（　　　　　　　　）

よくみて

2 次の①から④の式で表される場面を、下のあからえの中から選びましょう。 教科書 31ページ 1

① $x-80=y$　（　　　）

② $80 \times x=y$　（　　　）

③ $x \div 80=y$　（　　　）

④ $(x+80) \div 2=y$　（　　　）

Ⓐ 1本80円のえんぴつを x 本買うと、代金は y 円です。
Ⓘ 国語のテストが x 点、算数のテストが80点のとき、2教科の平均点は y 点です。
Ⓤ x 枚の折り紙のうち、80枚配りました。残りは y 枚です。
Ⓔ x 個のあめを80個ずつふくろに入れると、ふくろは y ふくろできます。

3 さくらさんは、ケーキ1個と、180円のシュークリーム1個を買い、あわせた代金の520円をはらいました。
ケーキ1個の値段は何円ですか。 教科書 32ページ 1

式

答え（　　　　）

4 右の正方形のまわりの長さは28cmです。 教科書 32ページ 1
1辺の長さは何cmですか。

式

答え（　　　　）

x cm

ヒント　**2** あ～えの場面を式に表してみましょう。

ぴったり3 確かめのテスト

2 文字と式

教科書 29〜34ページ　答え 7ページ

知識・技能　／30点

1 よく出る 次のことがらを文字を使った式に表しましょう。　各6点(30点)

① 1冊(さつ)105円のノートを a 冊買ったときの代金

（　　　　　）

② 180円のドーナツを買って、x 円出したときのおつり

（　　　　　）

③ 50 cm のリボンから a cm 切り取ったときの残りの長さ

（　　　　　）

④ まわりの長さが x cm の正方形の1辺の長さ

（　　　　　）

⑤ 重さが 500 g の箱に、1個 a g のかんづめを7個入れたときの全体の重さ

（　　　　　）

思考・判断・表現　／70点

2 底辺が4cm の三角形があります。高さが変わるときの面積を調べましょう。
①全部できて 5点、②③④各5点(20点)

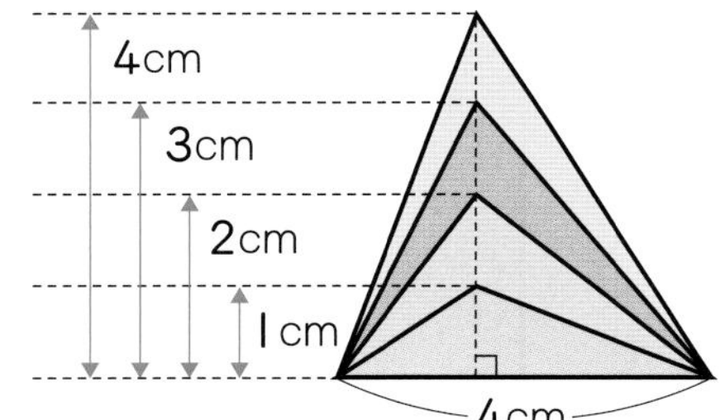

① 表のあいているところに数をかきましょう。

高さ(cm)	1	2	3	4
面積(cm^2)				

② 高さを x cm、面積を y cm^2 として、x と y の関係を式に表しましょう。

（　　　　　）

③ 高さが9cm のときの面積を求めましょう。

（　　　　　）

④ 面積が 30 cm^2 のときの高さを求めましょう。

（　　　　　）

3 よく出る 文字を使った式に表し、答えを求めましょう。

式・答え 各5点(20点)

① 36人のクラスで、同じ人数ずつのグループをつくったら、グループが6つできました。何人ずつのグループをつくりましたか。

式

答え（　　　）

② 1個の値段(ねだん)が90円の消しゴム1個とえんぴつ2本を買った代金は、250円になりました。えんぴつ1本の値段は何円ですか。

式

答え（　　　）

4 あめが1個 x 円、ガムが1個80円、チョコレートが1個150円で売っています。

次の式はどのようなことを表していますか。　各5点(15点)

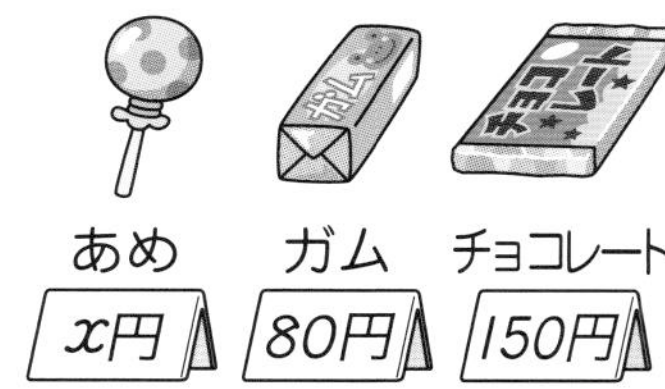

① $x\times3$

（　　　）

② $x+80+150$

（　　　）

③ $500-(x+150)$

（　　　）

できたらスゴイ!

5 右の図のような台形があります。次の式は、どれも台形の面積を表したものです。

式に合った図を、下のあからうの中から選びましょう。

各5点(15点)

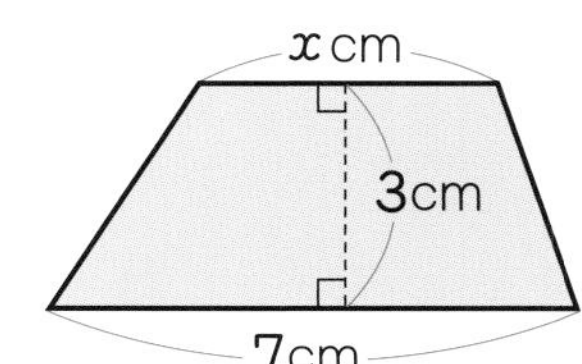

① $(x+7)\times3\div2$

（　　　）

② $x\times3\div2+7\times3\div2$

（　　　）

③ $x\times3+(7-x)\times3\div2$

（　　　）

あ xcm 3cm 7cm

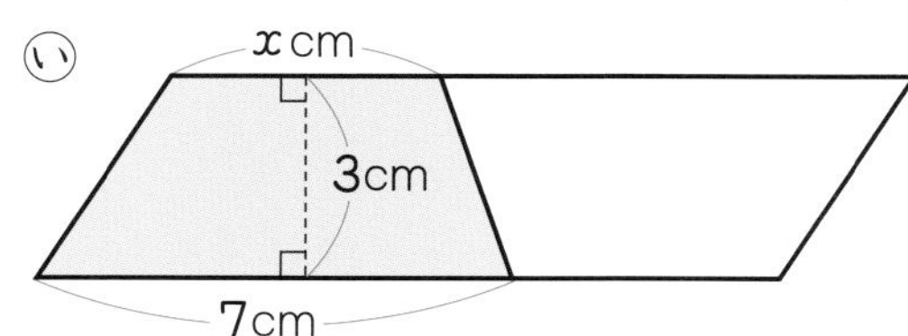

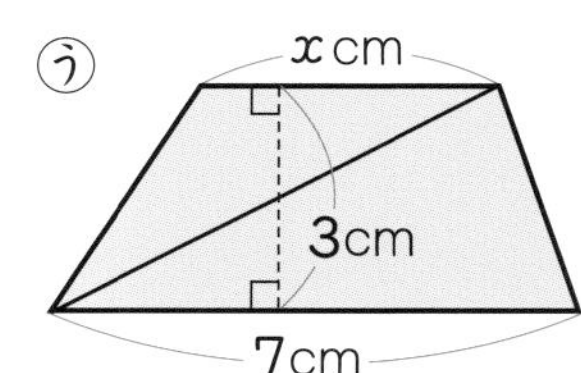

ふりかえり　1がわからないときは、12ページの1にもどって確認(かくにん)してみよう。

学習日　　月　　日

分数のかけ算とわり算

教科書 37〜41 ページ　答え 8 ページ

次の□にあてはまる数をかきましょう。

ねらい 分数×整数 の計算ができるようにしよう。 練習 1 3 →

分数に整数をかける計算

分数×整数の計算は、分母をそのままにして、分子にその整数をかけます。

$$\frac{b}{a}\times c=\frac{b\times c}{a}$$

（b：ビー、c：シー）

1 かけ算をしましょう。

(1) $\frac{2}{3}\times 2$　　(2) $\frac{2}{9}\times 9$

解き方 (1) 分母をそのままにし、分子に整数をかけます。

$$\frac{2}{3}\times 2=\frac{2\times 2}{3}=\square\left(=1\frac{1}{3}\right)$$

(2) 分母をそのままにし、分子に整数をかけます。

$$\frac{2}{9}\times 9=\frac{2\times \overset{1}{\cancel{9}}}{\underset{1}{\cancel{9}}}=\square$$

ねらい 分数÷整数 の計算ができるようにしよう。 練習 2 4 →

分数を整数でわる計算

分数÷整数の計算は、分子をそのままにして、分母にその整数をかけます。

$$\frac{b}{a}\div c=\frac{b}{a\times c}$$

2 わり算をしましょう。

(1) $\frac{3}{7}\div 2$　　(2) $\frac{9}{10}\div 5$

解き方 (1) 分子をそのままにし、分母に整数をかけます。

$$\frac{3}{7}\div 2=\frac{3}{7\times 2}=\square$$

(2) 分子をそのままにし、分母に整数をかけます。

$$\frac{9}{10}\div 5=\frac{9}{10\times 5}=\square$$

練習

★できた問題には、「た」をかこう！★

でき ① でき ② でき ③ でき ④

教科書 37～41 ページ　答え 8 ページ

1 かけ算をしましょう。 教科書 38 ページ 1

① $\frac{4}{9}\times2$　② $\frac{2}{3}\times4$　③ $\frac{8}{7}\times2$

④ $\frac{3}{8}\times3$　⑤ $\frac{5}{8}\times8$　⑥ $\frac{7}{10}\times10$

2 わり算をしましょう。 教科書 41 ページ 2

① $\frac{4}{7}\div3$　② $\frac{3}{5}\div4$　③ $\frac{5}{8}\div7$

④ $\frac{1}{6}\div10$　⑤ $\frac{5}{9}\div2$　⑥ $\frac{7}{11}\div6$

3 牛乳(ぎゅうにゅう)かんを1個つくるのに牛乳を $\frac{2}{7}$ dL 使います。
5個つくるには、何 dL あればよいですか。 教科書 37 ページ 1

(　　　)

4 $\frac{3}{5}$ kg の砂糖(さとう)を7つのカップに等分して入れました。
1つのカップにはいった砂糖の重さは何 kg ですか。 教科書 39 ページ 2

(　　　)

ヒント ③ 1個分の牛乳の量×個数＝牛乳の量を使って、式を考えます。

ぴったり3 確かめのテスト

3 分数のかけ算とわり算

時間 30 分
／100
合格 80 点

教科書 37～42 ページ　答え 9 ページ

知識・技能　／72点

1 よく出る かけ算をしましょう。　各4点(36点)

① $\frac{1}{5}\times 2$　② $\frac{3}{7}\times 2$　③ $\frac{2}{9}\times 4$

④ $\frac{2}{11}\times 5$　⑤ $\frac{3}{4}\times 7$　⑥ $\frac{5}{8}\times 9$

⑦ $\frac{3}{5}\times 6$　⑧ $\frac{4}{3}\times 3$　⑨ $\frac{9}{7}\times 7$

2 よく出る わり算をしましょう。　各4点(36点)

① $\frac{2}{5}\div 3$　② $\frac{4}{9}\div 3$　③ $\frac{5}{6}\div 7$

④ $\frac{2}{7}\div 5$　⑤ $\frac{1}{3}\div 2$　⑥ $\frac{7}{9}\div 10$

⑦ $\frac{9}{10}\div 5$　⑧ $\frac{5}{7}\div 4$　⑨ $\frac{5}{8}\div 8$

思考・判断・表現

／28点

3 １日に $\frac{3}{5}$ 分進む時計があります。

この時計は、１０日間では何分進みますか。

式・答え 各4点(8点)

式

答え（　　　）

4 けんたさんは、毎日同じ量の牛乳(ぎゅうにゅう)を飲みます。１週間で $\frac{6}{7}$ L飲みました。

１日何L飲みましたか。

式・答え 各4点(8点)

式

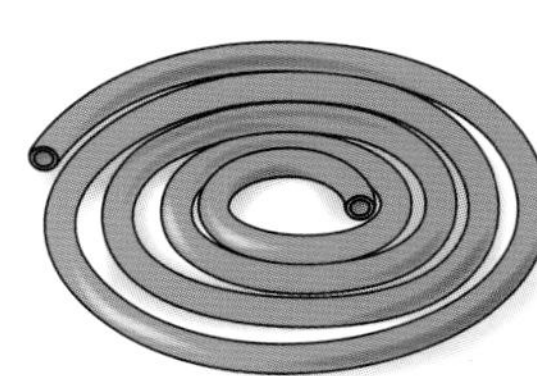

答え（　　　）

5 2mの重さが $\frac{7}{8}$ kgのホースがあります。

式・答え 各3点(12点)

① このホース１mあたりの重さは何kgですか。

式

答え（　　　）

② このホース5mの重さは何kgですか。

式

答え（　　　）

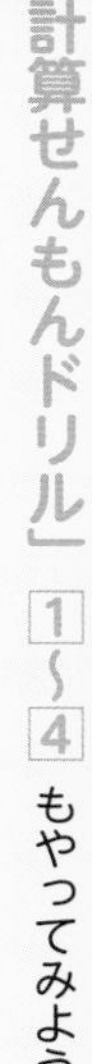

ふりかえり ❶がわからないときは、18ページの❶にもどって確認(かくにん)してみよう。

① 分数をかける計算ー(1)

教科書 45〜50ページ　答え 10ページ

次の□にあてはまる数をかきましょう。

ねらい 分数×分数ができるようにしよう。 練習 ① ②→

分数×分数

分数×分数の計算は、分母どうし、分子どうしをかけると計算できます。

$$\frac{b}{a} \times \frac{d}{c} = \frac{b \times d}{a \times c}$$

1 かけ算をしましょう。

(1) $\frac{4}{7} \times \frac{2}{3}$　　(2) $\frac{8}{9} \times \frac{3}{4}$

解き方 (1) $\frac{4}{7} \times \frac{2}{3} = \frac{4 \times ①\square}{7 \times ②\square} = ③\square$

(2) $\frac{8}{9} \times \frac{3}{4} = \frac{\overset{①\square}{\cancel{8}} \times \overset{1}{\cancel{3}}}{\underset{3}{\cancel{9}} \times \underset{②\square}{\cancel{4}}} = ③\square$

約分できるときは、とちゅうで約分しよう。

ねらい 整数と分数のかけ算ができるようにしよう。 練習 ③→

整数×分数、分数×整数

整数と分数のかけ算は、整数を分母が1の分数に表して計算します。

2 かけ算をしましょう。

(1) $5 \times \frac{2}{3}$　　(2) $\frac{3}{4} \times 6$

解き方 (1) $5 \times \frac{2}{3} = \frac{\square}{1} \times \frac{2}{3}$

$= \frac{5 \times \square}{1 \times 3}$

$= \square$

(2) $\frac{3}{4} \times 6 = \frac{3}{4} \times \frac{\square}{1}$

$= \frac{3 \times \overset{3}{\cancel{6}}}{\underset{\square}{\cancel{4}} \times 1}$

$= \square$

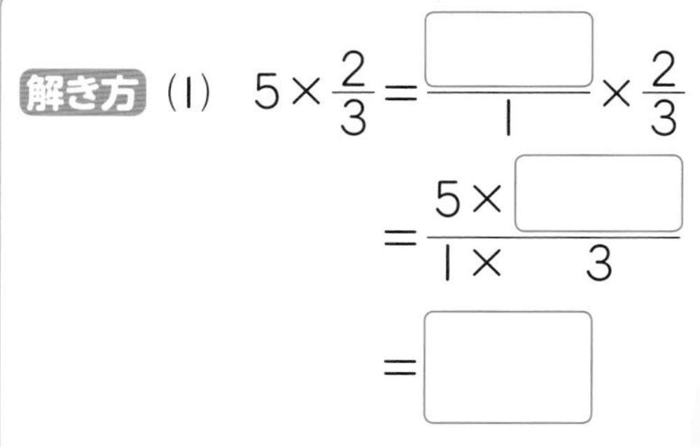

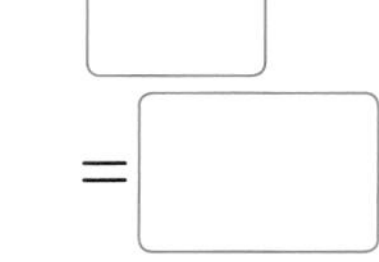

答えが仮分数になったときは、帯分数で表すこともできるよ。

教科書 45～50ページ　答え 10ページ

1 ｌdL のペンキで、かべを $\frac{3}{5}$ m² ぬれました。

このペンキ $\frac{1}{4}$ dL でぬれるかべの面積は何 m² ですか。 教科書 45ページ 1

① この問題を図に表すと、㋐、㋑のどちらになりますか。

㋐

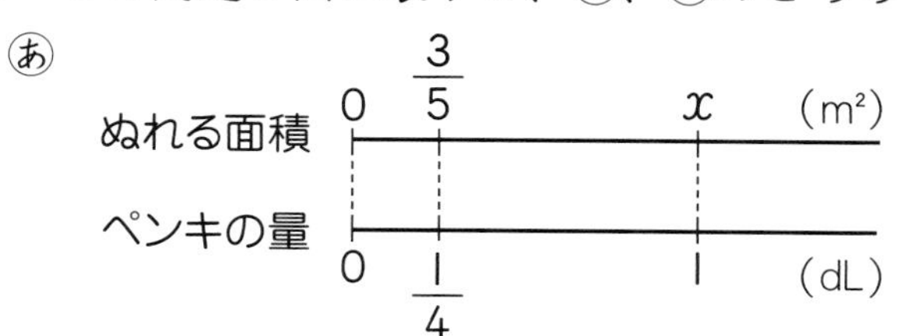

㋑

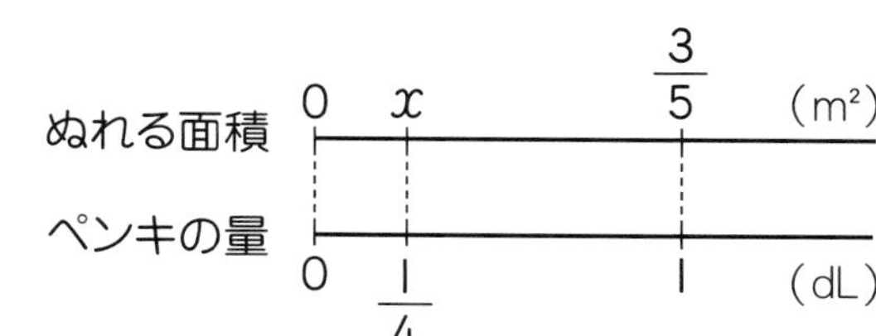

(　　　　)

② 式をかいて、答えを求めましょう。

式

答え (　　　　)

2 かけ算をしましょう。 教科書 45ページ 1、47ページ 2、50ページ 3

① $\frac{4}{9}\times\frac{1}{5}$　② $\frac{3}{7}\times\frac{1}{2}$　③ $\frac{5}{8}\times\frac{1}{3}$

④ $\frac{2}{5}\times\frac{3}{7}$　⑤ $\frac{3}{4}\times\frac{5}{7}$　⑥ $\frac{9}{8}\times\frac{3}{5}$

⑦ $\frac{1}{4}\times\frac{2}{7}$　⑧ $\frac{4}{9}\times\frac{3}{4}$　⑨ $\frac{9}{10}\times\frac{2}{3}$

！まちがい注意

3 かけ算をしましょう。 教科書 50ページ 4

① $5\times\frac{1}{4}$　② $\frac{4}{7}\times2$　③ $4\times\frac{3}{8}$　④ $\frac{11}{12}\times3$

ヒント ②③ とちゅうで約分できるときは、約分してから計算します。

学習日 月 日

① 分数をかける計算ー(2)

教科書 51～52ページ 答え 10ページ

 次の□にあてはまる数や記号をかきましょう。

ねらい 帯分数のかけ算ができるようにしよう。 練習 1→

帯分数のかけ算

帯分数のかけ算は、帯分数を仮分数になおすと、真分数のかけ算と同じように計算できます。

（例） $\frac{2}{5}\times1\frac{1}{3}=\frac{2}{5}\times\frac{4}{3}=\frac{8}{15}$ （仮分数にする）

1 $1\frac{2}{3}\times2\frac{3}{4}$ を計算しましょう。

解き方 $1\frac{2}{3}\times2\frac{3}{4}=\frac{5}{3}\times\frac{\square}{4}=\frac{5\times\square}{3\times4}=\frac{\square}{12}$

ねらい いくつもの分数のかけ算ができるようにしよう。 練習 2→

いくつもの分数のかけ算

いくつもの分数のかけ算は、分母どうし、分子どうしをまとめてかけると、計算できます。

（例） $\frac{3}{5}\times\frac{5}{7}\times\frac{1}{2}=\frac{3\times\overset{1}{\cancel{5}}\times1}{\underset{1}{\cancel{5}}\times7\times2}=\frac{3}{14}$

2 $\frac{7}{10}\times\frac{3}{7}\times\frac{5}{9}$ を計算しましょう。

解き方 $\frac{7}{10}\times\frac{3}{7}\times\frac{5}{9}=\frac{\overset{1}{\cancel{7}}\times\overset{1}{\cancel{3}}\times\overset{1}{\cancel{5}}}{\underset{\square}{\cancel{10}}\times\underset{1}{\cancel{7}}\times\underset{\square}{\cancel{9}}}=\square$

ねらい かける数と積の大きさの関係を理解しよう。 練習 3 4→

かける数と積の関係

かける数＞1　のとき、積＞かけられる数
かける数＝1　のとき、積＝かけられる数
かける数＜1　のとき、積＜かけられる数

3 計算をしないで、右の□にあてはまる等号、不等号をかきましょう。

$\frac{5}{8}\ \square\ \frac{5}{8}\times\frac{2}{3}$

解き方 $\frac{5}{8}\times\frac{2}{3}$ の $\frac{2}{3}$ は、□より小さいから、$\frac{5}{8}\ \square\ \frac{5}{8}\times\frac{2}{3}$

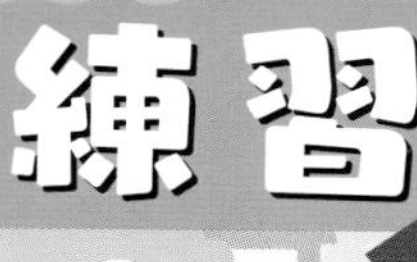

ぴったり2 練習

学習日　月　日

★できた問題には、「た」をかこう！★

できき ① できき ② できき ③ できき ④

教科書 51～52ページ　答え 11ページ

1 かけ算をしましょう。

教科書 51ページ 5

① $\frac{3}{4}\times1\frac{1}{2}$　② $\frac{2}{7}\times2\frac{2}{3}$　③ $3\frac{3}{4}\times\frac{3}{5}$

④ $2\frac{1}{3}\times1\frac{1}{5}$　⑤ $1\frac{3}{8}\times1\frac{3}{5}$　⑥ $2\frac{2}{7}\times2\frac{5}{8}$

! まちがい注意

2 かけ算をしましょう。

教科書 51ページ 6

① $\frac{3}{4}\times\frac{8}{9}\times\frac{5}{6}$　② $\frac{3}{8}\times1\frac{1}{9}\times\frac{3}{10}$

③ $6\frac{2}{3}\times2\frac{1}{4}\times2$　④ $1\frac{4}{5}\times\frac{2}{9}\times2\frac{1}{2}$

3 計算をしないで、積が $\frac{2}{3}$ より小さくなるものを選びましょう。

教科書 52ページ 8

あ $\frac{2}{3}\times\frac{3}{4}$　い $\frac{2}{3}\times\frac{7}{5}$　う $\frac{2}{3}\times\frac{5}{9}$　え $\frac{2}{3}\times1\frac{2}{3}$

（　　　　）

4 計算をしないで、□にあてはまる等号、不等号をかきましょう。

教科書 52ページ 9

① $\frac{7}{9}$ □ $\frac{7}{9}\times\frac{5}{4}$　② $\frac{3}{4}\times\frac{5}{8}$ □ $\frac{3}{4}$

かける数に
目をつけよう。

ヒント ２ ②③ とちゅうで一度約分した分母や分子を、さらに約分してから計算します。

学習日 月 日

② 分数のかけ算を使う問題
③ 積が1になる2つの数

教科書 53～56ページ　答え 11ページ

 次の□にあてはまる数をかきましょう。

ねらい 辺の長さが分数の図形の面積や体積が求められるようにしよう。　練習 1→

辺の長さが分数の図形の面積や体積

面積や体積は、辺の長さが分数になっても、整数や小数のときと同じように、公式を使って求めることができます。

1 縦（たて） $\frac{2}{3}$ m、横 $\frac{4}{5}$ m の長方形の面積を求めましょう。

 長方形の面積＝縦×横　の公式にあてはめます。

$\frac{2}{3}\times\square=\square$　　答え □ m²

公式に、分数をあてはめればいいんだね。

ねらい 計算のきまりを使って、くふうして計算できるようにしよう。　練習 2→

計算のきまり

計算のきまりは、分数のときにもなりたちます。

$a\times b=b\times a$

$(a\times b)\times c=a\times(b\times c)$

$(a+b)\times c=a\times c+b\times c$

$(a-b)\times c=a\times c-b\times c$

2 $\left(\frac{5}{8}\times\frac{2}{3}\right)\times\frac{3}{2}$ をくふうして計算しましょう。

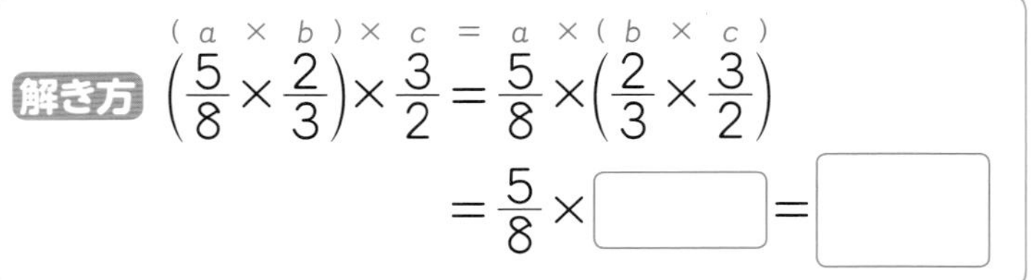

解き方

$(a\times b)\times c=a\times(b\times c)$

$\left(\frac{5}{8}\times\frac{2}{3}\right)\times\frac{3}{2}=\frac{5}{8}\times\left(\frac{2}{3}\times\frac{3}{2}\right)$

$=\frac{5}{8}\times\square=\square$

計算がかんたんになったね。

ねらい 逆数（ぎゃくすう）を理解しよう。　練習 3→

逆数

2つの数の積が1になるとき、一方の数をもう一方の数の**逆数**といいます。

$\frac{b}{a}$ ⇄ $\frac{a}{b}$　分母と分子を入れかえる

3 2、0.7 の逆数を求めましょう。

解き方 2の逆数

$2=\frac{2}{1}$ → $\frac{\square}{\square}$

0.7の逆数

$0.7=\frac{\square}{10}$ → $\frac{\square}{\square}$

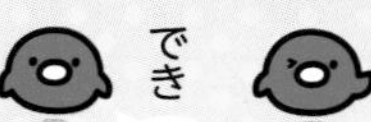

練習

学習日　　月　　日

★できた問題には、「た」をかこう！★

できき 1　できき 2　できき 3

教科書 53～56ページ　答え 12ページ

1 次の図形の面積、立体の体積を求めましょう。

教科書 53ページ 1

①

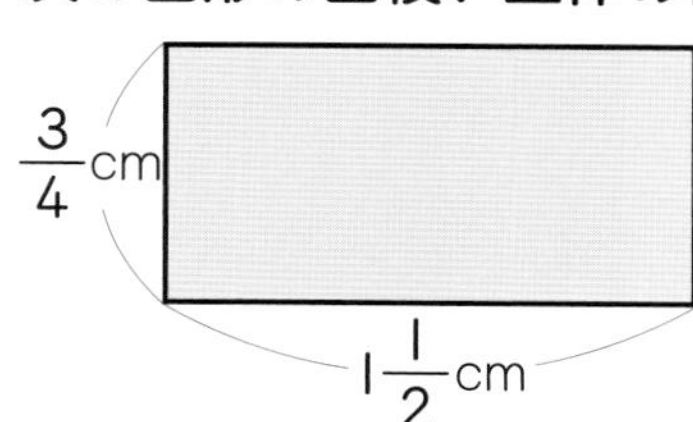

(　　　　)

②

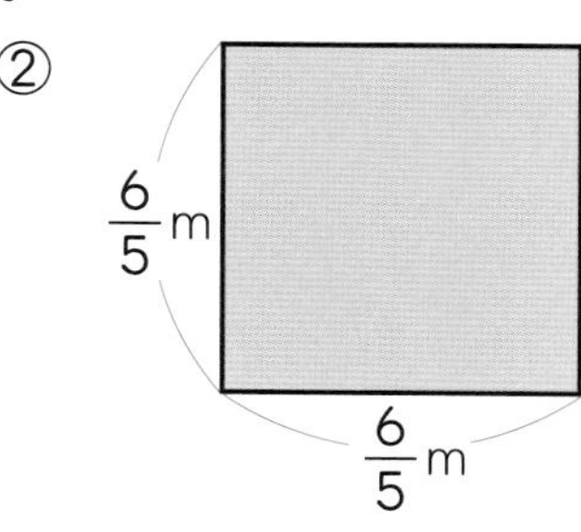

(　　　　)

③

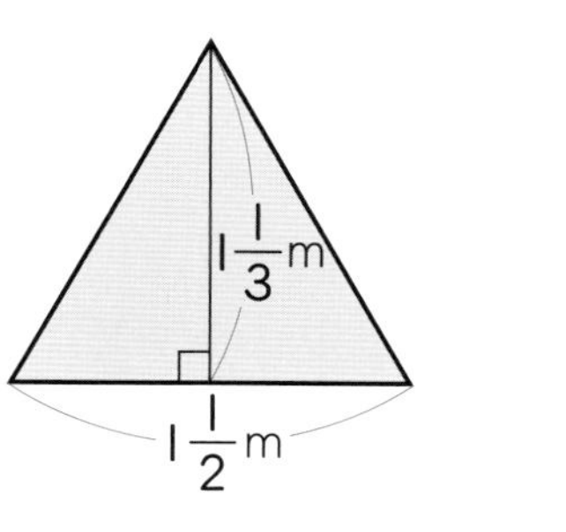

(　　　　)

④ 直方体

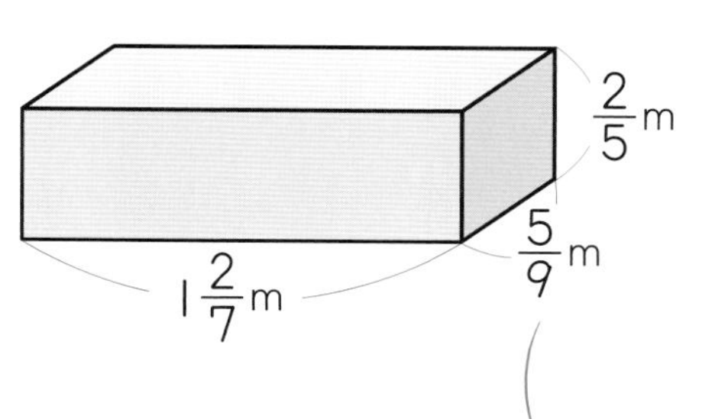

(　　　　)

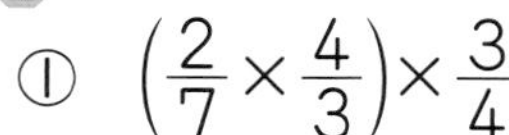

2 くふうして計算しましょう。

教科書 55ページ 3

① $\left(\frac{2}{7}\times\frac{4}{3}\right)\times\frac{3}{4}$

② $15\times\frac{7}{8}\times\frac{2}{15}$

③ $\left(\frac{1}{4}+\frac{5}{6}\right)\times12$

④ $\frac{7}{9}\times\frac{4}{5}+\frac{2}{9}\times\frac{4}{5}$

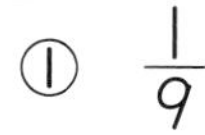

！まちがい注意

3 次の数の逆数を求めましょう。

教科書 56ページ 1

① $\frac{1}{9}$　② $\frac{3}{4}$　③ $\frac{10}{9}$

(　　　　)　(　　　　)　(　　　　)

④ $1\frac{2}{5}$　⑤ 8　⑥ 1.2

(　　　　)　(　　　　)　(　　　　)

ヒント
1 ③　三角形の面積＝底辺×高さ÷2
3 ④～⑥　まず、仮分数で表しましょう。

ぴったり3

確かめのテスト

4 分数のかけ算

教科書 45〜58ページ　答え 12ページ

知識・技能　　／64点

1 計算をしないで、積が $\frac{5}{9}$ より小さくなるものを選びましょう。　(4点)

㋐ $\frac{5}{9}\times3$　㋑ $\frac{5}{9}\times\frac{2}{3}$　㋒ $\frac{5}{9}\times2\frac{1}{6}$　㋓ $\frac{5}{9}\times\frac{1}{5}$

(　　　　)

2 よく出る 次の数の逆数を求めましょう。　各4点(12点)

① $\frac{2}{7}$　② $2\frac{5}{8}$　③ 0.4

(　　　　)　(　　　　)　(　　　　)

3 よく出る かけ算をしましょう。　各5点(30点)

① $\frac{2}{5}\times\frac{7}{6}$　② $\frac{4}{9}\times\frac{3}{8}$

③ $12\times\frac{5}{9}$　④ $2\frac{1}{7}\times1\frac{2}{5}$

⑤ $\frac{3}{5}\times\frac{1}{8}\times\frac{4}{3}$　⑥ $\frac{4}{7}\times2\frac{4}{5}\times\frac{5}{8}$

4 くふうして計算しましょう。　各5点(10点)

① $\frac{5}{7}\times4\times\frac{7}{5}$　② $9\times\frac{5}{8}+7\times\frac{5}{8}$

5 よく出る **次の図形の面積、立体の体積を求めましょう。** 各4点（8点）

① 平行四辺形

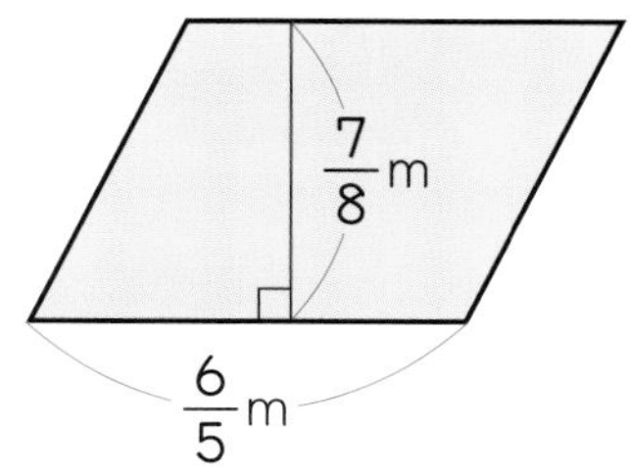

② 直方体

$1\frac{1}{4}$m
$\frac{4}{5}$m
$2\frac{2}{3}$m

（　　　　）　（　　　　）

思考・判断・表現　／36点

6 よく出る　1mの重さが $\frac{4}{7}$ gの針金（はりがね）があります。

この針金 $\frac{3}{5}$ mの重さは何gですか。　式・答え 各5点（10点）

式

答え（　　　　）

7 時速60kmで走る電車が1時間20分で走る道のりは何kmですか。　式・答え 各5点（10点）

式

答え（　　　　）

できたらスゴイ！

8 3、4、5、6、7、8、9、10 **のカードが1枚（まい）ずつあります。**　式・積 各4点（16点）

① 右の　　の□の中にカードをあてはめて、積がいちばん大きくなる計算の式をつくりましょう。

また、積も求めましょう。

$\frac{3}{4} \times \frac{□}{□}$

（　　　　）

② ①の　　の□の中にカードをあてはめて、積がいちばん大きい整数になる計算の式をつくりましょう。

また、積も求めましょう。

（　　　　）

付録の「計算せんもんドリル」5～10もやってみよう！

ふりかえり　1がわからないときは、24ページの3にもどって確認（かくにん）してみよう。

学習日 月 日

① 分数でわる計算ー(1)

教科書 61〜66ページ　答え 14ページ

次の□にあてはまる数をかきましょう。

ねらい 分数÷分数ができるようにしよう。 練習 1 2 →

分数÷分数

分数÷分数の計算は、わる数の逆数をかけると計算できます。

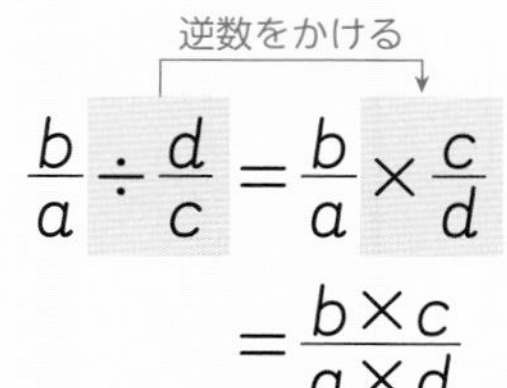

逆数をかける

$$\frac{b}{a} \div \frac{d}{c} = \frac{b}{a} \times \frac{c}{d} = \frac{b \times c}{a \times d}$$

1 わり算をしましょう。

(1) $\frac{3}{5} \div \frac{2}{3}$　　(2) $\frac{7}{9} \div \frac{5}{6}$

解き方 (1) $\frac{2}{3}$ の逆数は □ だから、$\frac{3}{5} \div \frac{2}{3} = \frac{3}{5} \times$ □ $= \frac{3 \times 3}{5 \times 2} =$ □

逆数をかける

(2) $\frac{5}{6}$ の逆数は □ だから、$\frac{7}{9} \div \frac{5}{6} = \frac{7}{9} \times$ □ $= \frac{7 \times \overset{2}{\cancel{6}}}{\underset{3}{\cancel{9}} \times 5} =$ □

逆数をかける

ねらい 整数と分数のわり算ができるようにしよう。 練習 3 →

整数÷分数、分数÷整数

整数と分数のわり算は、整数を分母が１の分数と表して計算します。

2 わり算をしましょう。

(1) $7 \div \frac{3}{4}$　　(2) $\frac{2}{5} \div 8$

解き方 (1) $7 \div \frac{3}{4} = \frac{\square}{1} \div \frac{3}{4} = \frac{7}{1} \times \frac{\square}{3}$

$= \frac{7 \times 4}{1 \times 3} =$ □

(2) $\frac{2}{5} \div 8 = \frac{2}{5} \div \frac{8}{1} = \frac{2}{5} \times$ □ $= \frac{\overset{1}{\cancel{2}} \times 1}{5 \times \underset{4}{\cancel{8}}} =$ □

ぴったり2

練習

★できた問題には、「た」をかこう！★

でき 1　でき 2　でき 3

学習日　月　日

教科書 61〜66ページ　答え 14ページ

1 $\frac{1}{4}$ dL のペンキで、ゆかを $\frac{3}{7}$ m² ぬれました。

このペンキ 1 dL でぬれるゆかの面積は何 m² ですか。

教科書 61ページ 1

① この問題を図に表すと、あ、いのどちらになりますか。

あ
ぬれる面積　0　$\frac{3}{7}$　x　(m²)
ペンキの量　0　$\frac{1}{4}$　1　(dL)

い
ぬれる面積　0　x　$\frac{3}{7}$　(m²)
ペンキの量　0　$\frac{1}{4}$　1　(dL)

(　　　)

② 式をかいて、答えを求めましょう。

式

答え (　　　)

2 わり算をしましょう。

教科書 61ページ 1、63ページ 2、66ページ 3

① $\frac{5}{9} \div \frac{1}{2}$　② $\frac{3}{4} \div \frac{1}{5}$　③ $\frac{6}{7} \div \frac{1}{3}$

④ $\frac{1}{8} \div \frac{5}{9}$　⑤ $\frac{3}{4} \div \frac{5}{7}$　⑥ $\frac{2}{5} \div \frac{7}{9}$

⑦ $\frac{2}{9} \div \frac{1}{3}$　⑧ $\frac{9}{8} \div \frac{3}{4}$　⑨ $\frac{4}{5} \div \frac{8}{15}$

！まちがい注意

3 わり算をしましょう。

教科書 66ページ 4

① $7 \div \frac{3}{5}$　② $\frac{2}{9} \div 4$　③ $2 \div \frac{6}{7}$

ヒント　2 3 とちゅうで約分できるときは、約分してから計算します。

① 分数でわる計算－(2)

教科書 67～68ページ　答え 14ページ

次の□にあてはまる数をかきましょう。

ねらい 帯分数のわり算ができるようにしよう。 練習 1

帯分数のわり算

帯分数のわり算は、帯分数を仮分数になおすと、真分数のわり算と同じように計算できます。

（例）$\frac{5}{8}\div1\frac{3}{4}=\frac{5}{8}\div\frac{7}{4}=\frac{5}{8}\times\frac{4}{7}=\frac{5}{14}$（仮分数にする／逆数をかける）

1 $\frac{3}{7}\div1\frac{1}{5}$ を計算しましょう。

解き方 $\frac{3}{7}\div1\frac{1}{5}=\frac{3}{7}\div\frac{\square}{5}=\frac{3}{7}\times\square=\frac{3\times5}{7\times6}=\square$

ねらい 小数、分数のかけ算やわり算がまじった計算ができるようにしよう。 練習 2 3

かけ算とわり算のまじった計算

分数のかけ算とわり算がまじった計算は、わる数を逆数にすることで、かけ算だけにして計算できます。

（例）$\frac{1}{4}\div\frac{3}{5}\times\frac{7}{2}=\frac{1}{4}\times\frac{5}{3}\times\frac{7}{2}$（逆数をかける）

2 次の計算をしましょう。

(1) $0.25\div\frac{3}{8}$　(2) $\frac{3}{5}\times\frac{2}{9}\div\frac{4}{7}$　(3) $\frac{1}{4}\div3\times0.27$

解き方 小数は分数に、わり算は逆数をかける計算になおします。

(1) $0.25\div\frac{3}{8}=\frac{1}{4}\div\frac{3}{8}=\frac{1}{4}\times\frac{8}{3}=\square$（分数にする／逆数をかける）

(2) $\frac{3}{5}\times\frac{2}{9}\div\frac{4}{7}=\frac{3}{5}\times\frac{2}{9}\times\square=\frac{3\times2\times7}{5\times9\times4}=\square$

(3) $\frac{1}{4}\div3\times0.27=\frac{1}{4}\times\frac{1}{3}\times\frac{27}{\square}=\frac{1\times1\times27}{4\times3\times100}=\square$（逆数をかける）

ぴったり2

練習

★できた問題には、「た」をかこう！★

① でき　② でき　③ でき

学習日　月　日

教科書 67～68ページ　答え 14ページ

！まちがい注意

1 わり算をしましょう。

教科書 67ページ 5

① $\frac{1}{6} \div 1\frac{3}{4}$

② $\frac{2}{7} \div 1\frac{3}{5}$

③ $1\frac{1}{8} \div \frac{6}{7}$

④ $2\frac{4}{5} \div \frac{7}{9}$

⑤ $3\frac{1}{4} \div 2\frac{1}{6}$

⑥ $4\frac{2}{3} \div 1\frac{5}{9}$

2 次の計算をしましょう。

教科書 67ページ 6

① $\frac{2}{5} \times \frac{5}{6} \div \frac{8}{9}$

② $\frac{7}{12} \div \frac{3}{10} \times \frac{3}{7}$

③ $\frac{5}{8} \div \frac{3}{4} \div \frac{10}{13}$

④ $\frac{7}{10} \div \frac{3}{5} \div \frac{7}{6}$

！まちがい注意

3 次の計算をしましょう。

教科書 68ページ 7、8

① $0.7 \div \frac{5}{6}$

② $2\frac{2}{5} \div 1.2 \times 0.8$

③ $5 \div 0.3 \times \frac{3}{4}$

④ $0.7 \times \frac{5}{6} \div 1\frac{2}{3}$

ヒント

2 かけ算だけの式になおしてから計算します。

3 小数、整数を分数で表して、かけ算だけの式になおして計算します。

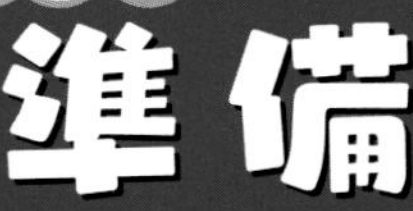

① 分数でわる計算－(3)
② 分数のわり算を使う問題

教科書 69〜70 ページ　答え 15 ページ

次の□にあてはまる数や記号をかきましょう。

ねらい わる数と商の大きさの関係を理解しよう。　練習 1 2→

わる数と商の関係

- わる数＞１　のとき、商＜わられる数
- わる数＝１　のとき、商＝わられる数
- わる数＜１　のとき、商＞わられる数

1 計算をしないで、□にあてはまる等号、不等号をかきましょう。

(1) $\frac{2}{5}$ □ $\frac{2}{5}\div\frac{1}{2}$　(2) $\frac{2}{5}$ □ $\frac{2}{5}\div1$　(3) $\frac{2}{5}$ □ $\frac{2}{5}\div2$

解き方

(1) $\frac{2}{5}\div\frac{1}{2}$ の $\frac{1}{2}$ は、□より小さいから、$\frac{2}{5}$ □ $\frac{2}{5}\div\frac{1}{2}$

(2) $\frac{2}{5}\div1$ の１は、□と同じだから、$\frac{2}{5}$ □ $\frac{2}{5}\div1$

(3) $\frac{2}{5}\div2$ の２は、□より大きいから、$\frac{2}{5}$ □ $\frac{2}{5}\div2$

ねらい 分数のわり算を使う問題ができるようにしよう。　練習 3 4→

時間については、分数で表すことができます。

45 分＝$\frac{3}{4}$ 時間　　2時間 50 分＝$2\frac{5}{6}$ 時間

45 分＝$\frac{45}{60}$ 時間で、約分すると $\frac{3}{4}$ 時間になるね。

速さや時間は、次の式で求めます。

- 速さ＝道のり÷時間
- 時間＝道のり÷速さ

2 90 km の道のりを、１時間 40 分で走る自動車の速さは時速何 km ですか。

解き方 １時間 40 分は□時間です。

90÷□＝□　　答え　時速□km

3 分速 $\frac{1}{15}$ km で歩く人が 3 km 歩くのにかかる時間を求めましょう。

解き方 3÷□＝□　　答え □分

練習

★できた問題には、「た」をかこう！★

できた 1　できた 2　できた 3　できた 4

学習日　月　日

教科書 69～70ページ　答え 15ページ

1 計算をしないで、商が $\frac{5}{7}$ より小さくなるものを選びましょう。 教科書 69ページ 10

㋐ $\frac{5}{7}\div\frac{1}{2}$　㋑ $\frac{5}{7}\div3$　㋒ $\frac{5}{7}\div\frac{7}{5}$　㋓ $\frac{5}{7}\div\frac{3}{8}$

(　　　　)

2 計算をしないで、□にあてはまる等号、不等号をかきましょう。 教科書 69ページ 11

① $\frac{3}{10}$ □ $\frac{3}{10}\div\frac{3}{4}$　② $\frac{2}{5}\div2\frac{1}{4}$ □ $\frac{2}{5}$

③ $2\frac{3}{4}$ □ $2\frac{3}{4}\div1\frac{2}{7}$　④ $8\times\frac{5}{9}$ □ $8\div\frac{5}{9}$

3 次の図形で、それぞれの長さを求めましょう。 教科書 70ページ 1

① 面積が $\frac{8}{15}$ m^2 の長方形で、縦(たて)が $\frac{2}{3}$ m のときの横の長さ

式

答え (　　　　)

② 面積が $1\frac{1}{14}$ m^2 の平行四辺形で、底辺が $\frac{5}{7}$ m のときの高さ

式

答え (　　　　)

③ 面積が $4\frac{1}{5}$ cm^2 の平行四辺形で、高さが $2\frac{2}{5}$ cm のときの底辺の長さ

式

答え (　　　　)

4 100 km の道のりを、1時間 15 分で走る電車の速さは時速何 km ですか。 教科書 70ページ 1

式

答え (　　　　)

ヒント
1 わる数が1より大きいか小さいかで考えます。
3 ① 長方形の面積÷縦＝横に数をあてはめてみましょう。

 分数のわり算

時間 30 分

／100

合格 80 点

教科書 61～72ページ　答え 16ページ

知識・技能　／50点

1 計算をしないで、商が $\frac{3}{7}$ より小さくなるものを選びましょう。（10点）

㋐ $\frac{3}{7}\div2$　㋑ $\frac{3}{7}\div\frac{3}{4}$　㋒ $\frac{3}{7}\div\frac{1}{3}$　㋓ $\frac{3}{7}\div2\frac{2}{3}$

（　　　　）

2 よく出る 次の計算をしましょう。 各5点(40点)

① $\frac{5}{6}\div\frac{1}{3}$

② $\frac{4}{9}\div\frac{2}{3}$

③ $\frac{6}{11}\div8$

④ $6\div\frac{4}{5}$

⑤ $\frac{3}{5}\div1\frac{1}{4}$

⑥ $2\frac{1}{4}\div1\frac{1}{8}$

⑦ $\frac{5}{8}\div\frac{3}{7}\div1\frac{1}{6}$

⑧ $\frac{3}{13}\times5\frac{1}{5}\div\frac{3}{5}$

思考・判断・表現

／50点

3 よく出る $\frac{5}{8}$ L の重さが $\frac{1}{2}$ kg の油があります。
この油 1 L の重さは何 kg ですか。

式・答え 各5点(10点)

式

答え（　　　）

4 48 分間で 60 個の機械パーツを作れる工場があります。

式・答え 各5点(20点)

① 1時間に何個の機械パーツを作ることができますか。

式

答え（　　　）

② 2時間 20 分では、何個の機械パーツを作ることができますか。

式

答え（　　　）

できたらスゴイ！

5 [2]、[3]、[4]、[5]、[6]、[7]、[8]、[9] のカードが 1 枚ずつあります。

式・商 各5点(20点)

① 右の□□の□の中にカードをあてはめて、商がいちばん大きくなる計算の式をつくりましょう。
また、商も求めましょう。

$\frac{6}{7} \div \frac{\square}{\square}$

式 $\frac{6}{7} \div \frac{\square}{\square}$　商（　　　）

② ①の□□の□の中にカードをあてはめて、商がいちばん大きい整数になる計算の式をつくりましょう。
また、商も求めましょう。

式 $\frac{6}{7} \div \frac{\square}{\square}$　商（　　　）

付録の「計算せんもんドリル」11～19もやってみよう！

ふりかえり ①がわからないときは、34 ページの①にもどって確認してみよう。

学習日 月 日

6 倍を表す分数

できた 1 できた 2

教科書 74〜77ページ　答え 17ページ

次の□にあてはまることばや数をかきましょう。

ねらい 倍を分数で求められるようにしよう。 練習 1 2 →

倍を分数で求める

割合(倍)を求めるとき、分数で表すことがあります。

割合(倍)＝比べる量÷もとにする量

(例) $\frac{1}{2}$Lは、$\frac{2}{3}$Lの$\frac{3}{4}$倍

1 お茶が$\frac{1}{4}$L、ジュースが$\frac{3}{5}$Lあります。お茶の量は、ジュースの量の何倍にあたりますか。

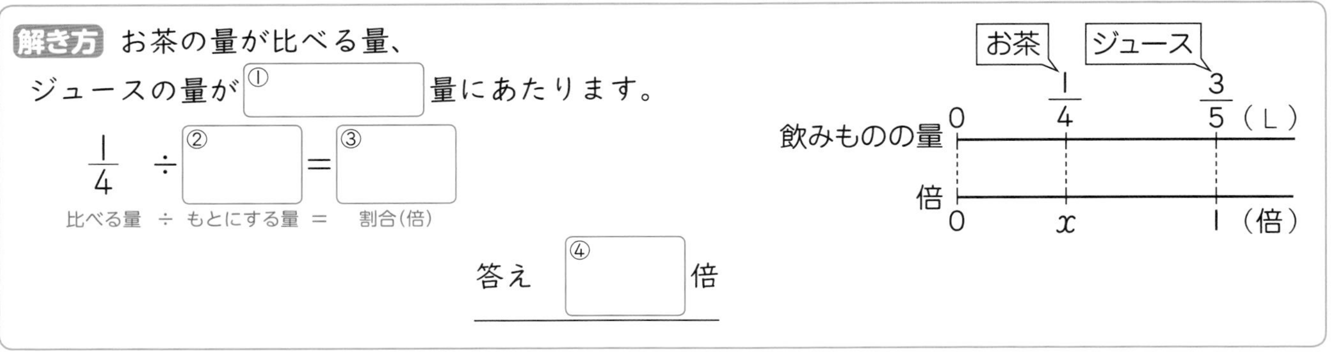

1 縦が$\frac{3}{4}$m、横が$\frac{5}{6}$mの長方形があります。 教科書 74ページ 1

縦の長さをもとにすると、横の長さは縦の長さの何倍ですか。

式

答え (　　　)

2 かずきさんの体重は48kgです。弟の体重は、かずきさんの体重の$\frac{3}{4}$です。

弟の体重は何kgですか。 教科書 76ページ 2

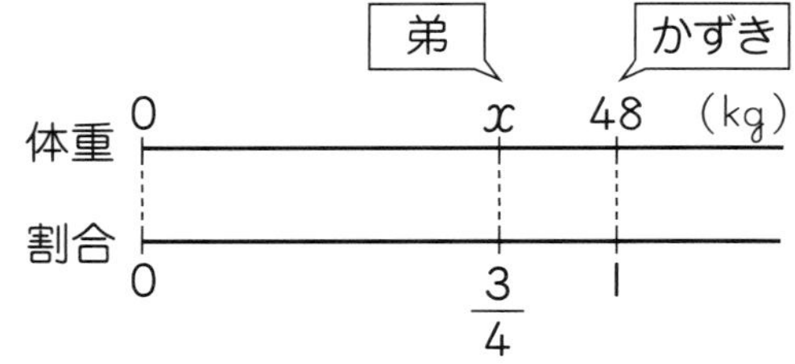

ある数の$\frac{3}{4}$倍のことを、ある数の$\frac{3}{4}$ということがあるよ。

式

答え (　　　)

ヒント 2 かずきさんの体重を1とすると、弟の体重が$\frac{3}{4}$にあたります。

ぴったり3 確かめのテスト。

6 倍を表す分数

時間 20 分

／100

合格 80 点

教科書 74～77 ページ　答え 17 ページ

思考・判断・表現　／100点

1 よく出る 次の問題に答えましょう。　式・答え 各10点(60点)

① 赤いリボンの長さは $\frac{5}{8}$ m、青いリボンの長さは $\frac{3}{4}$ m です。

赤いリボンの長さは、青いリボンの長さの何倍ですか。

式

答え (　　　　)

② $3\frac{1}{3}$ kg の米のうち、$\frac{3}{5}$ を食べました。

食べた米の重さは何 kg ですか。

式

答え (　　　　)

③ 花だんに水をまきました。水をまいた面積は 6 m^2 で、これは花だん全体の面積の $\frac{3}{7}$ です。

この花だん全体の面積は何 m^2 ですか。

式

答え (　　　　)

2 青いテープの長さは 40 cm で、赤いテープの長さの $\frac{2}{3}$ です。

赤いテープの長さは何 cm ですか。　式・答え 各20点(40点)

式

答え (　　　　)

どんな計算になるか考えよう

教科書 78ページ　答え 17ページ

1 西駅から南駅までは電車とバスで行くことができます。
電車代は480円で、バス代は電車代の $\frac{3}{4}$ です。
バス代は何円ですか。

① バス代を x 円として、問題の場面を下の図に表します。□にあてはまる数をかきましょう。

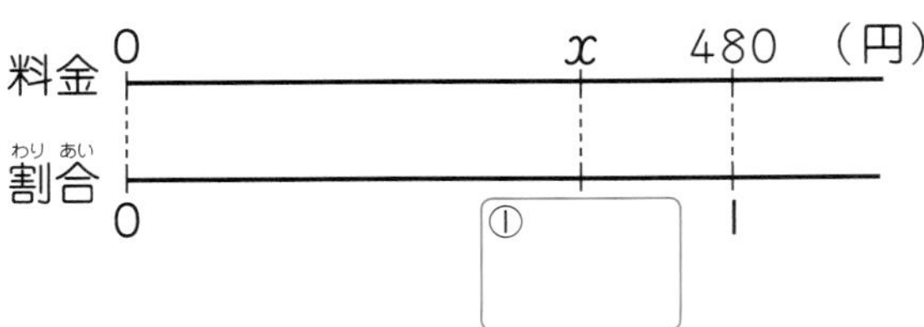

② 式をかいて、答えを求めましょう。

式

答え (　　　　)

2 さくらさんは、本を78ページ読みました。それは、その本全体の $\frac{6}{13}$ にあたります。
本全体のページ数は何ページですか。

① 本全体のページ数を x ページとして、問題の場面を下の図に表します。□にあてはまる数をかきましょう。

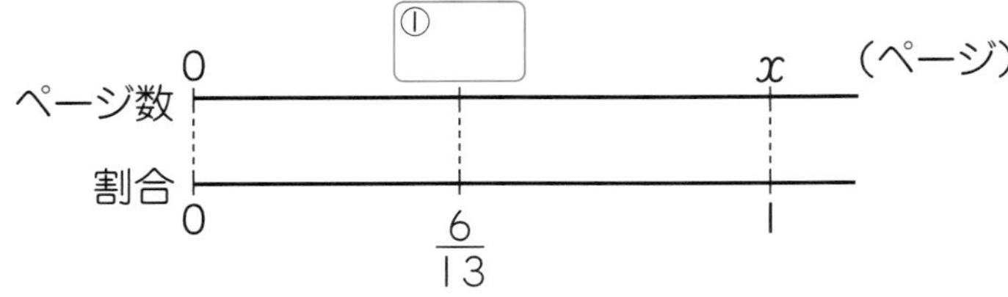

② 式をかいて、答えを求めましょう。

式

答え (　　　　)

3 家から図書館までは、自転車で $\frac{5}{12}$ 時間、歩くと $\frac{5}{8}$ 時間かかります。

自転車でかかる時間は、歩いてかかる時間の何倍ですか。

① 割合を x として、問題の場面を下の図に表します。□にあてはまる数をかきましょう。

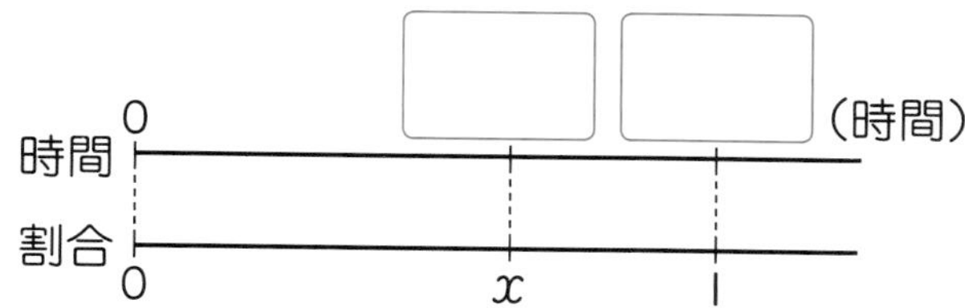

② 式をかいて、答えを求めましょう。

式

答え（　　　　）

4 あすかさんは、780円のノートセットを買いました。このノートセットの値段（ねだん）は、ペンセットの値段の $\frac{5}{6}$ 倍です。

ペンセットの値段は何円ですか。

① ペンセットの値段を x 円として、問題の場面を下の図に表します。□にあてはまる数をかきましょう。

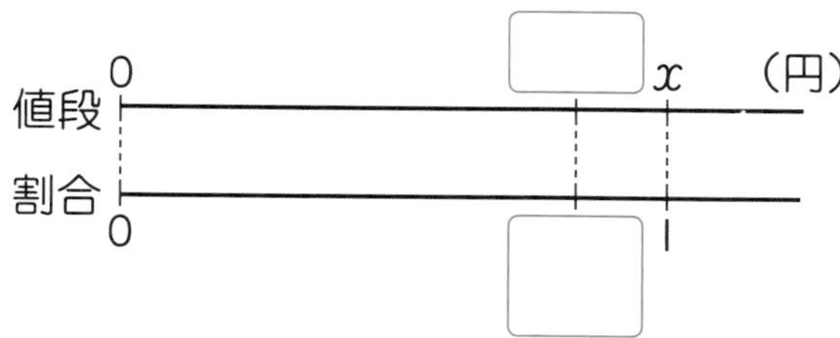

② 式をかいて、答えを求めましょう。

式

答え（　　　　）

ぴったり1 **準備**

7 データの調べ方

① 平均とちらばりのようすー(1)

学習日　　月　　日

教科書 81～85ページ　答え 18ページ

次の□にあてはまる数をかきましょう。

ねらい 平均値(へいきんち)やドットプロット、階級(かいきゅう)について理解しよう。　練習 1→

平均値

学級などの記録の特ちょうを比べるときには、それぞれの集団の平均値を使うことがあります。

平均値＝記録の合計÷記録の個数

ドットプロット

右の図のように、数直線に記録などのしるしをならべた図のことを**ドットプロット**といいます。

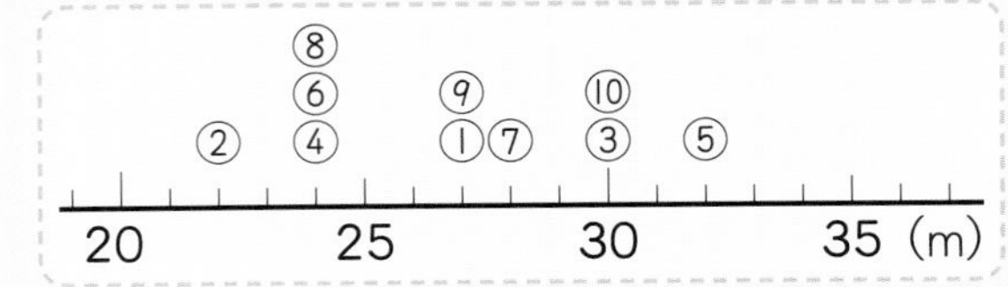

ちらばりのようすがわかる表

右のような表で「20 m 以上 25 m 未満」などのような区切りのことを**階級**といいます。区切りのはばのことを**階級のはば**といいます。右の表の階級のはばは5mです。

階級にはいるデータの個数のことを**度数(どすう)**、データを階級ごとに整理した表を**度数分布表(どすうぶんぷひょう)**といいます。

きょり(m)	人数(人)
以上 20 ～ 25 未満	4
25 ～ 30	3
30 ～ 35	3
合計	10

1 そうたさんの学校の体重の記録を右のようなドットプロットに表しました。

体重の記録を下の度数分布表に整理しましょう。

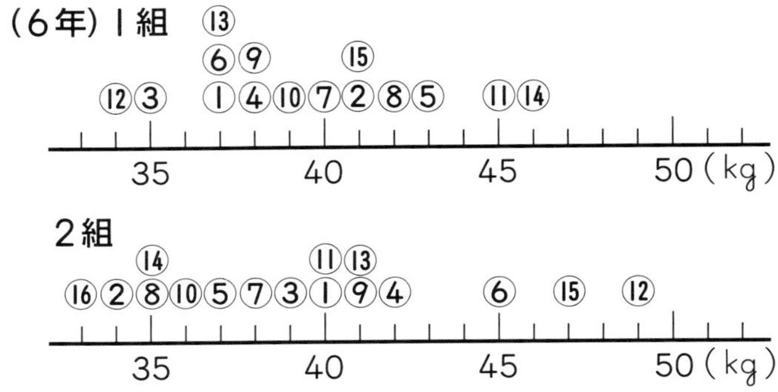

体重の記録(1組)

体重(kg)	人数(人)
30 以上 ～ 35 未満	1
35 ～ 40	①
40 ～ 45	②
45 ～ 50	③
合　計	④

体重の記録(2組)

体重(kg)	人数(人)
30 以上 ～ 35 未満	2
35 ～ 40	⑦
40 ～ ⑤	⑧
45 ～ ⑥	⑨
合　計	⑩

階級のはばは5kgだね。

解き方 ドットプロットを見て、それぞれの階級の数をかぞえます。

★できた問題には、「た」をかこう！★

でき ①

学習日　月　日

教科書 81～85ページ　答え 18ページ

1 右の表は、６年男子の体重の記録です。

教科書 81ページ1、82ページ2、84ページ3

体重の記録

6年1組男子			
番号	記録(kg)	番号	記録(kg)
①	50	⑩	56
②	30	⑪	47
③	41	⑫	42
④	27	⑬	48
⑤	35	⑭	37
⑥	51	⑮	47
⑦	32	⑯	45
⑧	53	⑰	39
⑨	42	⑱	37

体重の記録

6年2組男子			
番号	記録(kg)	番号	記録(kg)
①	43	⑩	54
②	29	⑪	43
③	46	⑫	45
④	32	⑬	41
⑤	38	⑭	52
⑥	45	⑮	49
⑦	36	⑯	39
⑧	31		
⑨	46		

① どちらの組が重いといえますか。
平均値を求めて比べましょう。

(　　　　)

② ６年２組男子の記録をドットプロットに表しましょう。

６年１組男子

④　②　⑦　⑤　⑱⑭　⑰　③⑫⑨　⑯　⑮⑪⑬　①⑥　⑧　⑩

25　30　35　40　45　50　55　60(kg)

６年２組男子

25　30　35　40　45　50　55　60(kg)

③ 下の度数分布表を完成させましょう。

体重の記録(１組)

体重(kg)	人数(人)
以上　未満 25 ～ 30	
30 ～ 35	
35 ～ 40	
40 ～ 45	
45 ～ 50	
50 ～ 55	
55 ～ 60	
合計	

体重の記録(２組)

体重(kg)	人数(人)
以上　未満 25 ～ 30	
30 ～ 35	
35 ～ 40	
40 ～ 45	
45 ～ 50	
50 ～ 55	
55 ～ 60	
合計	

④ 50kg以上の人は、どちらの組が多いですか。　(　　　　)

⑤ １組のけんとさんの体重は、重いほうからかぞえて５番めです。
どの階級にはいっていますか。

(　　　　)

ヒント
1 ① 体重の合計は、１組が759kg、２組が669kgです。
④ 「50～55」と「55～60」の人数の和で比べます。

① 平均とちらばりのようす－(2)

教科書 86ページ　答え 18ページ

次の□にあてはまる数をかきましょう。

ねらい 柱状グラフのよみ方、かき方を理解しよう。 練習 1 2 3 →

柱状グラフ

右下のようなグラフを**柱状グラフ**、または**ヒストグラム**といいます。

1 6年1組男子のソフトボール投げの記録を柱状グラフに表しました。

(1) 人数が最も多いのは、何m以上何m未満の階級ですか。

(2) 30m未満の人は何人いますか。

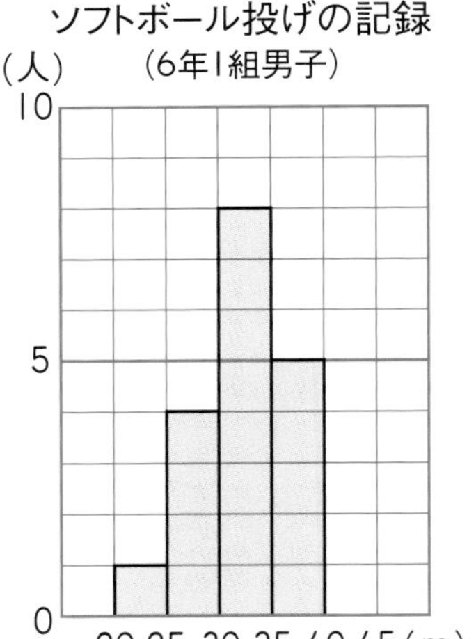

解き方 (1) 棒の長さが最も長い階級です。

グラフから、□m以上□m未満です。

(2) 30より左の階級の棒の長さをたします。

1＋4＝□(人)

答え □人

2 6年2組男子のソフトボール投げの記録を柱状グラフに表しましょう。

ソフトボール投げの記録(6年2組男子)

きょり(m) 以上 未満	人数(人)
20 ～ 25	3
25 ～ 30	5
30 ～ 35	5
35 ～ 40	2
40 ～ 45	1
合計	16

解き方 それぞれの階級に、階級のはばを横、人数を縦にして長方形(柱)をかきます。

20～25の階級は、縦を3(人)
25～30の階級は、縦を5(人)
30～35の階級は、縦を□(人)
35～40の階級は、縦を□(人)
40～45の階級は、縦を□(人)
にします。

柱状グラフは、右の図のようになります。

1組のグラフと比べると、かたよりが少なく、広いはんいにちらばっていることがわかります。

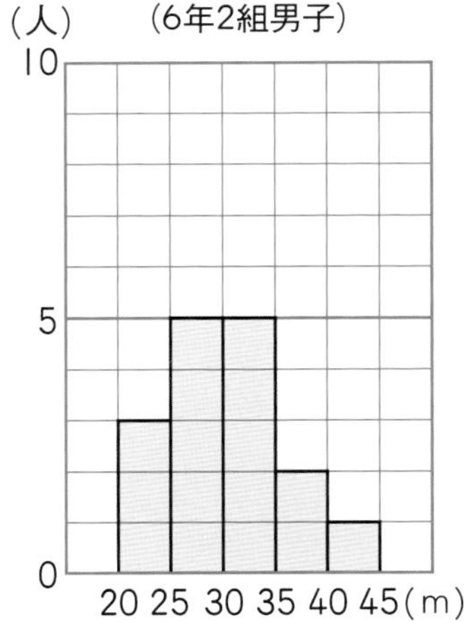

1 下の表は、6年1組の児童の片道(かたみち)の通学時間を調べたものです。柱状グラフに表しましょう。

教科書 86ページ 4

片道の通学時間（6年1組）

時間（分）	人数（人）
以上　未満 0 ～ 5	4
5 ～ 10	7
10 ～ 15	9
15 ～ 20	6
20 ～ 25	3
25 ～ 30	2
合計	31

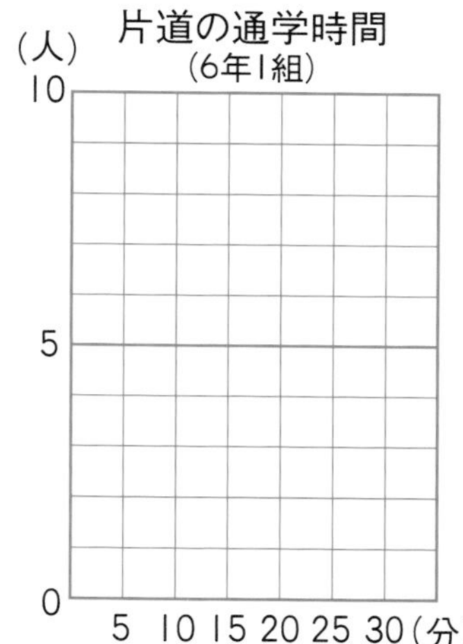

2 右のグラフは、6年生の女子の身長を調べて整理したものです。

教科書 86ページ 4

① 6年生の女子は全部で何人いますか。

（　　　　）

② 身長が145 cm未満の人は全部で何人いますか。

（　　　　）

よくみて

③ 身長が148.9 cmの人は身長の高いほうからかぞえて、何番めから何番めのはんいにいますか。

（　　　　）

(人) 6年生の女子の身長
16 14 12 10 8 6 4 2 0
125 130 135 140 145 150 155 160 (cm)

3 右のグラフは、ある学級の50 m走の記録をまとめたものです。

教科書 86ページ 4

① 人数が最も多いのは、何秒以上何秒未満の階級ですか。

（　　　　）

② こうたさんは速いほうからかぞえて6番めでした。こうたさんの速さは、何秒以上何秒未満の階級にはいりますか。

（　　　　）

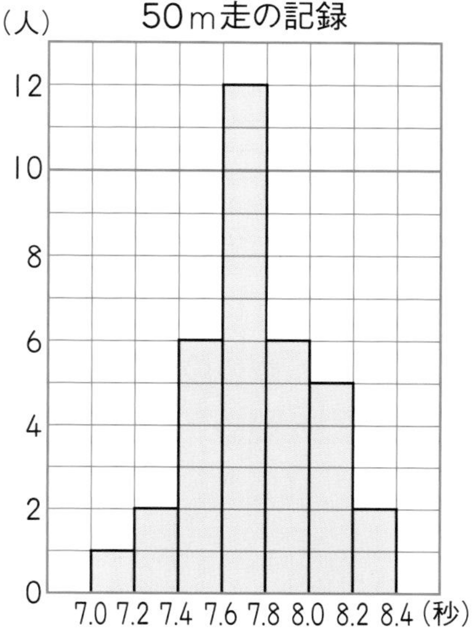

ヒント

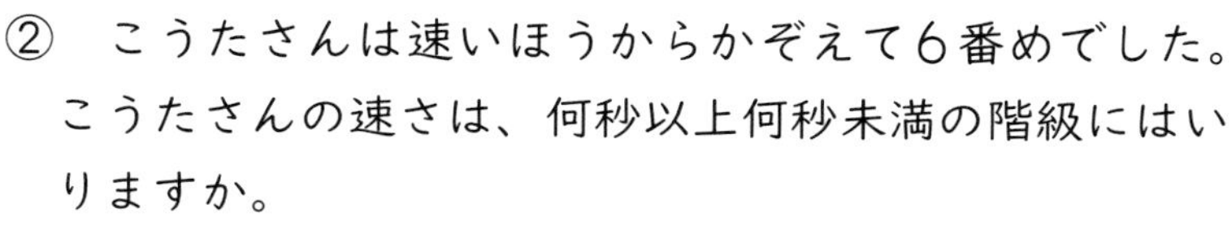

2 ① 各階級の人数をすべて加えると、全体の人数がわかります。
③ 148.9 cmがどの階級にはいっているか調べます。

7 データの調べ方

② データを代表する値
③ データの調べ方とよみとり方

教科書 87～103ページ　答え 19ページ

次の□にあてはまる数をかきましょう。

ねらい データを代表する値(あたい)について理解しよう。 練習 1 2 →

データの特ちょうを、適当な１つの値で代表させるとき、その値を**代表値**(だいひょうち)といいます。
データの中で最も多く出てくる値のことを、**最頻値**(さいひんち)(モード)といいます。
データの個々の値を小さい順にならべたとき、中央にくる値のことを**中央値**(ちゅうおうち)(メジアン)といいます。
データの個数が偶数(ぐうすう)のときは、中央にくる２つの値の平均値を中央値とします。

1 たくみさんの学校の６年１組と６年２組の男子の通学時間を調べ、右のようなドットプロットに表しました。

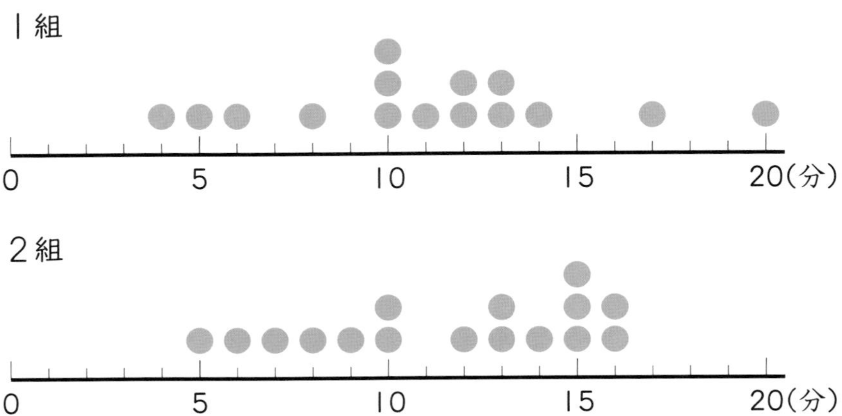

(1) それぞれの組のデータの平均値を求めましょう。

(2) それぞれの組のデータの最頻値を求めましょう。

(3) それぞれの組のデータの中央値を求めましょう。

解き方 (1) 平均値＝データの値の合計÷個数で求めます。
１組　165÷□＝□　答え □分
２組　184÷□＝□　答え □分
平均値は、データが集中しているところから、ずれることがあります。
(2) ●がいちばん多いところのめもりをよみます。
１組　答え □分
２組　答え □分
(3) 個々の値を小さい順にならべて、ちょうど真ん中にくる値を求めます。
２組のように個数が偶数の場合は、真ん中の２つの値の平均値を求めます。
１組　８番めの値です。　答え □分
２組　８番めと９番めの値の平均だから、
(12＋□)÷2＝□　答え □分

★できた問題には、「た」をかこう！★

教科書 87～103ページ　答え 19ページ

1 下のドットプロットはさくらさんの学校の6年1組と6年2組の女子の反復横とびの記録を表したものです。

教科書 87ページ 1

1組

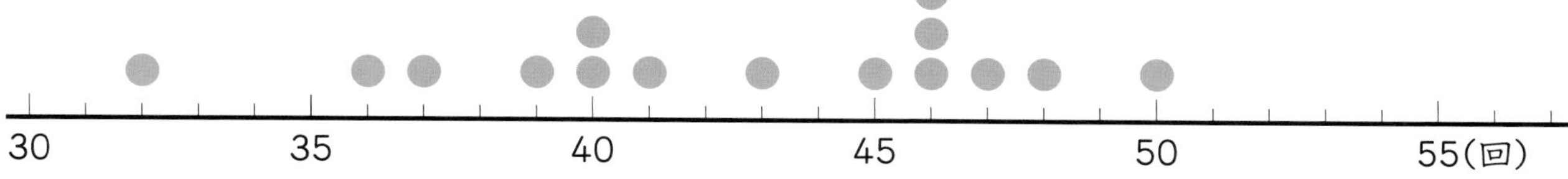

2組

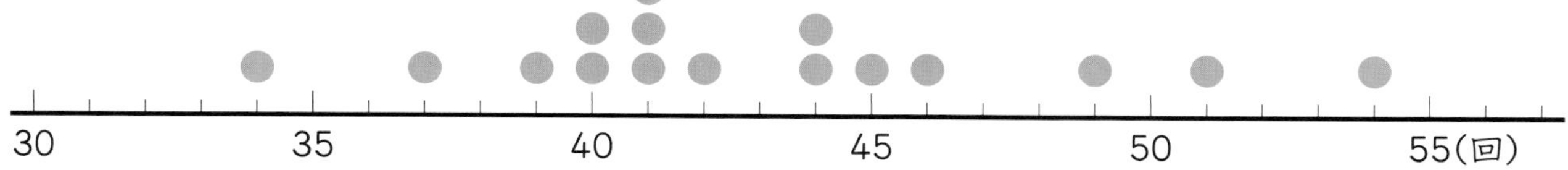

① 1組の記録の最頻値を求めましょう。

（　　　）

② 2組の記録の最頻値を求めましょう。

（　　　）

③ 1組の記録の中央値を求めましょう。

（　　　）

④ 2組の記録の中央値を求めましょう。

（　　　）

2 1を使って、1組と2組のちがいを調べます。

教科書 88ページ 2

① 1の記録を下の表にまとめましょう。

	1組	2組
平均値(回)		
最頻値(回)		
中央値(回)		

② 次の□にあてはまることばをかきましょう。

1組は2組に比べて、□が低く、□と□は高いです。

ヒント

1 ④ データの個数が偶数のときは、中央にくる2つの値の平均値を求めます。

2 平均値は、データの値の合計÷データの個数で求められます。

7 データの調べ方

時間 30分
／100
合格 80点

教科書 81～105ページ　答え 20ページ

知識・技能　／68点

1 右の表は、6年1組女子のソフトボール投げの記録です。（14点）
この記録をドットプロットに表します。①～⑮の番号をかきましょう。

5　10　15　20　25　30(m)

ソフトボール投げの記録

6年1組女子			
番号	記録(m)	番号	記録(m)
①	14	⑨	15
②	21	⑩	14
③	16	⑪	16
④	9	⑫	20
⑤	25	⑬	13
⑥	12	⑭	18
⑦	16	⑮	21
⑧	23		

2 よく出る 下の図は、6年2組女子のソフトボール投げの記録をドットプロットに表したものです。各10点(30点)

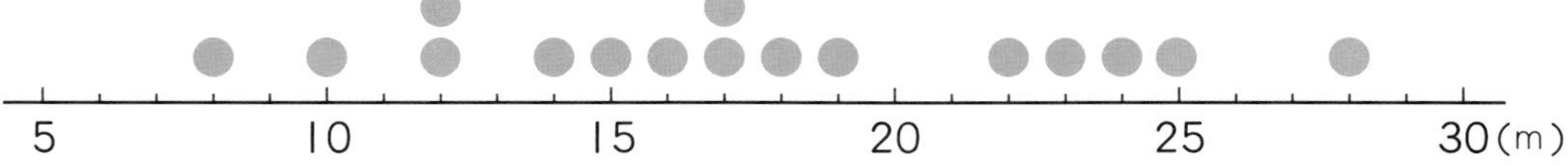

表1　ソフトボール投げの記録（6年2組女子）

きょり(m)	人数(人)
以上　未満 5 ～ 10	
10 ～ 15	
15 ～ 20	
20 ～ 25	
25 ～ 30	
合計	

図2　ソフトボール投げの記録（6年2組女子）

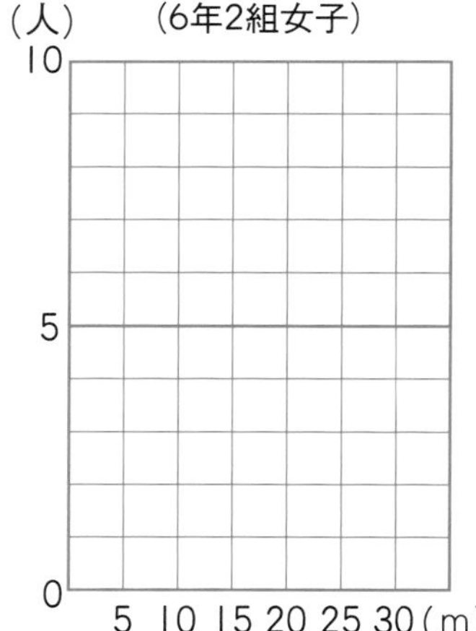

① 記録を、上の表1の度数分布表に整理しましょう。

② 20m以上投げた人は何人ですか。（　　）

③ 柱状グラフに表しましょう。上の図2にかきましょう。

3 よく出る 下の図は、あるクラスの12人について、小テストの結果をドットプロットに表したものです。

小テストは10問あって、10点満点でした。　　各8点(24点)

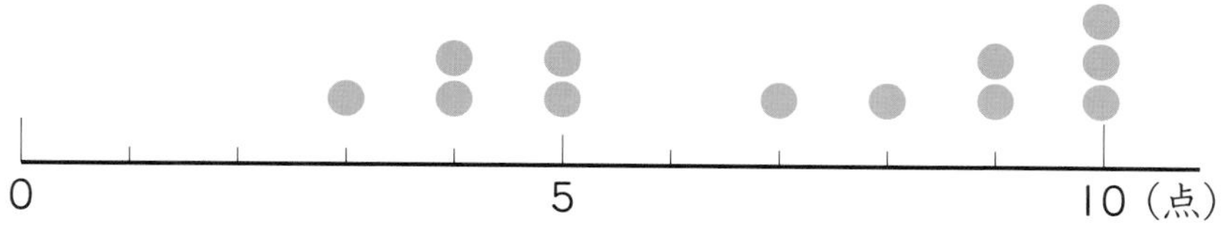

① 平均値（へいきんち）を求めましょう。

(　　　　　)

② 中央値（ちゅうおうち）を求めましょう。

(　　　　　)

③ 最頻値（さいひんち）を求めましょう。

(　　　　　)

この本の終わりにある「夏のチャレンジテスト」をやってみよう！

思考・判断・表現　　／32点

4 右の柱状グラフは、6年生男子の走りはばとびの記録です。　　各8点(32点)

① 6年生の男子は何人ですか。

(　　　　　)

② 人数が最も多いのは、どの階級（かいきゅう）ですか。

(　　　　　)

③ わたるさんの記録は、遠くとんだほうからかぞえて6番めです。
どの階級にはいっていますか。

(　　　　　)

走りはばとびの記録
(6年生男子)

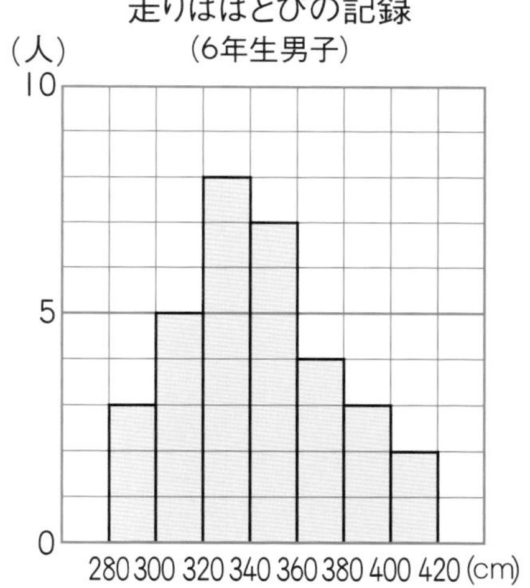

できたらスゴイ！

④ とおるさんの記録は348 cmでした。
6年生男子の中では、遠くまでとんだほうにはいっているといえますか。

(　　　　　)

1がわからないときは、42ページの1にもどって確認（かくにん）してみよう。

学習日 月 日

円の面積

教科書 111～118ページ　答え 21ページ

次の□にあてはまる数をかきましょう。

ねらい 円の面積が求められるようにしよう。　練習 1 2 3 →

円の面積

円の面積は、次の公式で求められます。

円の面積＝半径×半径×円周率

1 次の円の面積を求めましょう。

(1)

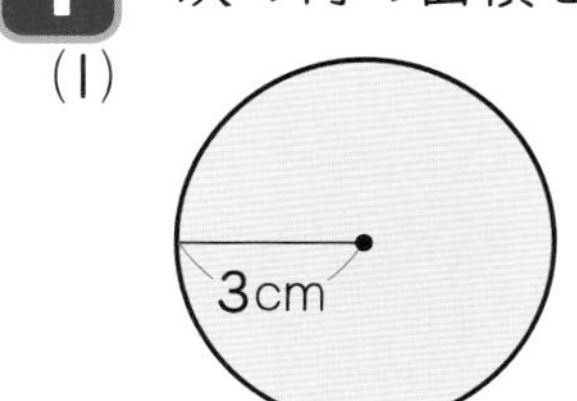

(2)

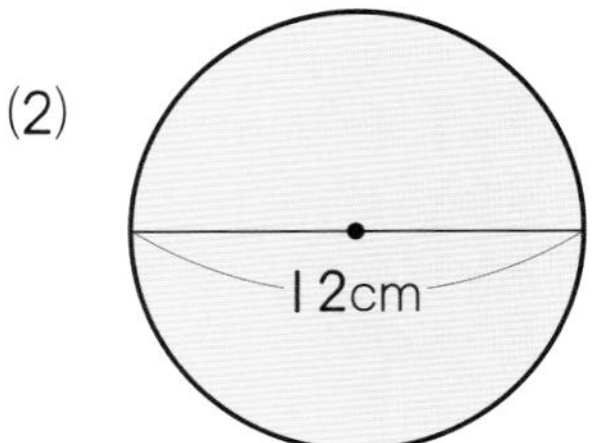

解き方 円の面積の公式にあてはめます。

(1) 3×□×3.14＝□
半径× 半径 × 円周率 ＝ 円の面積

答え □ cm^2

(2) 半径は□cmです。

6×6×□＝113.04

答え 113.04 cm^2

ねらい 円の一部分の面積が求められるようにしよう。　練習 4 →

円の一部分の面積

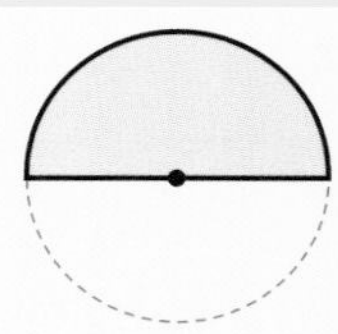

色のついたところ（半円）の面積は、円を $\frac{1}{2}$ にしたものです。

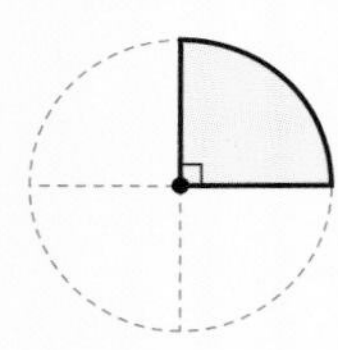

色のついたところの面積は、円を $\frac{1}{4}$ にしたものです。

2 右の図の色のついたところの面積を求めましょう。

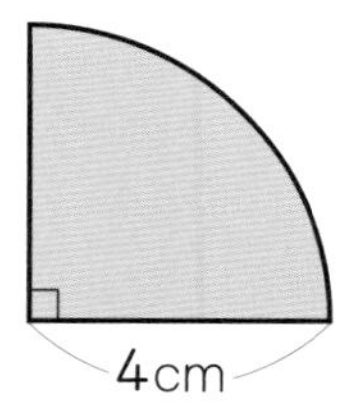

解き方 半径4cmの円を $\frac{1}{□}$ にしたものです。

4×4×3.14÷□＝12.56

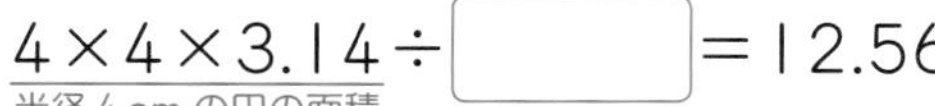

答え 12.56 cm^2

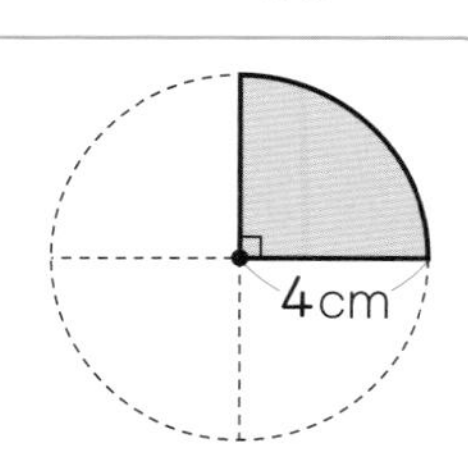

★できた問題には、「た」をかこう！★

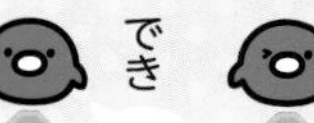

1 でき 2 でき 3 でき 4 でき

学習日　月　日

教科書 111〜118ページ　答え 21ページ

1 次の円の面積を求めましょう。

教科書 115ページ 1

①

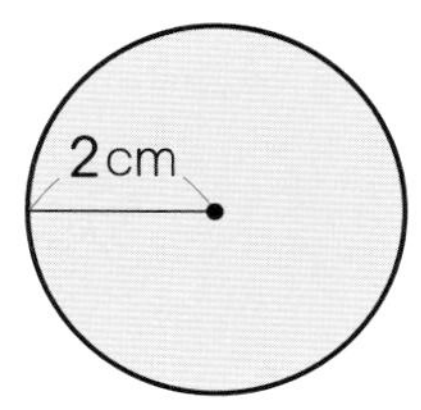

（　　　　）

②

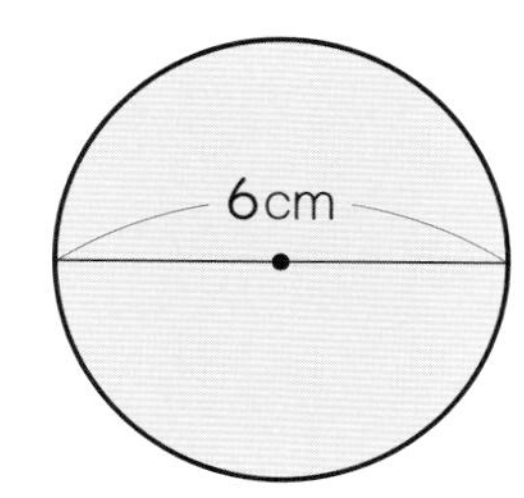

（　　　　）

！まちがい注意

2 円周の長さが 62.8 cm の円があります。
この円の半径の長さと面積を求めましょう。

教科書 116ページ 2

半径（　　　　）

面積（　　　　）

3 下の図で、色のついたところの面積を求めましょう。

教科書 116ページ 4

①

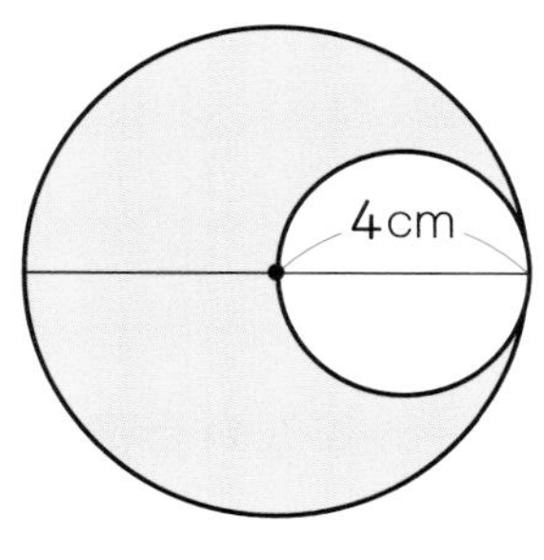

（　　　　）

②

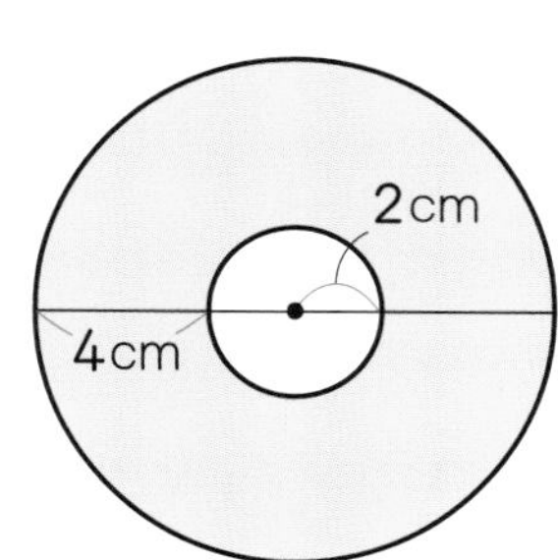

（　　　　）

4 下の図で、色のついたところの面積を求めましょう。

教科書 116ページ 4

①

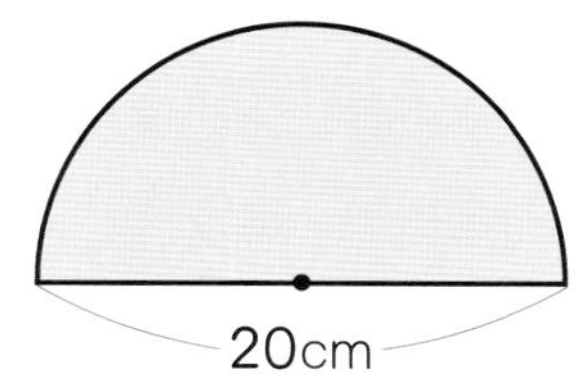

（　　　　）

②

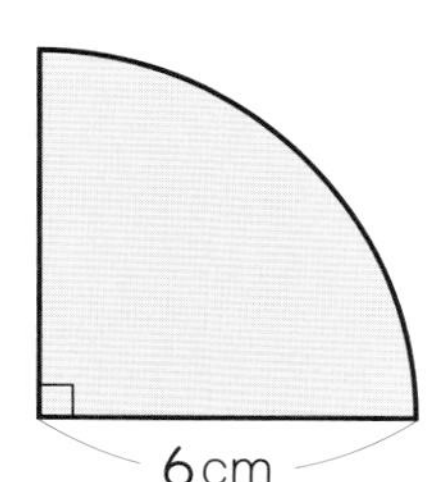

②は半径6cmの円の $\frac{1}{4}$ だよ。

（　　　　）

ヒント

3 大きい円の面積から小さい円の面積をひきます。
計算のきまりを使って、くふうして計算しましょう。

8 円の面積

／100
合格 80 点

教科書 111～120ページ　答え 22ページ

知識・技能

／66点

1 次の□にあてはまることばをかきましょう。　各6点(18点)

① 円周の長さ＝□×円周率

② 円の面積＝□×□×円周率

2 よく出る 下の図で、色のついたところの面積を求めましょう。　各6点(36点)

①
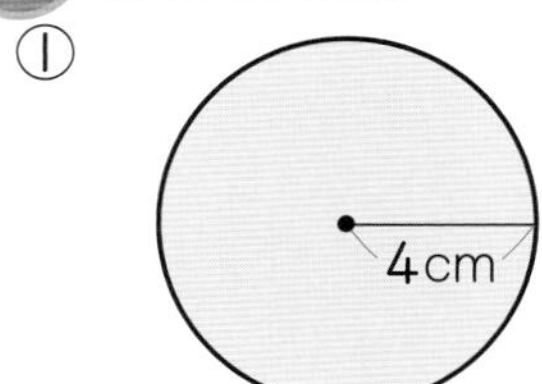

(　　　)

②
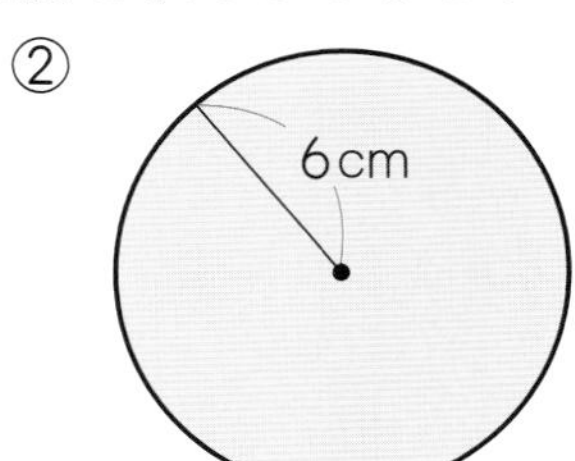

(　　　)

③
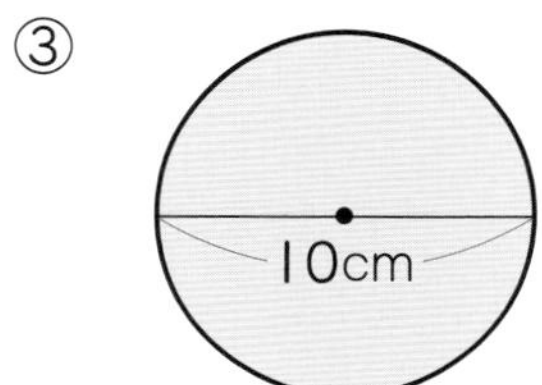

(　　　)

④
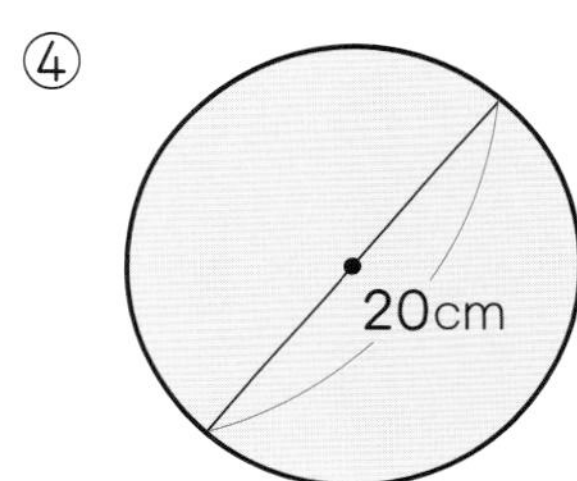

(　　　)

⑤
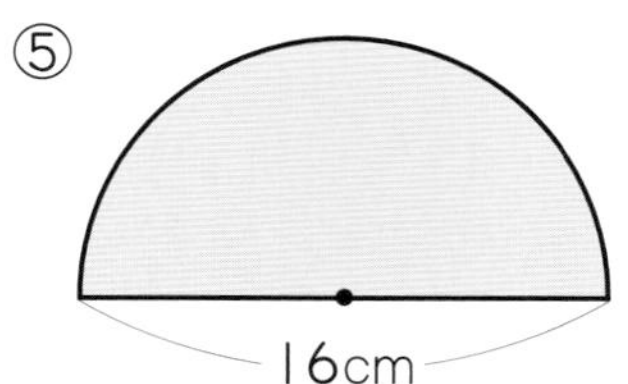

(　　　)

⑥
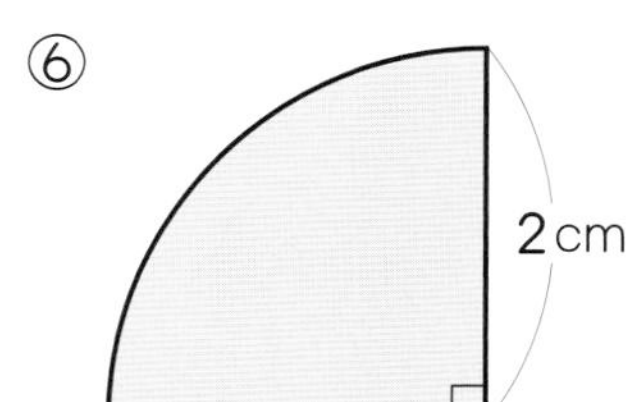

(　　　)

3 よく出る 下の図で、色のついたところの面積を求めましょう。　各6点(12点)

①

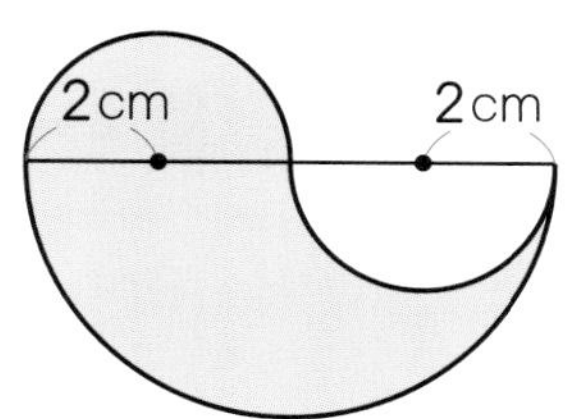

②

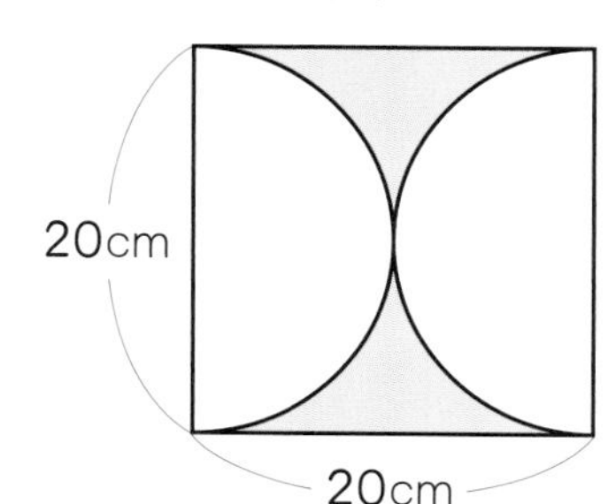

（　　　　）　（　　　　）

思考・判断・表現　／34点

4 よく出る 円周の長さが 18.84cm の円の面積を求めましょう。　式・答え 各5点(10点)

式

答え（　　　　）

5 半径が 2cm の円㋐と半径が 4cm の円㋑があります。　各6点(12点)

① 円㋑の円周の長さは、円㋐の円周の長さの何倍ですか。

（　　　　）

② 円㋑の面積は、円㋐の面積の何倍ですか。

㋑

㋐

2cm　4cm

（　　　　）

できたらスゴイ!

6 右の図で、色のついたところの面積を求めましょう。　式・答え 各6点(12点)

式

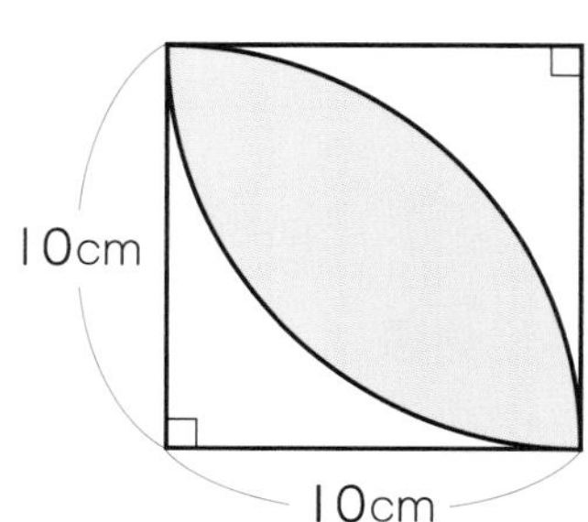

答え（　　　　）

ふりかえり　1がわからないときは、50ページの1にもどって確認(かくにん)してみよう。

角柱と円柱の体積

教科書 123～128ページ　答え 23ページ

次の□にあてはまる数をかきましょう。

ねらい 角柱の体積が求めることができるようにしよう。 練習 1 2 →

底面積（ていめんせき）

底面の面積のことを**底面積**といいます。

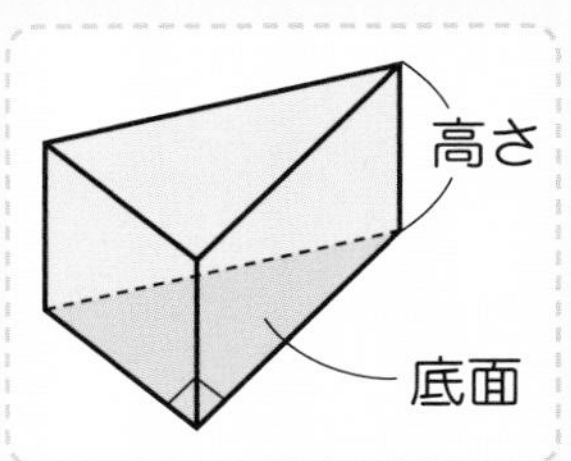

角柱の体積

角柱の体積は、次の公式で求めることができます。

角柱の体積＝底面積×高さ

1 右の三角柱の体積を求めましょう。

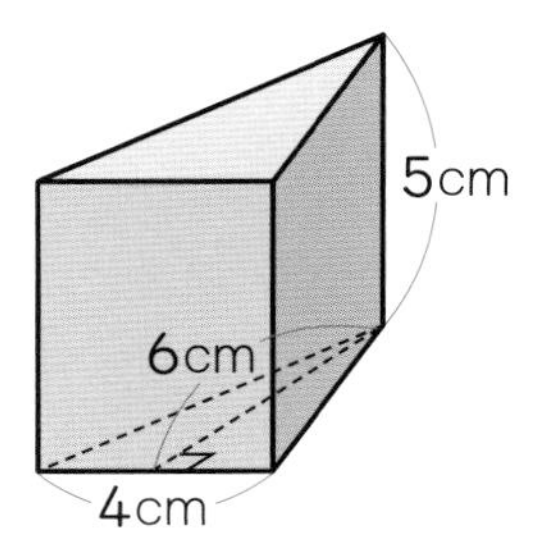

解き方 底面積は、4×6÷□＝12(cm²)

体積は、12×□＝60(cm³)

答え　60 cm³

※　1つの式に表すと、(4×6÷2)（底面積）×5＝60 になります。

ねらい 円柱の体積が求めることができるようにしよう。 練習 3 →

円柱の体積

円柱の体積も角柱の体積と同じように、次の公式で求めることができます。

円柱の体積＝底面積×高さ

↑底面の半径×半径×円周率

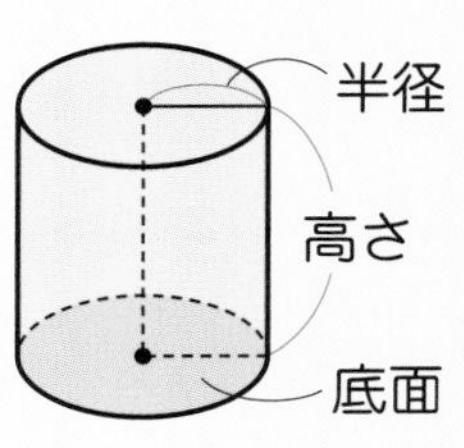

2 右の円柱の体積を求めましょう。

解き方 底面積は、5（半径）×□（半径）×3.14（円周率）＝78.5(cm²)

体積は、78.5（底面積）×□（高さ）＝785(cm³)

答え　785 cm³

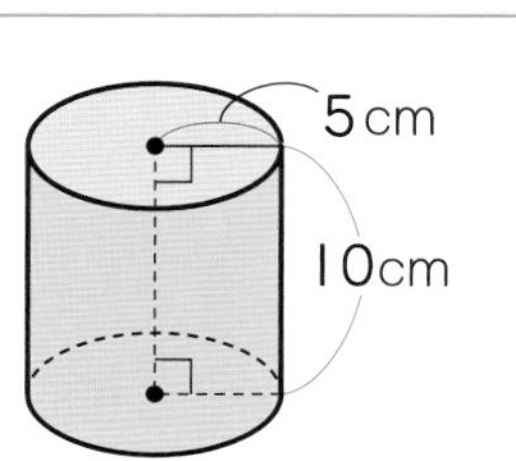

★できた問題には、「た」をかこう！★

できた 1 できた 2 できた 3

学習日　月　日

教科書 123～128ページ　答え 23ページ

1 右の直方体㋐の体積の求め方を考えます。
次の□にあてはまる数やことばをかきましょう。

教科書 123ページ 1

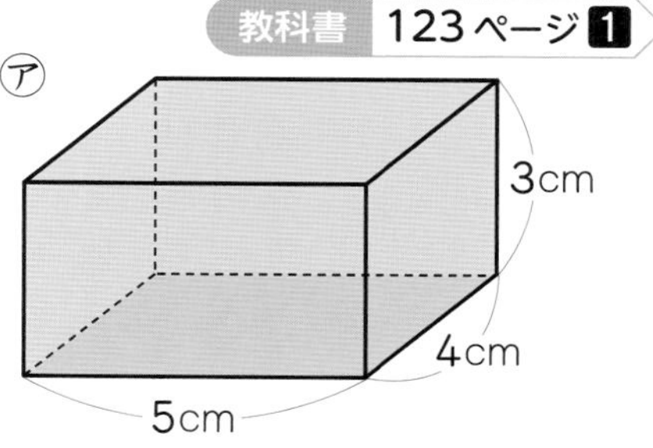

① 直方体㋐の底面積は、4×□＝20(cm²)

② 直方体㋑の体積は、4×5×□＝20(cm³)

③ 直方体㋐は直方体㋑を□個重ねたものとみることができるから、㋑の体積を使って㋐の体積を求めると、
20×3＝60(cm³)

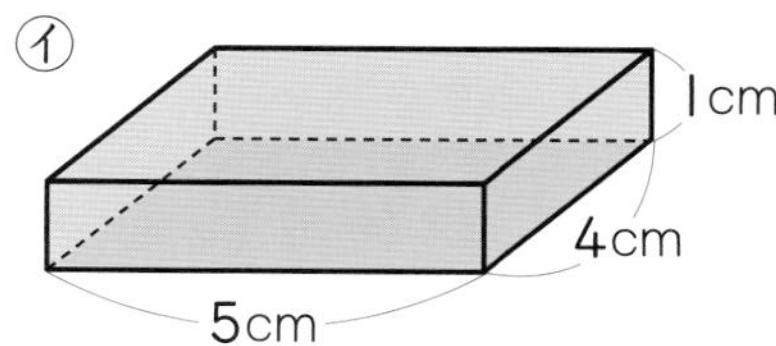

④ ①で求めた直方体㋐の底面積と、②で求めた直方体㋑の体積を表す数は同じだから、㋐の体積は、
□×高さ
で求めることができます。

2 下の角柱の体積を求めましょう。

教科書 125ページ 1

①

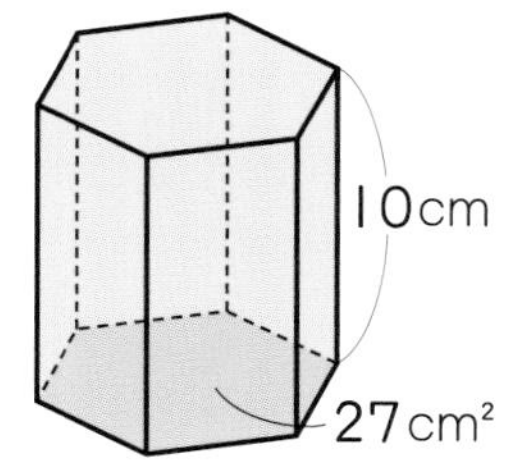

(　　　)

②

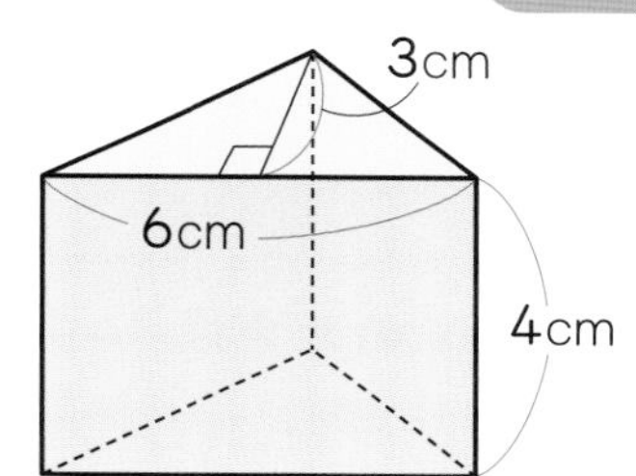

(　　　)

3 下の円柱の体積を求めましょう。

教科書 126ページ 3

①

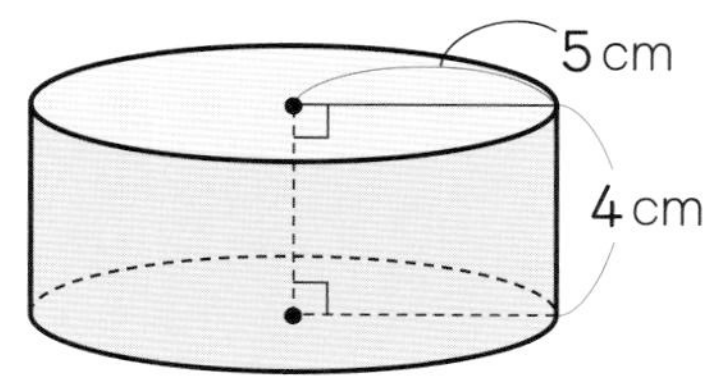

(　　　)

②

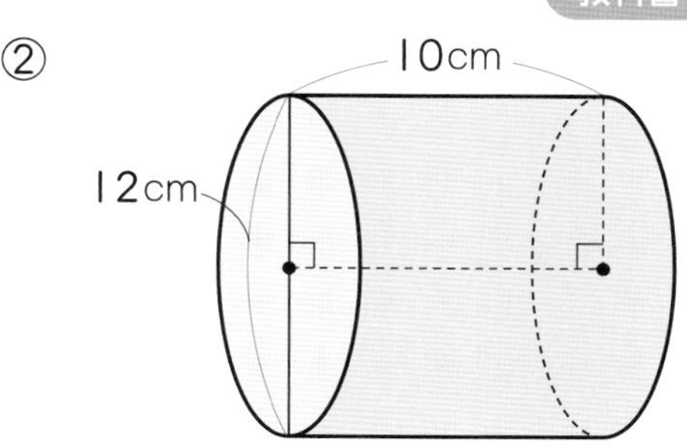

(　　　)

ヒント
2 ② 底面積は、底辺6cm、高さ3cmの三角形の面積です。
3 ② 底面の半径は、12÷2＝6(cm)です。

ぴったり3 確かめのテスト

9 角柱と円柱の体積

／100

合格 80 点

教科書 123～130 ページ　答え 24 ページ

知識・技能　／52点

1 次の□にあてはまることばをかきましょう。　各5点(10点)

① 角柱の体積＝□×高さ

② 円柱の体積＝底面積×高さ

＝底面の半径×半径×□×高さ

2 よく出る 次の角柱や円柱の体積を求めましょう。　各7点(42点)

①

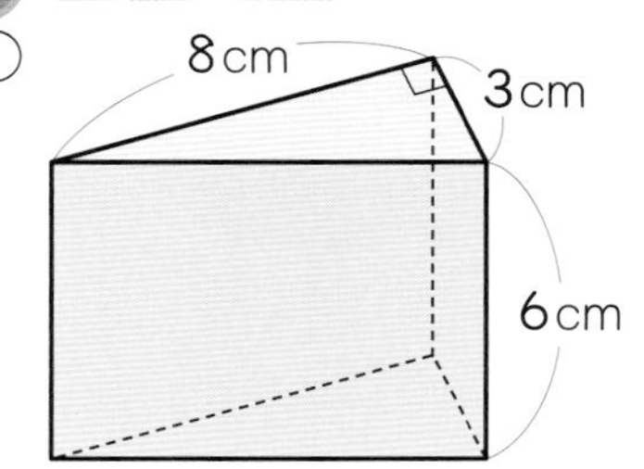

(　　　　)

② 底面が台形

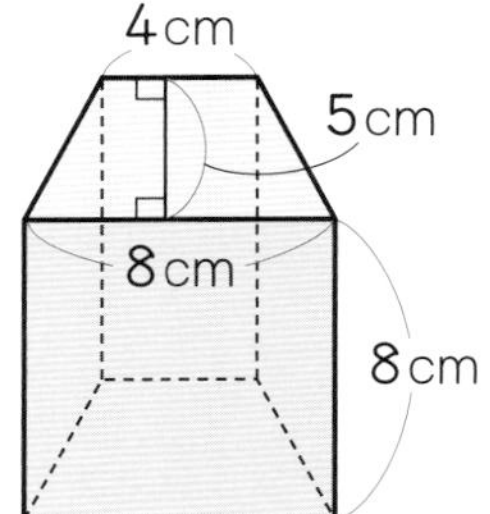

(　　　　)

③ 底面積が 58 cm^2 の五角柱

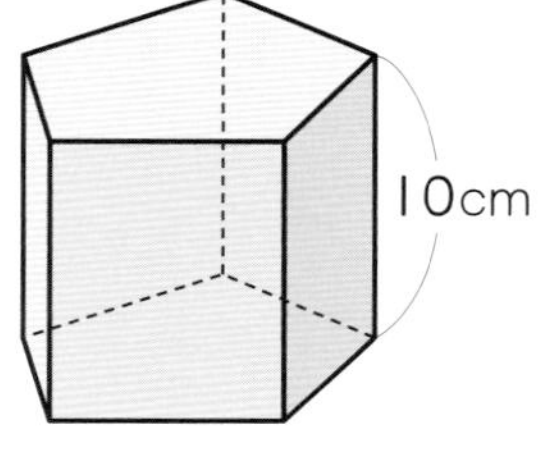

(　　　　)

④

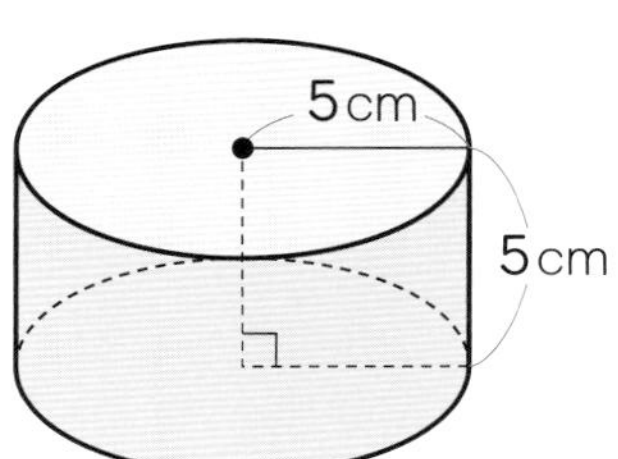

(　　　　)

⑤

2cm

4cm

(　　　　)

⑥

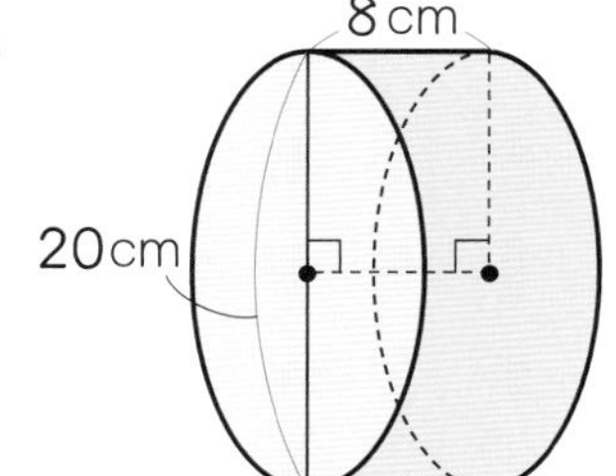

(　　　　)

思考・判断・表現

／48点

3 よく出る **次の立体の体積を求めます。**

各6点(12点)

① 底面積を求めましょう。

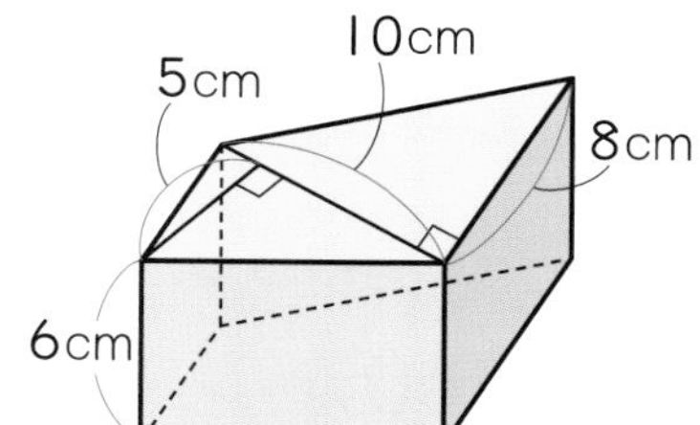

(　　　　　)

② 体積を求めましょう。

(　　　　　)

4 **次の立体の体積を求めます。**

各6点(12点)

① 底面積を求めましょう。

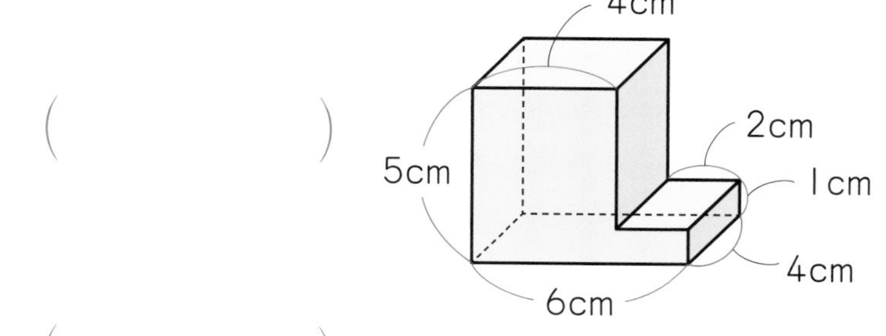

(　　　　　)

② 体積を求めましょう。

(　　　　　)

5 **内のりが右の図のような容器㋐と㋑があります。**

各8点(24点)

① ㋐にはいる水の体積を求めましょう。

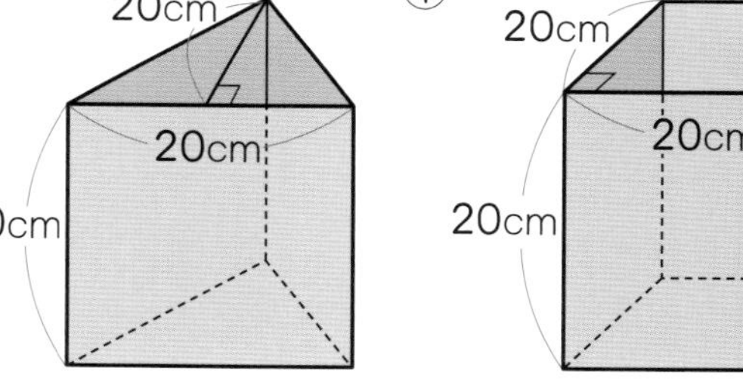

(　　　　　)

② ㋑をいっぱいにするには、㋐で何回水を入れればよいですか。

(　　　　　)

できたらスゴイ！

③ ㋐にいっぱいに入れた水をコップに入れると、コップ16ぱい分でした。
㋑にいっぱいに入れた水を同じコップに入れると、コップ何ばい分になりますか。

(　　　　　)

❶がわからないときは、54ページの❶❷にもどって確認(かくにん)してみよう。

ぴったり1 準備

学習日　月　日

10 場合の数

① ならび方

教科書 133〜136ページ　答え 25ページ

次の□にあてはまる数をかきましょう。

ねらい　ならび方を調べる方法を理解しよう。　練習 ①②③→

ならび方

図や表を使って、ならび方を表すと、落ちや重なりがなく調べられます。

（例）　A、B、Cの３人が横一列にならびました。

　ならび方は何とおりありますか。

❶ まず１番左をAとします。

❷ ２番めにくるのはBかCです。

❸ ２番めにBがくれば、３番めはC、２番めにCがくれば、３番めはBがきます。

❹ １番左がBの場合とCの場合も同じように調べます。

表

A	B	C
A	C	B
B	A	C
B	C	A
C	A	B
C	B	A

図

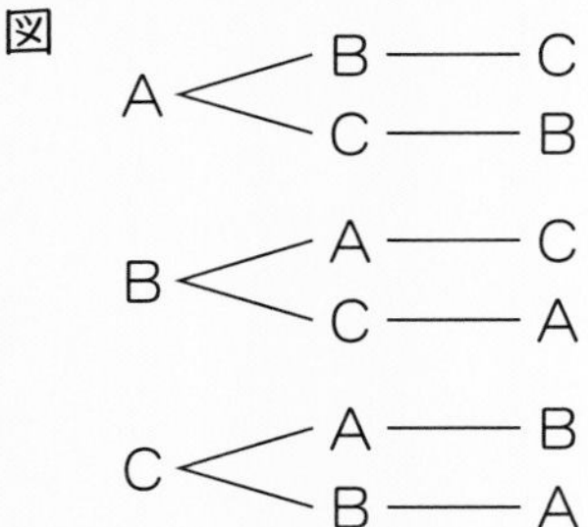

答え　６とおり

1 1、2、3、4の４枚（まい）のカードから３枚を選んで、３けたの整数をつくります。何とおりの整数ができますか。

解き方 ❶ 百の位を1にします。

百の位	十の位	一の位
1	2	3
1	2	4
1	3	2
1	3	①
1	4	②
1	4	3

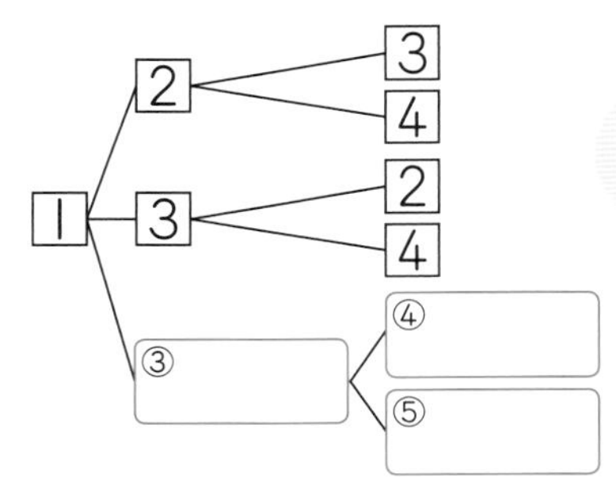

百の位が1の整数は⑥□とおりできます。

❷ 百の位が2、3、4の整数もそれぞれ⑦□とおりできます。

❸ 全部で６×４＝24（とおり）できます。　答え ⑧□とおり

学習日　月　日

★できた問題には、「た」をかこう！★

教科書 133～136 ページ　答え 25 ページ

1 赤、青、黄、緑の旗を左からならべていきます。 教科書 133 ページ 1

① 左はしを赤の旗としたときのならび方を調べるために図をかきました。この図を完成させましょう。

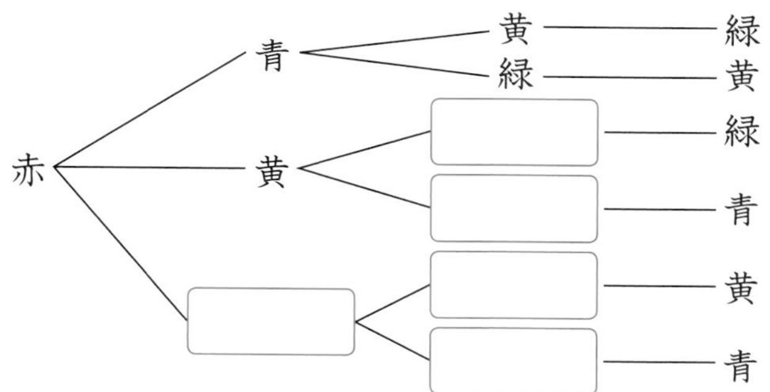

② ならべ方は、全部で何とおりありますか。　（　　　）

まちがい注意

2 サッカーで、3回シュートをしました。 教科書 135 ページ 2

① はいった場合を○、はいらなかった場合を●で表して、全部の結果をかきましょう。

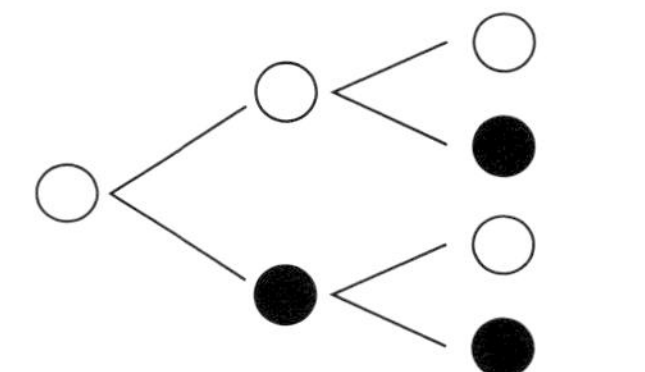

② シュートの結果は、全部で何とおりありますか。　（　　　）

3 活用 下の図で、家からA駅、B駅を通って、野球場まで行きます。 教科書 136 ページ 3

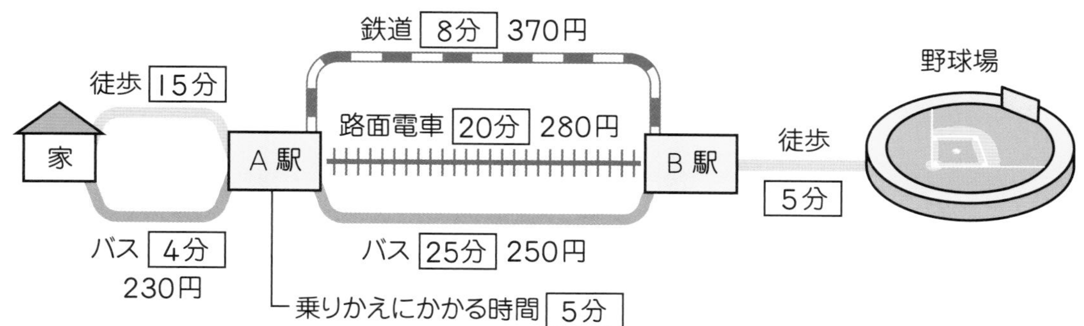

① 全部で何とおりの行き方がありますか。　（　　　）

② 運賃（うんちん）の合計が 500 円以下になる行き方は何とおりありますか。　（　　　）

③ かかる時間の合計が 35 分以内になる行き方は何とおりありますか。　（　　　）

ヒント　1 ② 左はしが青、黄、緑のときも、赤のときと同じだけならび方があります。

学習日　月　日

② 組み合わせ方

教科書 137〜139ページ　答え 25ページ

次の□にあてはまる数をかきましょう。

ねらい 組み合わせを調べる方法を理解しよう。　練習 1 2 3 4 →

組み合わせ方

同じものの組み合わせに気をつけて、組み合わせを図や表に表すと、落ちや重なりなく調べることができます。

(例)　A、B、C、D、Eの5人の中から、当番を2人選びます。

組み合わせは、順番は関係ないので、A－Bと、B－Aは同じものと考えます。

解き方1

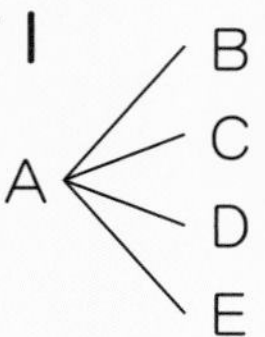

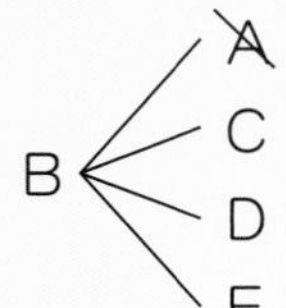

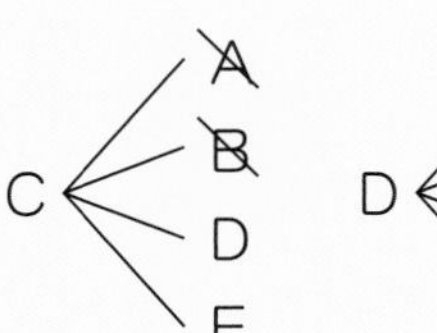

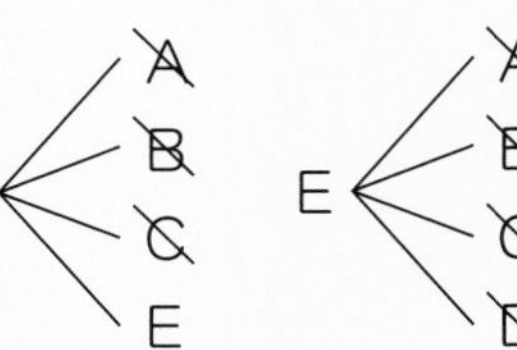

同じ組み合わせは消します。

解き方2

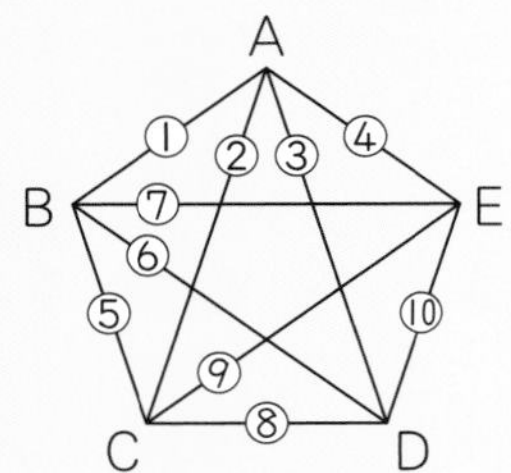

むすんだ線の数を数えます。

解き方3

	A	B	C	D	E
A		①	②	③	④
B			⑤	⑥	⑦
C				⑧	⑨
D					⑩
E					

自分と同じ人は選べないので、＼で消します。
＼より下は同じ組み合わせなので、○をつけるところはありません。
選び方は 10 とおりです。

1 キャラメル、チョコレート、ガム、クッキーの4種類の中から、2種類を選んで買います。全部で何とおりの買い方がありますか。

解き方 キャラメル…㋖、チョコレート…㋠、ガム…㋕、クッキー…㋗として組み合わせを調べます。

解き方1

下の図を完成させましょう。

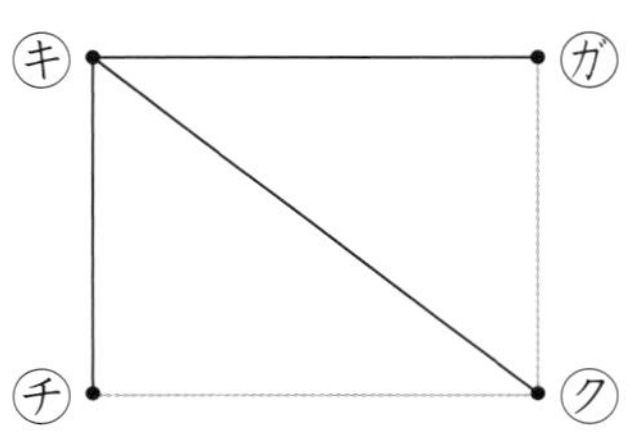

解き方2

下の表を完成させましょう。

	キ	チ	ガ	ク
キ		○	○	
チ			○	
ガ				
ク				

答え □ とおり

★できた問題には、「た」をかこう！★

できでき ① できでき ② できでき ③ できでき ④

学習日 月 日

教科書 137～139ページ 答え 26ページ

1 6人でテニスをします。だれもが、ほかの全員と１回ずつ試合をすることにします。全部で何とおりの組み合わせができますか。
6人をA、B、C、D、E、Fとして、表を完成させて求めましょう。 教科書 137ページ 1

	A	B	C	D	E	F
A						
B						
C						
D						
E						
F						

（　　　　）

2 10円玉、50円玉、100円玉、500円玉がそれぞれ１枚ずつあります。このうち２枚を組み合わせてできる金額は何とおりありますか。 教科書 139ページ 2

（　　　　）

3 A、B、C、D、Eの5冊の本の中から、3冊を選んで借ります。全部で何とおりの借り方がありますか。 教科書 139ページ 2

（　　　　）

！まちがい注意

4 **あいさん、かなさん、さちさん、たえさんの４人の班があります。** 教科書 139ページ 3

① 班長と副班長を選ぶ選び方は、全部で何とおりありますか。

（　　　　）

② 代表を２人選ぶ選び方は、全部で何とおりありますか。

（　　　　）

ヒント
3 A、B、C、D、Eの5列の表をつくり、○を3つかいて調べます。
4 ①はならび方、②は組み合わせ方になります。

10 場合の数

時間 30分
／100
合格 80点

教科書 133～141ページ　答え 26ページ

知識・技能　／60点

1 よく出る **あかねさん、まいさん、けんとさん、たかしさんが4人がけの長いすにならんですわります。**

各10点(20点)

① あかねさんがかならず左はしにすわるとき、すわり方は何とおりありますか。

(　　　　)

② だれが左はしにすわってもよいとすると、すわり方は何とおりありますか。

(　　　　)

2 よく出る 箱の中に赤、青、黄、白の球が｜つずつはいっています。
箱の中から2個の球を取り出すとき、球の色の組み合わせは、全部で何とおりありますか。

(10点)

(　　　　)

3 あるレストランでは、ランチはA、B、Cの中からそれぞれ｜つずつ選べます。
何とおりの選び方がありますか。

(10点)

A	B	C
パン	ハンバーグ	ジュース
ライス	エビフライ	アイス
	からあげ	
	とんかつ	

(　　　　)

4 よく出る **[0]、[1]、[2]、[3]の4枚（まい）のカードがあります。3枚を選んで3けたの整数をつくります。**

各5点(10点)

① 3けたの整数は、全部で何とおりできますか。

(　　　　)

② 3けたの整数のうち、偶数（ぐうすう）は何とおりありますか。

(　　　　)

5 りんご、みかん、かき、なし、もも、キウイの６種類のくだものから３種類を選んで、くだものかごを作ります。
３種類のくだものの選び方は、全部で何とおりありますか。 (10点)

(　　　　)

思考・判断・表現 ／40点

6 **1、2、3、4、5の５枚のカードがあります。** 各8点(24点)

① ５枚のカードから２枚を選んで２けたの整数をつくります。
全部で何とおりできますか。

(　　　　)

② ５枚のカードから２枚を選んで積を求めます。
積は、全部で何とおりありますか。

(　　　　)

③ ５枚のカードから２枚を選んで和を求めます。
和は、全部で何とおりありますか。

(　　　　)

できたらスゴイ!

7 **右の図のように、１から４までの番号を１つずつかいた４個のボールと、４個の箱があります。４個の箱に、ボールを１個ずつ入れていきます。** 各8点(16点)

① ４個のボールの入れ方は何とおりありますか。

(　　　　)

① ② ③ ④

1 2 3 4

② どの箱にも、箱の番号とはちがう番号のボールがはいるような入れ方は何とおりありますか。

(　　　　)

ふりかえり　1がわからないときは、58ページの1にもどって確認してみよう。

① 2つの数で表す割合

教科書 147～149ページ　答え 29ページ

 次の□にあてはまる数やことばをかきましょう。

ねらい 比を使って割合(わりあい)を表すことができるようにしよう。 練習 1 2 →

比による割合の表し方

２つの量の割合を表すのに、：の記号を使って、３：２のように表すことがあります。

このような割合の表し方を、**比**といいます。

1 下のように、ミルク３ばいとココア７はいをまぜて、ミルクココアをつくりました。ミルクとココアの割合を、比で表しましょう。

解き方 ミルクが３ばいとココアが７はいです。

ミルクの量を３とみると、ココアの量は□とみることができます。

ミルクの量とココアの量が３と７の割合になっているので、

これを比で表すと、　３：□

ねらい 比の値(あたい)が求められるようにしよう。 練習 3 →

比の値

$a:b$ の**比の値**は、$a \div b$ の商で $\frac{a}{b}$ です。

2 コーヒーとミルクを３：４の割合でまぜて、ミルクコーヒーをつくりました。

(1) コーヒーの量は、ミルクの量の何倍ですか。

(2) コーヒーの量とミルクの量の比の値を求めましょう。

解き方 (1) コーヒーの量を３とみると、ミルクの量は□だから、

３（比べる量）÷□（もとにする量）$=\frac{3}{4}$　　　答え　$\frac{3}{4}$ 倍

(2) 比の記号「：」の左の数を右の数でわった□が比の値です。

３÷４＝□　　　答え □

$a:b$ の比の値は、b を１とみたときに、a がいくつにあたるかを表した数だよ。

1 ゆきなさんとりくさんは、つゆの素と水をまぜて、そうめんつゆをつくりました。下の表は、まぜ方をまとめたものです。 教科書 147ページ 1

	つゆの素の量	水の量
ゆきな	コップ2はい	コップ5はい
りく	コップ4はい	コップ9はい

① ゆきなさんのつくったそうめんつゆは、つゆの素の量を2とみると、水の量はいくつとみることができますか。

(　　　)

② ゆきなさんがつくったそうめんつゆの、つゆの素の量と水の量の割合を比で表しましょう。

(　　　)

③ りくさんがつくったそうめんつゆの、つゆの素の量と水の量の割合を比で表しましょう。

(　　　)

2 次の2つの量の割合を比で表しましょう。 教科書 149ページ 2

① 8と3の割合

(　　　)

② 7kgと11kgの割合

(　　　)

③ 縦(たて)が20cm、横が27cmの長方形の、縦の長さと横の長さの割合

(　　　)

!まちがい注意

3 次の比の値を求めましょう。 教科書 149ページ 1

① 3：11

(　　　)

② 6：15

(　　　)

③ 7：2

(　　　)

④ 18：3

(　　　)

ヒント

3 「：」の左の数を右の数でわった商が比の値です。
② 約分します。

学習日 月 日

② 等しい比

教科書 150〜152ページ 答え 29ページ

次の□にあてはまる数や記号をかきましょう。

ねらい 等しい比の意味を理解しよう。 練習 1 2 3 →

等しい比

2：3と4：6のように、比の値（あたい）が等しいとき、この**2つの比は等しい**といい、次のようにかきます。

2：3＝4：6

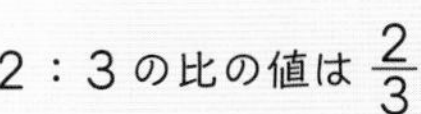
2：3の比の値は $\frac{2}{3}$

4：6の比の値は $\frac{4}{6}=\frac{2}{3}$

1 4：3に等しい比はどれですか。

ⓐ 4：2　ⓘ 6：8　ⓤ 8：9　ⓔ 8：6

解き方 比の値が等しい比を選びます。

4：3の比の値は、4÷①□＝$\frac{4}{3}$

ⓐの比の値は、4÷2＝②□

ⓘの比の値は、6÷8＝$\frac{6}{8}=\frac{3}{4}$

ⓤの比の値は、8÷③□＝$\frac{8}{9}$

ⓔの比の値は、8÷6＝$\frac{8}{6}$＝④□

比の値が $\frac{4}{3}$ であるのは⑤□

ねらい 比の性質を理解しよう。 練習 4 →

比の性質

比の両方の数に同じ数をかけたり、両方の数を同じ数でわったりしてできる比は、もとの比と等しくなります。

✪ $a:b=(a\times c):(b\times c)$

✪ $a:b=(a\div c):(b\div c)$

（×2）4：3＝8：6（×2）

（÷2）8：6＝4：3（÷2）

2 次の□にあてはまる数をかきましょう。

(1) 15：20＝45：□

(2) 15：20＝3：□

解き方 (1)

（×3）15：20＝45：②□

×①□

(2)

（÷5）15：20＝3：②□

÷①□

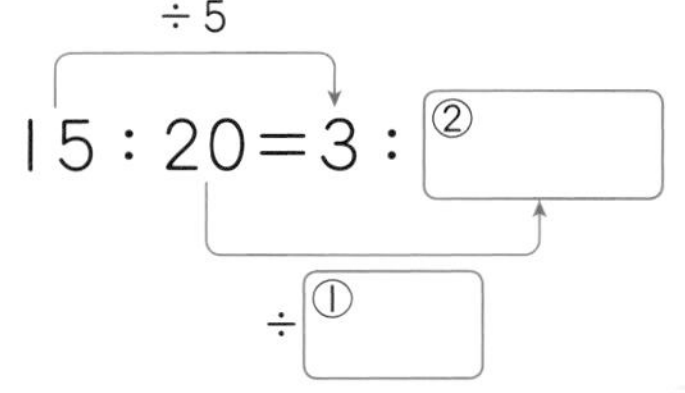

15と20の両方を5でわるよ。

練習

★できた問題には、「た」をかこう！★

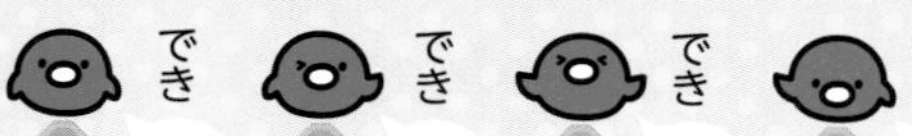

学習日　月　日

教科書 150～152ページ　答え 29ページ

1 ⒶからⓄの５つの比があります。 教科書 150ページ 1

あ 5：10　い 4：6　う 8：4　え 3：6　お 15：20

① 比の値を求めましょう。

あ（　　）　い（　　）　う（　　）

え（　　）　お（　　）

② 等しい比を見つけましょう。

（　　）

2 2：6に等しい比はどれですか。 教科書 150ページ 1

あ 4：3　い 8：16　う 12：30　え 15：45

（　　）

3 6：14と等しい比を２つかきましょう。 教科書 151ページ 2

（　　）

！まちがい注意

4 比の値を変えないで、比をできるだけ小さい整数の比になおすことを、「比をかんたんにする」といいます。

次の□にあてはまる数をかいて、比をかんたんにしましょう。 教科書 152ページ 3

① $0.8:1.5=(0.8\times10):(1.5\times\square)$

$=8:\square$

② $\frac{4}{5}:\frac{2}{7}=\left(\frac{28}{35}\times35\right):\left(\frac{10}{35}\times\text{①}\square\right)$

$=28:\text{②}\square$

$=(28\div2):(\text{③}\square\div2)$

$=14:\text{④}\square$

分母どうしの最小公倍数で通分してから、整数の比になおそう。

ヒント
3 $a:b$ の a と b に同じ数をかけたり、同じ数でわったりします。
4 まず、整数の比になおします。

学習日 月 日

③ 比を使った問題

教科書 153～154ページ 答え 29ページ

次の□にあてはまる数をかきましょう。

ねらい 比の一方の量が求められるようにしよう。 練習 1 2 3 4→

比の一方の量の求め方

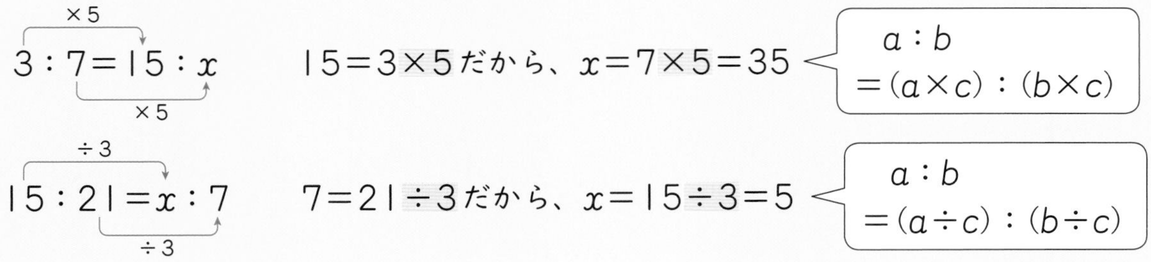

1 縦と横の長さの比を２：３にした長方形の花だんをつくります。縦の長さを40 cmにすると、横の長さは何cmになりますか。

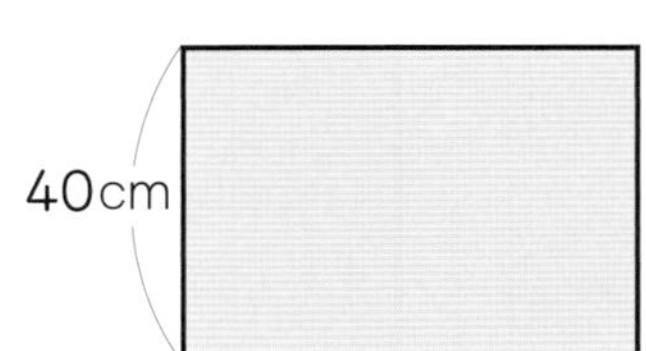

(1) 横の長さをx cmとして、式に表しましょう。
(2) 40は、２の何倍ですか。
(3) 横の長さを何cmにすればよいですか。

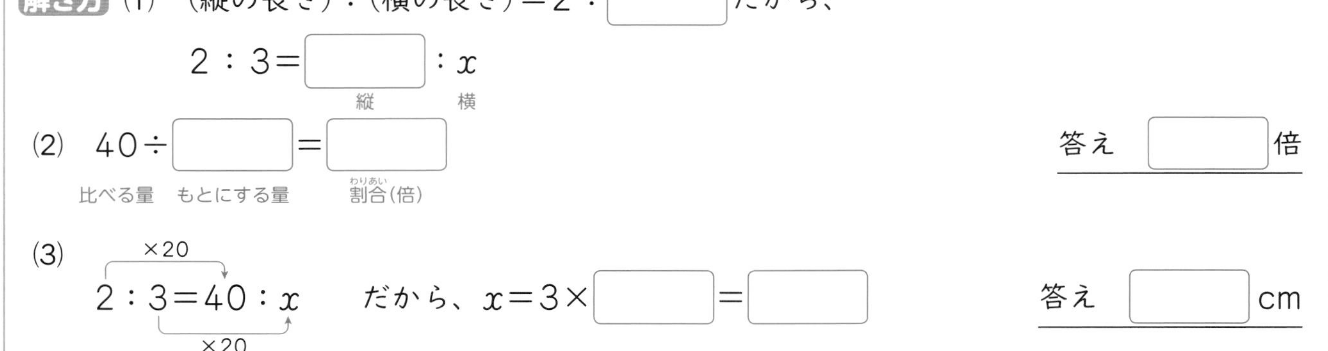

2 次の式で、xにあてはまる数を求めましょう。

(1) $2:5=x:25$　　(2) $28:20=7:x$

解き方

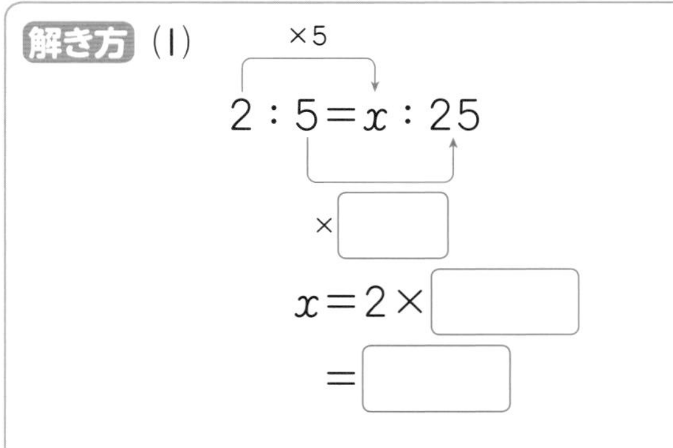

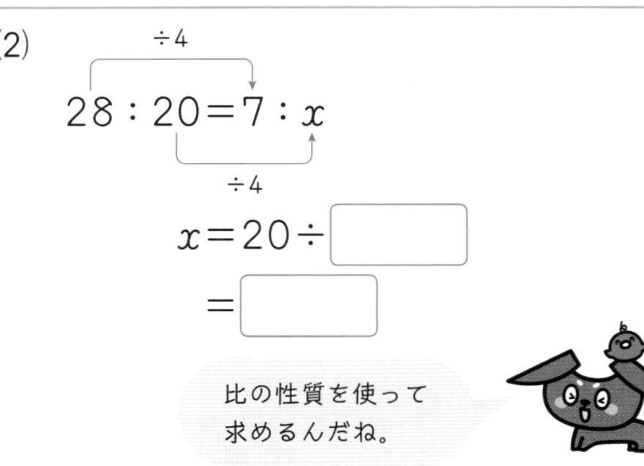

1 ほのかさんのクラスの男子の人数と女子の人数の比は 5：4 で、男子の人数は 20 人です。女子の人数は何人ですか。

教科書 153ページ 1

(　　　　)

2 縦と横の長さの比が 3：7 の長方形のカードをつくります。縦の長さを 12 cm にするとき、横の長さは何 cm になりますか。

教科書 153ページ 1

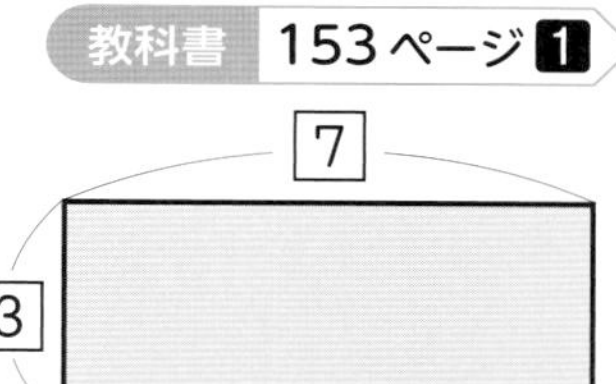

(　　　　)

3 **次の式で、x にあてはまる数を求めましょう。**

教科書 153ページ 2

① 5：2＝x：10　　(　　　　)

② 8：3＝x：18　　(　　　　)

③ 24：32＝x：4　　(　　　　)

よくみて
④ 45：40＝18：x　　(　　　　)

4 280 mL のジュースを姉と弟で分けます。
量の比を 3：4 にするには、ジュースの量をそれぞれ何 mL にすればよいですか

教科書 154ページ 2

姉 (　　　　)

弟 (　　　　)

ヒント
1 比を使った式をつくって解きます。
3 ④　18 が 45 の何倍になっているかを考えます。

⑪ 比

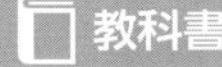

教科書 147～156 ページ　答え 30 ページ

知識・技能　／70点

1 次の２つの量の割合(わりあい)を比で表しましょう。　各5点(10点)

① ５と１４の割合　(　　　)

② １５ cm と２２ cm の割合　(　　　)

2 よく出る 次の比の値(あたい)を求めましょう。　各5点(15点)

① ４：９　(　　　)

② １８：２０　(　　　)

③ ２.１：７　(　　　)

3 よく出る 次のあからおの中から、６：８と等しい比を見つけましょう。　(4点)

あ ８：１０　い ３：４　う １８：２４　え ２：３　お $\frac{2}{5}:\frac{1}{3}$

(　　　)

4 １５：１２と等しい比を２つかきましょう。　(5点)

(　　　)

5 次の□にあてはまる数をかきましょう。　各4点(16点)

①

×4

３：２＝１２：②□

×①□

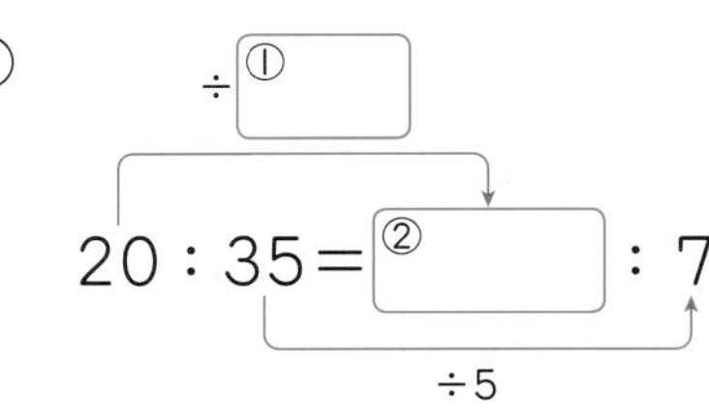

6 よく出る 次の式で、x にあてはまる数を求めましょう。 各5点(20点)

① $2:9=12:x$　( )

② $27:36=3:x$　( )

③ $0.6:0.7=12:x$　( )

④ $\frac{3}{5}:\frac{1}{4}=x:10$　( )

思考・判断・表現　／30点

7 よく出る 縦(たて)と横の長さの比が 4 : 9 になるような長方形のポスターをつくります。 各5点(10点)

① 縦を 40 cm にしたとき、横は何 cm になりますか。　( )

② 横を 108 cm にしたとき、縦は何 cm になりますか。　( )

8 面積の比が 2 : 5 の大小2つのプールがあります。大きいプールの面積は 600 m² です。小さいプールの面積は何 m² ですか。 (5点)

( )

9 150 枚(まい)の折り紙をりほさんと妹で分けます。枚数の比を 3 : 2 にするとき、次の問題に答えましょう。 各5点(15点)

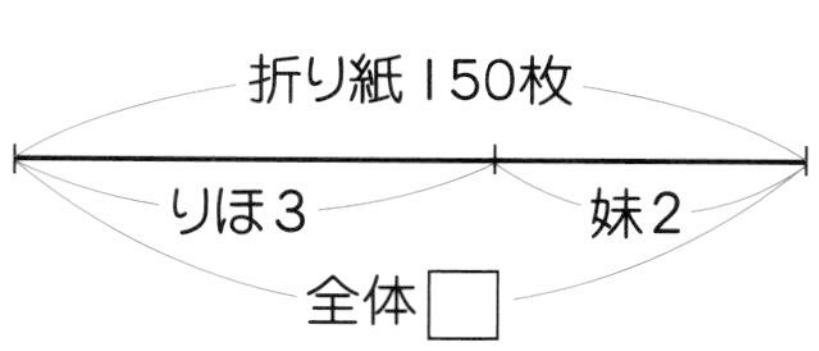

① 妹の枚数は、りほさんの枚数の何倍ですか。　( )

② りほさんと妹の枚数をそれぞれ何枚にすればよいですか。

りほ ( )

妹 ( )

ふりかえり ❶がわからないときは、64 ページの❶にもどって確認(かくにん)してみよう。

① 形が同じで大きさのちがう図形

教科書 158～161ページ　答え 31ページ

 次の□にあてはまる数や記号をかきましょう。

ねらい 拡大(かくだい)や縮小(しゅくしょう)の意味を理解しよう。 練習 1 2 →

図形の拡大と縮小

もとの図形を、対応する角の大きさと、対応する辺の長さの比がすべて等しくなるようにのばした図を**拡大図**といいます。また、同じようにして縮(ちぢ)めた図を**縮図**といいます。

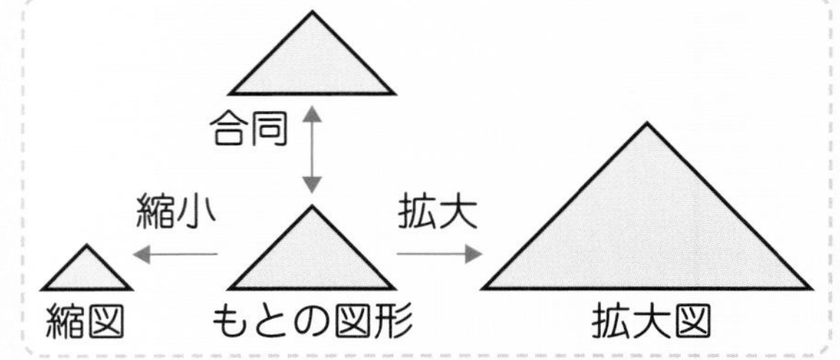

1 右の図を見て、次の問題に答えましょう。

(1) ㋐の拡大図はどれですか。

(2) ㋐の縮図はどれですか。

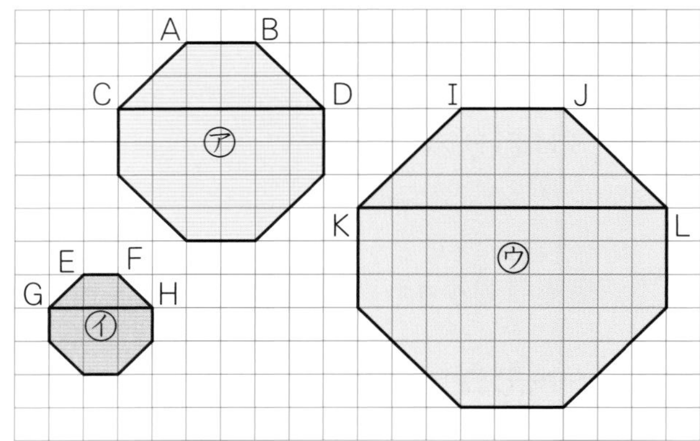

解き方 ㋐、㋑、㋒の大きさはちがいますが、形は同じです。対応する辺の長さを調べます。

(1) ㋐と㋒について調べます。

辺ＡＢ：辺ＩＪ＝2：□　　辺ＣＤ：辺□＝2：3

角Ａと角Ｉの大きさは同じです。

対応する辺の比は、すべて2：3で、対応する角の大きさはすべて等しくなっています。

㋐の拡大図は㋒で、□倍の拡大図です。

どの部分の長さをはかっても、辺の比は同じだよ。

(2) ㋐と㋑について調べます。

辺ＡＢ：辺ＥＦ＝2：□　　辺ＣＤ：辺□＝2：1

角Ａと角Ｅの大きさは同じです。

対応する辺の比は、すべて2：1で、対応する角の大きさはすべて等しくなっています。

㋐の縮図は㋑で、□の縮図です。

ぴったり2

練習

★できた問題には、「た」をかこう！★

でき ① でき ②

学習日 　月　日

教科書 158～161 ページ　答え 31 ページ

1 右の図を見て、次の問題に答えましょう。

教科書 159 ページ 1

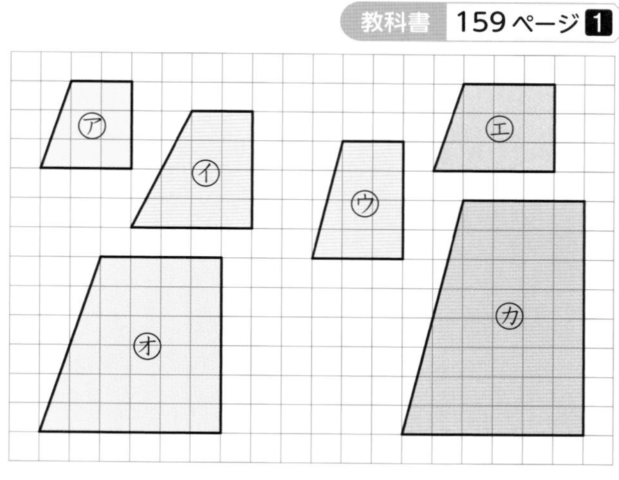

① ㋐の拡大図は、どれですか。

（　　　）

② ①は何倍の拡大図ですか。

（　　　）

③ ㋕の縮図はどれですか。

（　　　）

④ ③は何分のいくつの縮図ですか。

（　　　）

2 三角形ＤＥＦは、三角形ＡＢＣを３倍に拡大した三角形です。

教科書 159 ページ 1

よくみて

① 点Ａ、Ｂ、Ｃに対応する点をそれぞれ答えましょう。

点Ａ（　　　）

点Ｂ（　　　）

点Ｃ（　　　）

② 角Ｆ、角Ｅはそれぞれ何度ですか。

角Ｆ（　　　）

角Ｅ（　　　）

③ 辺ＤＥは何 cm ですか。

（　　　）

④ 辺ＡＣは何 cm ですか。

（　　　）

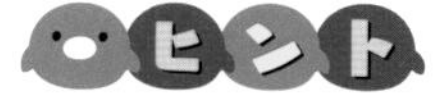

① 同じ形の台形を見つけて、辺の長さの比を調べてみましょう。
② 三角形ＡＢＣは二等辺三角形です。

② 拡大図と縮図のかき方

教科書 162〜165ページ　答え 31ページ

次の□にあてはまる数や記号をかきましょう。

ねらい 方眼を使った拡大図や縮図のかき方を理解しよう。 練習 1→

方眼の縦、横のます目の数を2倍にしたり、$\frac{1}{2}$にしたりして、対応する辺をかきます。

1 右の三角形ABCの2倍の拡大図をかきましょう。

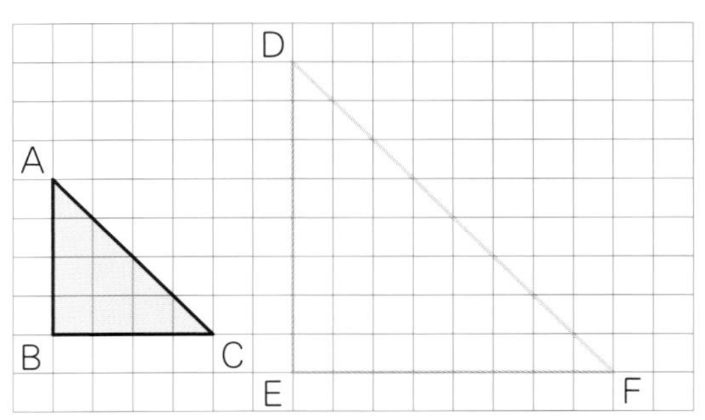

解き方 ❶ 辺ABは方眼の縦に4ますだから、辺DEは、方眼の縦に□ますとります。
❷ 辺BCは方眼の横に4ますだから、辺EFは、頂点Eから横に□ますとります。
❸ 頂点D、頂点Fを結びます。

ねらい 辺の長さや角の大きさをきめて拡大図や縮図をかくかき方を理解しよう。 練習 2→

合同な図形のかき方と同じようにして、辺の長さを変えてかきます。

2 右の三角形ABCを$\frac{1}{2}$に縮小した三角形DEFのかき方を説明しましょう。

A
4cm
65°
B　7cm　C
D
E　F

解き方 ❶ 長さ□cmの辺EFをかきます。
❷ 角E＝□°となるように直線をひきます。
❸ ED＝□cmとなるように頂点Dの位置をきめ、頂点Dと頂点Fを結びます。

ねらい 1つの頂点を中心にして拡大図や縮図をかくかき方を理解しよう。 練習 3→

もとになる図形の1つの頂点をきめ、辺の長さを変えてかきます。

3 右下の三角形ABCの2倍の拡大図をかきましょう。

解き方 ❶ 頂点□を中心にして、辺BA、辺BCをのばします。
❷ 辺AB、辺CBの□倍の長さになるように、頂点D、頂点Eをとり、DとEを結びます。

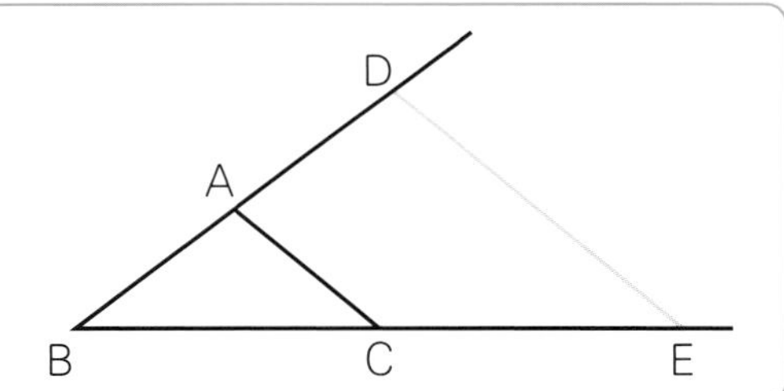

★できた問題には、「た」をかこう！★

できき 1　できき 2　できき 3

学習日　　月　　日

教科書 162〜165ページ　答え 31ページ

1 下の図の２倍の拡大図と $\frac{1}{2}$ の縮図をかきましょう。

教科書 162ページ 1

2 下の図の拡大図、縮図をかきましょう。

教科書 163ページ 2

① ２倍の拡大図

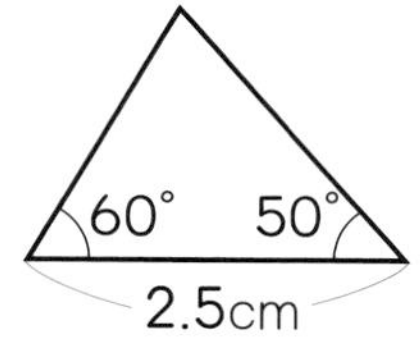

② $\frac{1}{3}$ の縮図

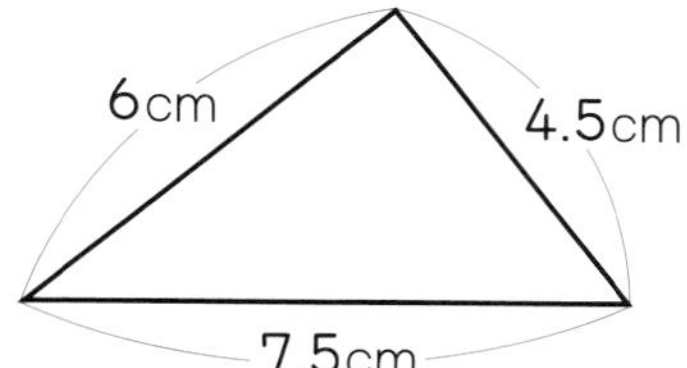

まちがい注意

3 下の図の頂点Ｂを中心にして、四角形ＡＢＣＤの２倍の拡大図と $\frac{1}{2}$ の縮図をかきましょう。

教科書 165ページ 4

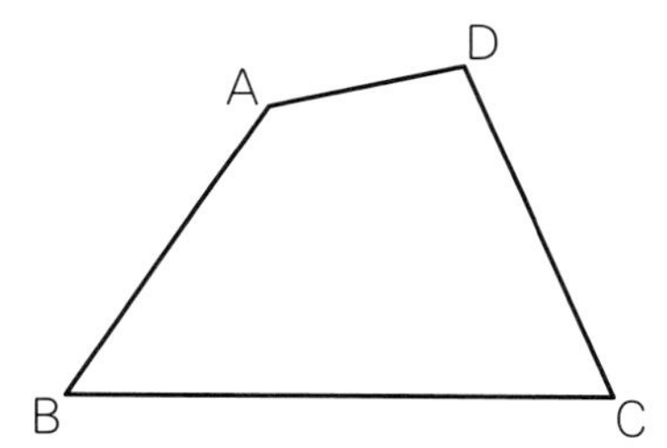

2 ① 2.5 cm を２倍した辺をかき、60°、50° は分度器を使ってかきます。
② 長さが6cm、4.5 cm に対応する辺はコンパスを使ってかきます。

学習日 月 日

③ 縮図と縮尺

教科書 166～169 ページ　答え 32 ページ

次の□にあてはまる数をかきましょう。

ねらい 縮尺の意味を理解しよう。 練習 1→

縮尺

縮図で、実際の長さを縮めた割合のことを、**縮尺**といいます。

縮尺 ＝ 縮図の上の長さ ÷ 実際の長さ

縮尺の表し方

① $\frac{1}{1000}$　② 1：1000　③

1 ある地図では、実際の長さが 100 m の道のりが 2 cm の長さに縮小されていました。

(1) この地図の縮尺を分数と比で表しましょう。

(2) この地図で 24 cm で表されているトンネルの実際の長さは何 km ですか。

解き方 (1) 分数で表すと、縮尺 ＝ 縮図の上の長さ ÷ 実際の長さ

2÷□＝□
(cm)　(cm)

比で表すと、縮図の上の長さ ： 実際の長さ ＝2：10000＝1：5000

(2) 24×□＝120000(cm)　実際の長さ × $\frac{1}{5000}$ ＝ 縮図の上の長さ (←24 cm)

120000 cm＝1200 m＝1.2 km

答え 1.2 km

ねらい 縮図を利用して、実際にははかりにくい長さを求める方法を理解しよう。 練習 2 3→

縮図の利用

縮図を使うと、実際にははかりにくい長さでも、求めることができます。

2 校舎から 15 m はなれたところに立って、校舎の上のはしを見上げる角度をはかると 40 度でした。

目の高さを 1.2 m として、校舎の高さを求めましょう。

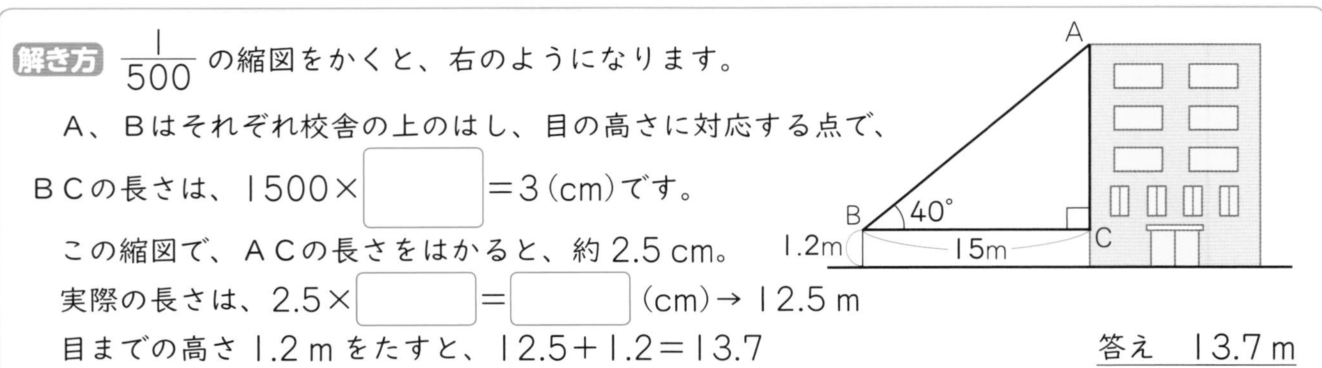

解き方 $\frac{1}{500}$ の縮図をかくと、右のようになります。

A、B はそれぞれ校舎の上のはし、目の高さに対応する点で、

BC の長さは、1500×□＝3(cm)です。

この縮図で、AC の長さをはかると、約 2.5 cm。

実際の長さは、2.5×□＝□(cm)→ 12.5 m

目までの高さ 1.2 m をたすと、12.5＋1.2＝13.7

答え 13.7 m

教科書 166～169ページ　答え 32ページ

1 次の問題に答えましょう。

教科書 166ページ 1

① $\frac{1}{250000}$ の縮図で4cmの長さは、実際は何kmになりますか。

（　　　）

② $\frac{1}{400}$ の縮尺の縮図で、200mの長さは何cmになりますか。

（　　　）

③ 60mの長さが1.2cmになっている縮図の縮尺を求めましょう。

（　　　）

2 右の図で、川はばの実際の長さは、何mですか。

$\frac{1}{500}$ の縮図をかいて求めましょう。

教科書 168ページ 3

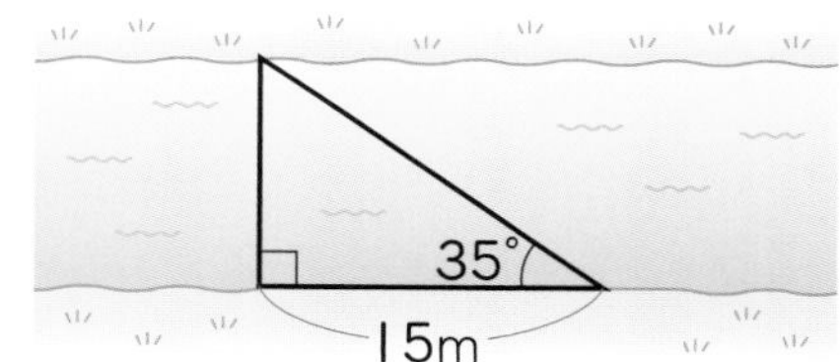

（　　　）

! まちがい注意

3 木から8mはなれたところに立って、木の上のはしを見上げる角度をはかると30度でした。

$\frac{1}{200}$ の縮図をかいて、木の高さを求めましょう。

目の高さは1.2mとします。

教科書 168ページ 3

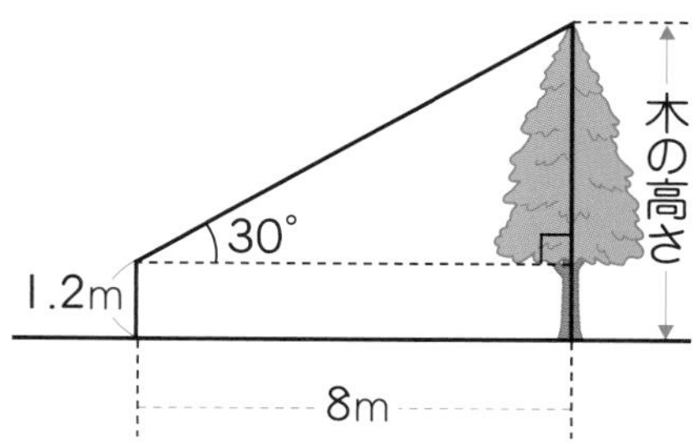

（　　　）

ヒント
1 縮図の上の長さ＝実際の長さ×縮尺をもとにして考えましょう。
2 縮図は、3cmの辺と両はしの90°、35°を使って三角形をかきます。

⑫ 拡大図と縮図

教科書 158～171ページ　答え 33ページ

知識・技能　／60点

1 右の四角形ＡＢＣＤは、四角形ＥＦＧＨを $\frac{3}{2}$ 倍に拡大したものです。　各5点(20点)

① 頂点Ｄに対応する頂点はどれですか。　(　　　)

② 角Ｇは何度ですか。　(　　　)

③ 辺ＢＣは何 cm ですか。　(　　　)

④ 辺ＥＦは何 cm ですか。　(　　　)

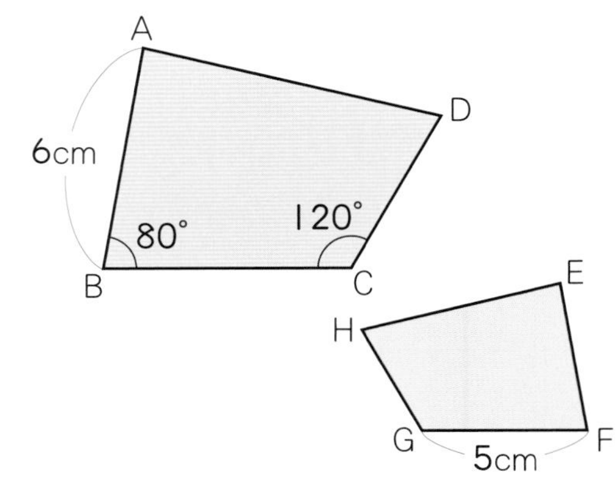

2 下の図の２倍の拡大図をかきましょう。　(10点)

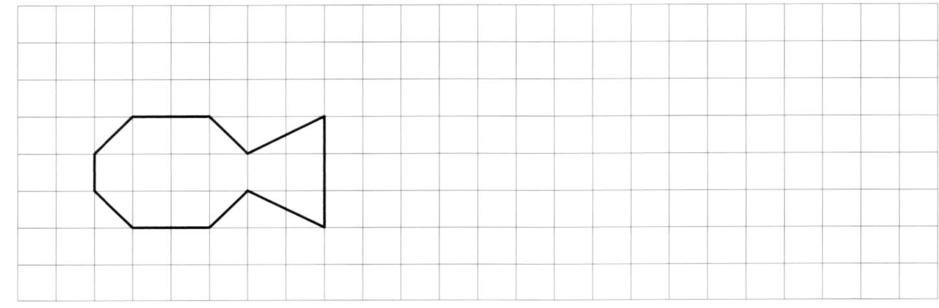

3 よく出る 下のような三角形の $\frac{1}{2}$ の縮図をかきましょう。　(15点)

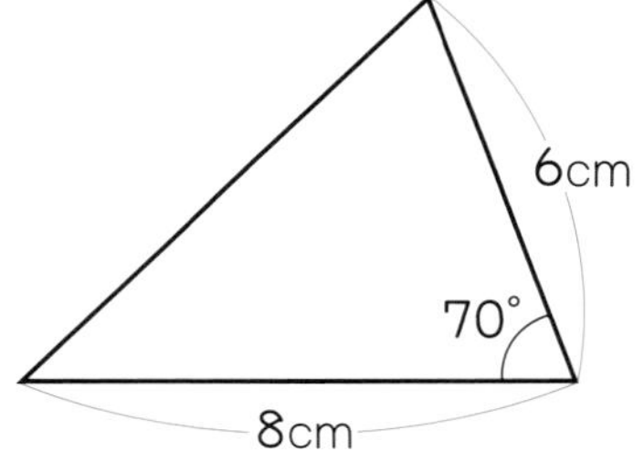

4 よく出る 下の三角形ＡＢＣで、頂点Ｂを中心にした $\frac{2}{3}$ の縮図をかきましょう。　(15点)

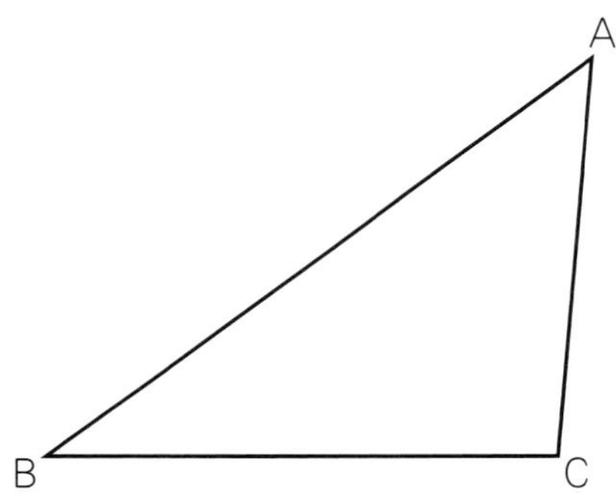

思考・判断・表現 ／40点

5 よく出る 頂点Bを中心にして、２倍の拡大図をかきましょう。
とちゅうで使った線も、消さずにかいておきましょう。 (15点)

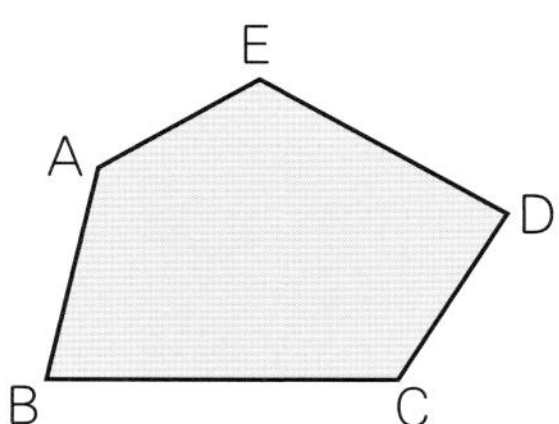

6 建物から 20 m はなれたところに立って、建物の上のはしを見上げる角度をはかると 50 度でした。目の高さを 1.2 m とします。

$\frac{1}{500}$ の縮図をかいて、建物の高さを求めましょう。 図・式・答え 各5点(15点)

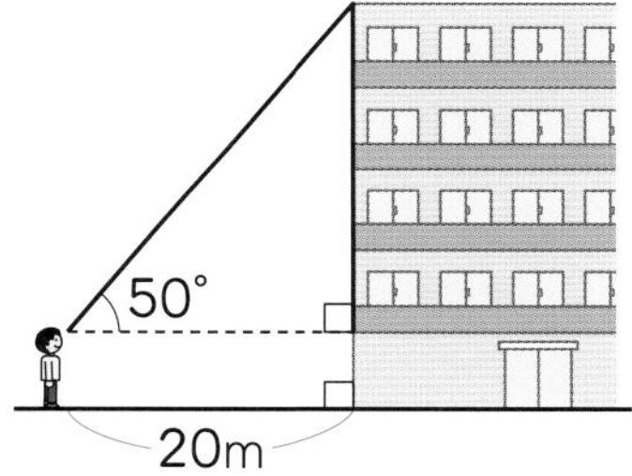

式

答え (　　　　)

できたらスゴイ！

7 活用 木のかげの長さをはかったら、4 m ありました。このとき、1 m の棒(ぼう)を垂直(すいちょく)に立ててできたかげの長さは 80 cm でした。

木の高さは何 m ですか。 式・答え 各5点(10点)

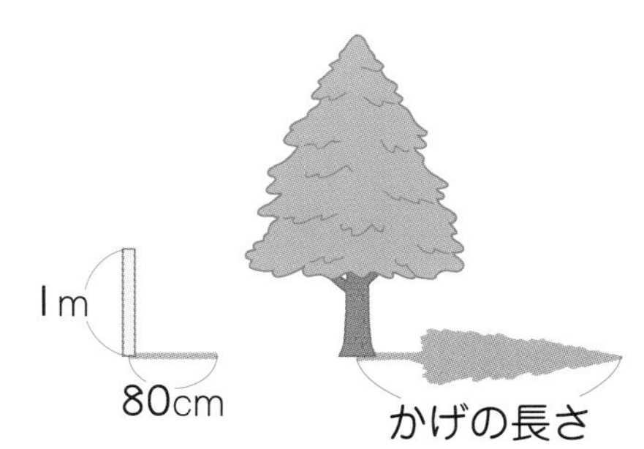

式

答え (　　　　)

❶がわからないときは、72 ページの❶にもどって確認(かくにん)してみよう。

13 およその面積と体積

① およその面積
② およその体積

教科書 172～174ページ 答え 35ページ

次の□にあてはまる数やことばをかきましょう。

ねらい いろいろなもののおよその面積を求められるようにしよう。 練習 1→

およその面積

およその面積は、面積の求め方がわかっている図形とみると、求めることができます。

1 およその面積を求めましょう。

(1) 猪苗代湖(いなわしろこ)(福島県(ふくしま))

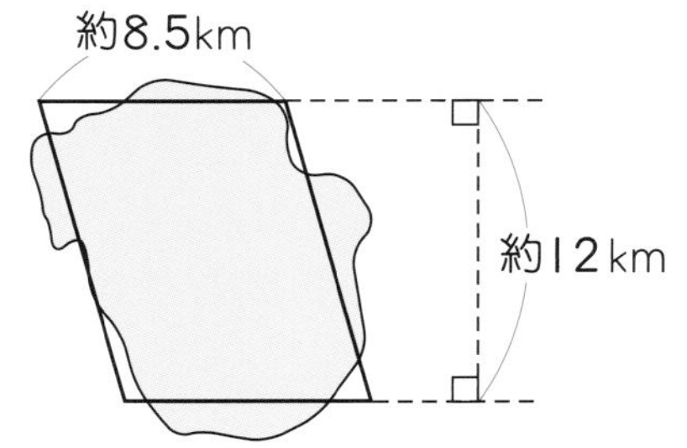

(2) 道路標識(横断歩道)

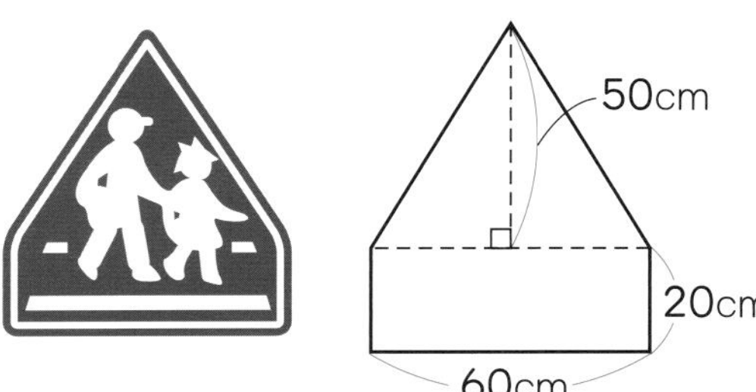

解き方 (1) およその形を平行四辺形とみます。

8.5×□＝□ 答え 約□km²

(2) およその形を、三角形と長方形を組み合わせた形とみます。

20×60＋□×50÷2＝□ 答え 約□cm²

ねらい 身のまわりにある形のおよその体積が求められるようにしよう。 練習 2→

およその体積

およその体積は、体積の求め方がわかっている図形とみると、求めることができます。

2 右下のような、かんづめのおよその体積を求めます。

(1) およそどんな形とみることができますか。

(2) かんづめのおよその体積を求めましょう。

解き方 (1) 2つの底面が合同な□になっている□とみることができます。

(2) 底面の半径が□cm、高さが5cmの円柱とみることができるので、体積は、

(3×3×□)×□＝141.3
（底面積）（高さ）

答え 約141.3cm³

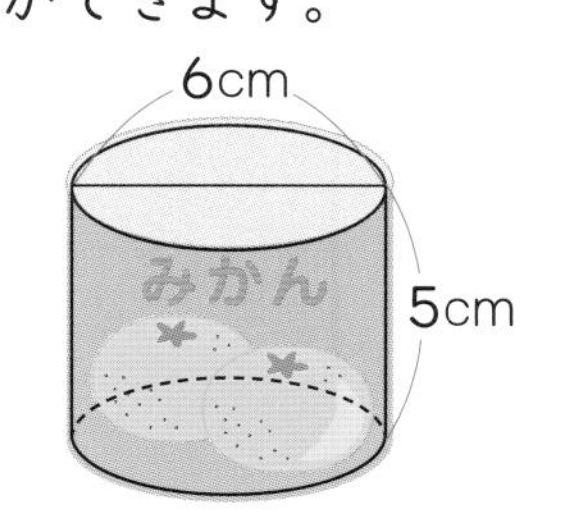

教科書 172〜174ページ　答え 35ページ

1 下のもののおよその面積を求めましょう。①は、四捨五入して上から2けたのがい数で答えましょう。

教科書 172ページ 1

① 野球場の内野・外野

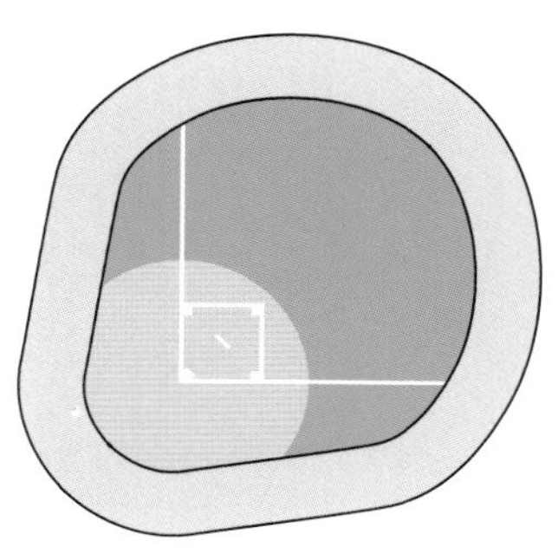

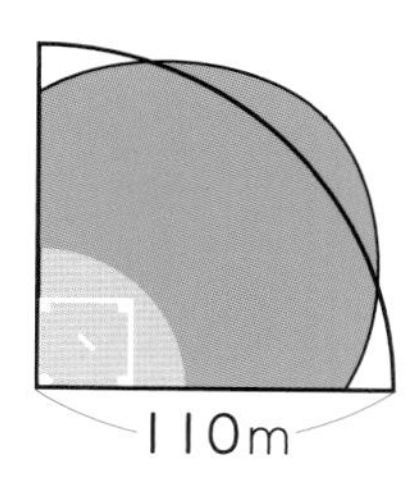

（　　　　）

② 屋久島（鹿児島県）

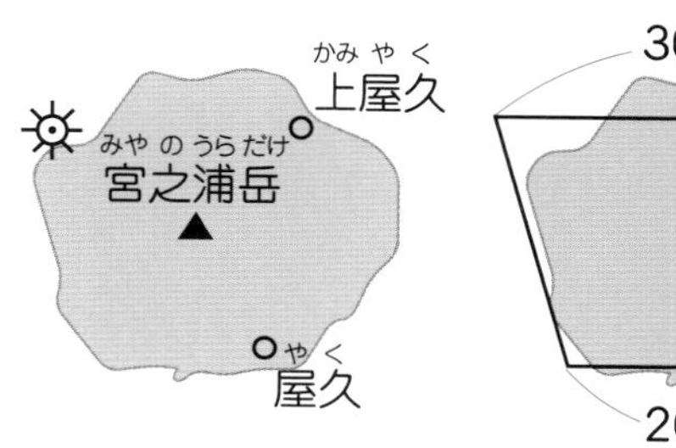

（　　　　）

よくみて

2 下のもののおよその体積を求めましょう。

教科書 174ページ 1

① 事典

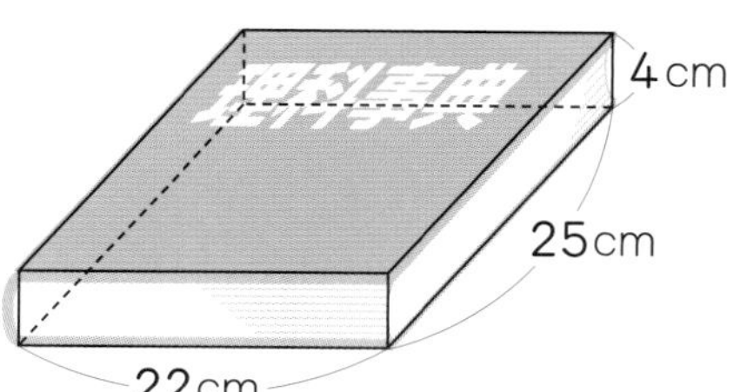

（　　　　）

② ショートケーキ

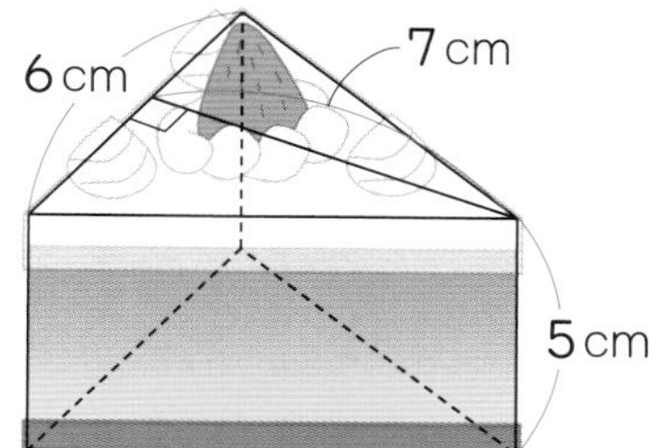

（　　　　）

ヒント
1 ①円の $\frac{1}{4}$ の形とみることができます。
2 ②三角柱とみることができます。

知識・技能　／60点

1 佐渡島(さどしま)（新潟県(にいがたけん)）のおよその面積を、次のそれぞれの考え方で求めましょう。　各15点(30点)

① およその形を、2つの三角形㋐、㋑をあわせた形とみる。

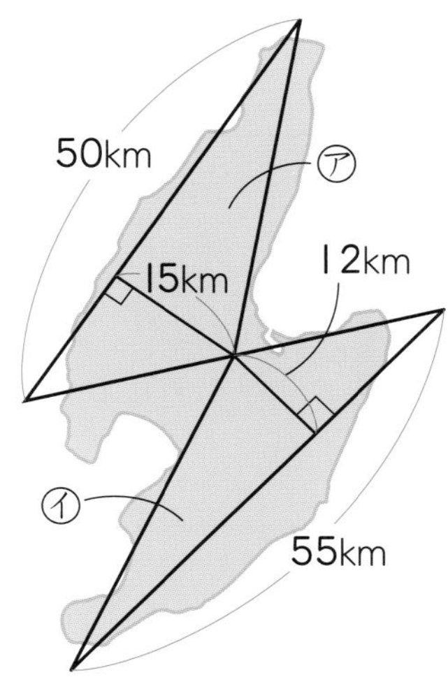

（　　　　）

② およその形を、平行四辺形から三角形をひいた形とみる。

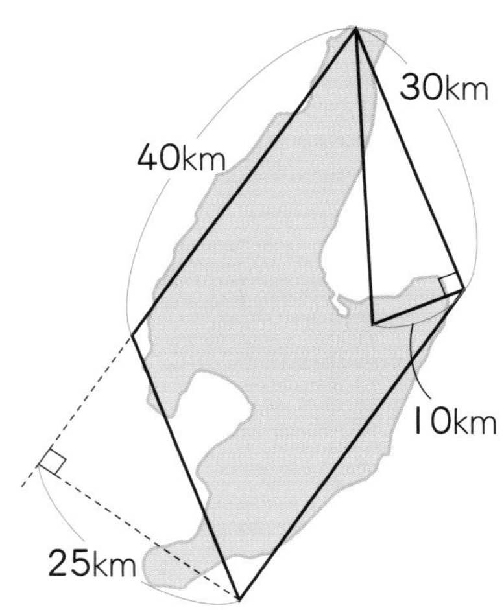

（　　　　）

2 右の図は、淡路島(あわじしま)（兵庫県(ひょうごけん)）です。
およその面積を求めましょう。　(20点)

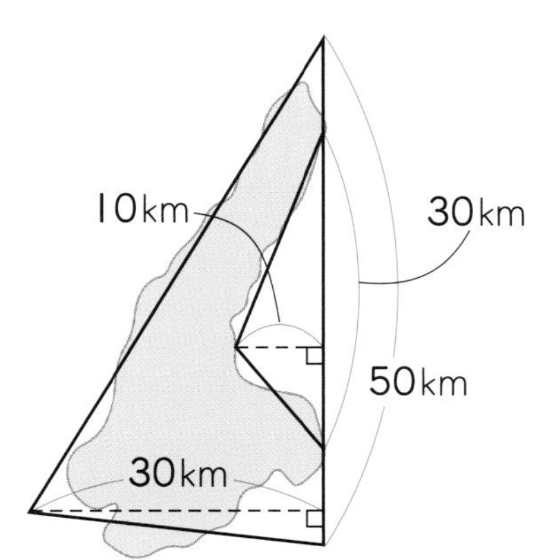

（　　　　）

3 よく出る 下の図のようなバスを直方体とみて、およその体積を求めましょう。 10点

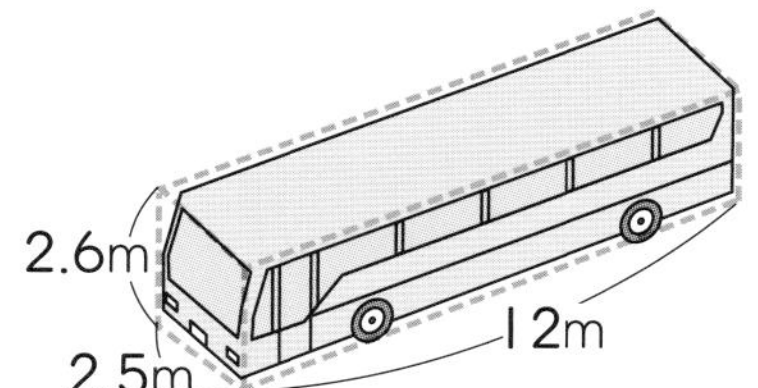

(　　　　　)

思考・判断・表現 ／40点

できたらスゴイ!

4 次の図は、香川県(島を除く)です。 各10点(20点)

① 香川県は、およそどんな形とみることができますか。

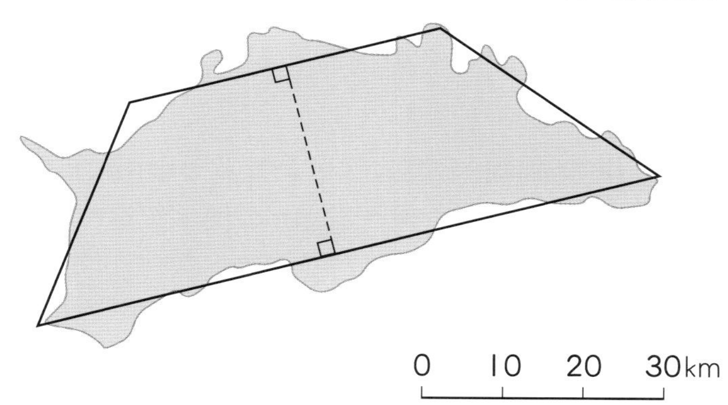

(　　　　　)

② 必要な長さをはかって、およその面積を求めましょう。

(　　　　　)

5 右のような水とうがあります。 各10点(20点)

① この水とうは、およそどんな形とみることができますか。

(　　　　　)

② この水とうにはいる水の、およその体積を求めましょう。答えは四捨五入して上から2けたのがい数で答えましょう。

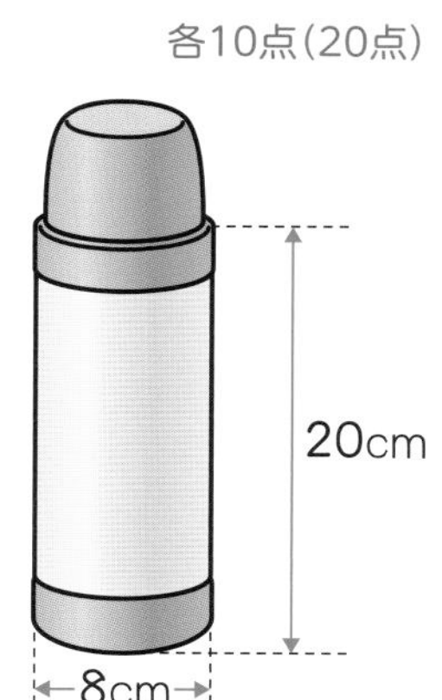

(　　　　　)

ふりかえり ①がわからないときは、80ページの1にもどって確認してみよう。

① 比例

教科書 177～178 ページ　答え 36 ページ

次の□にあてはまる数やことばをかきましょう。

ねらい 比例の意味について理解しよう。 練習 ① ②→

比例の意味

2つの量 x と y があって、x の値(あたい)が□倍になると、それに対応する y の値も□倍になるとき、y は x に**比例する**といいます。

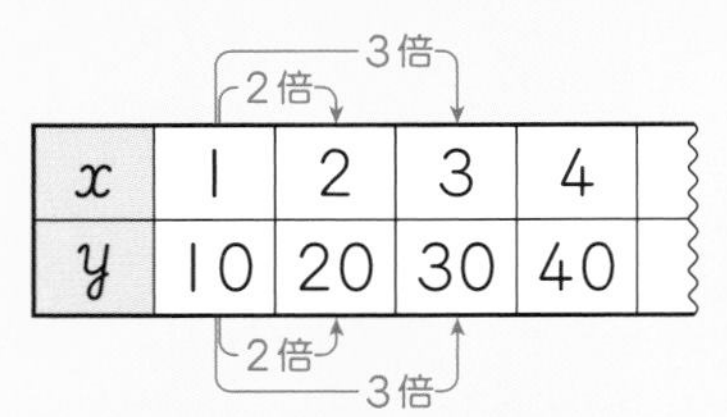

x	1	2	3	4
y	10	20	30	40

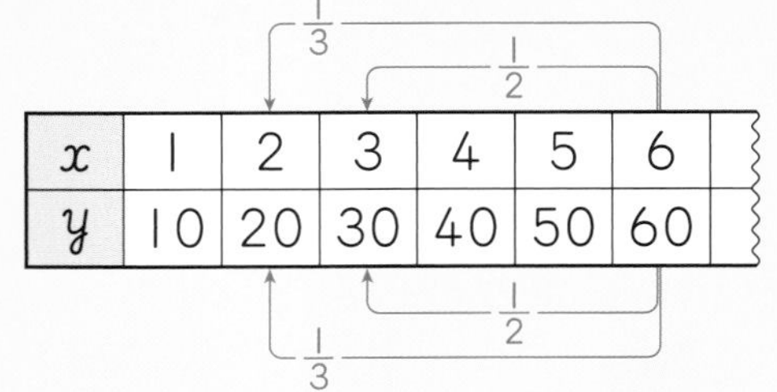

x	1	2	3	4	5	6
y	10	20	30	40	50	60

1 下の表は、容器に1分あたり5cmたまるように水を入れたときの深さを調べたものです。時間 x 分と水の深さ y cmの関係を調べましょう。

時間 x（分）	1	2	3	4	5	6
水の深さ y（cm）	5	10	15	20	25	30

(1) 水の深さ y cmは、時間 x 分に比例していますか。

(2) 時間が1.5倍、2.5倍、…になると、水の深さはどのように変わっていきますか。

(3) 時間が $\frac{1}{2}$、$\frac{1}{3}$、…になると、水の深さはどのように変わっていきますか。

解き方 (1) 時間 x 分が2倍、3倍、…になると、水の深さ y cmも□倍、□倍、…になるので、水の深さ y cmは、時間 x 分に□しています。

(2) 右の表のように、時間を2分から1.5倍、2.5倍、…にすると、それに対応する水の深さは、

$\frac{□}{10}=1.5$(倍)、$\frac{□}{10}=2.5$(倍)、…

になっていきます。

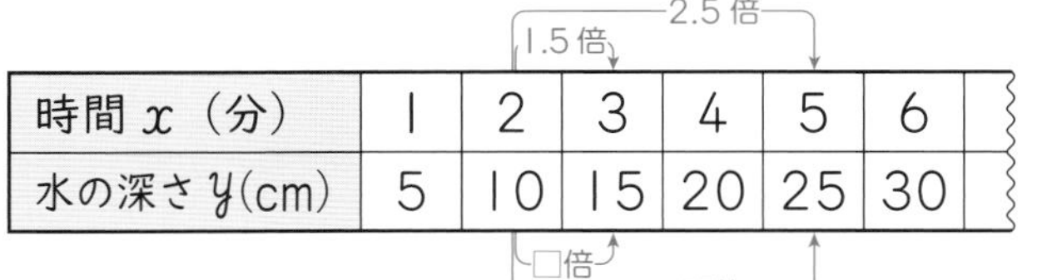

時間 x（分）	1	2	3	4	5	6
水の深さ y(cm)	5	10	15	20	25	30

(3) 右の表のように、時間を6分から $\frac{1}{2}$、$\frac{1}{3}$、…にすると、それに対応する水の深さは、$\frac{15}{30}=$□、$\frac{10}{30}=$□、…になっていきます。

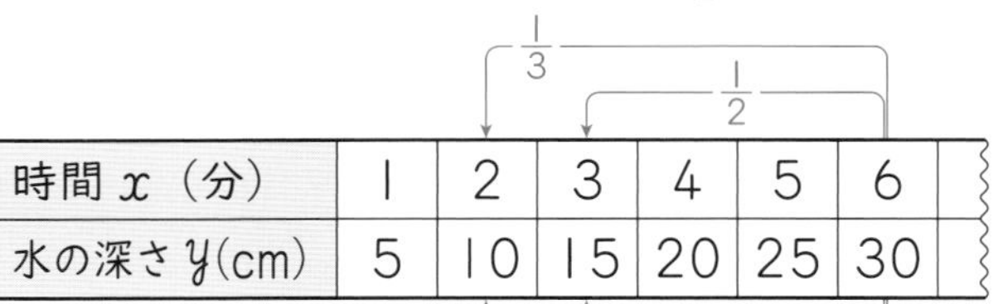

時間 x（分）	1	2	3	4	5	6
水の深さ y(cm)	5	10	15	20	25	30

★できた問題には、「た」をかこう！★

できき 1　できき 2

教科書 177〜178ページ　答え 36ページ

1 次の表で表された x、y の関係で、y が x に比例しているものには○を、そうでないものには×を、(　)の中にかきましょう。 教科書 177ページ 1

①

x	1	2	3	4
y	9	6	3	0

(　　)

②

x	100	200	300	400
y	180	360	540	720

(　　)

③

x	5	10	15	20
y	5	6	7	8

(　　)

④

x	3	6	9	12
y	1	2	3	4

(　　)

2 下の表は、容器に1分あたり8cmたまるように水を入れたときの深さを調べたものです。時間 x 分と水の深さ y cmの関係を調べましょう。 教科書 177ページ 1

時間 x(分)	1	2	3	4	5	6	7	8
水の深さ y(cm)	8	16	24	32	40	48	56	64

① 時間が4分から1分、8分から2分のように $\frac{1}{4}$ になったとき、対応する水の深さはどのように変わっていますか。

(　　)

② 時間が3分から5分に変わったとき、対応する水の深さはどのように変わっていますか。

(　　)

よくよんで

③ 時間が5分から6分、5分から7分、5分から8分のように、1.2倍、1.4倍、1.6倍になると、対応する水の深さはどのように変わっていきますか。

(　　)

2 ② 水の深さは24cmから40cmになっています。何倍でしょうか。
③ 水の深さは40cmから、48cm、56cm、64cmに変わっています。

学習日 月 日

② 比例の式とグラフ

教科書 179～184ページ　答え 36ページ

次の□にあてはまる数やことばをかきましょう。

ねらい 比例する x と y の関係を式に表すことができるようにしよう。 練習 1 2 →

比例の式

y が x に比例するとき、x と y の関係は次の式で表すことができます。

y＝きまった数×x

1 下の表は、容器に１分あたり５cm たまるように水を入れたときの深さを調べたものです。

時間 x（分）	1	2	3	4	5	6
水の深さ y(cm)	5	10	15	20	25	30

(1) 時間 x 分と水の深さ y cm の関係を式に表しましょう。
(2) ８分で水の深さは何 cm になりますか。
(3) 水の深さが 70 cm になるのに何分かかりますか。

解き方 (1) x の値（あたい）とそれに対応する y の値の商 $y÷x$ は、いつもきまった数になります。

$y÷x$＝□

水の深さ y cm を求める式にかくと、y＝□×x

(2) (1)の式の x に８をあてはめると、y＝□×□　y＝40　答え 40 cm

(3) (1)の式の y に 70 をあてはめると、□＝□×x

x＝70÷□　x＝14　答え 14 分かかる。

ねらい 比例の関係をグラフに表せるようにしよう。 練習 2 →

比例のグラフ

比例する２つの量の関係をグラフに表すと、グラフは直線になり、０の点を通ります。

2 1の時間 x 分と水の深さ y cm の関係を、グラフに表しましょう。

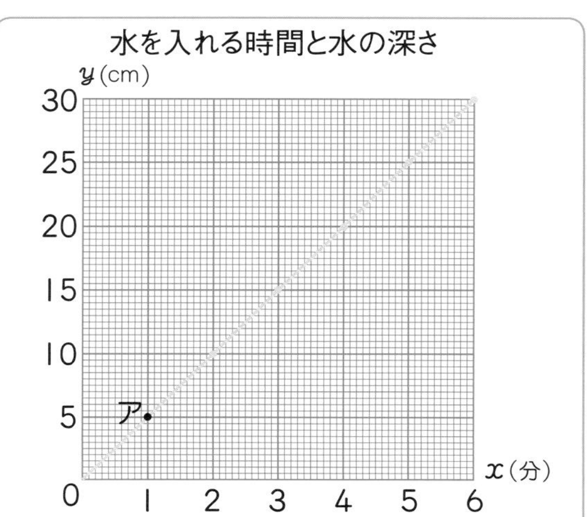

解き方 右の点アは、水を入れ始めてから１分後の水の深さが□cm であることを表しています。

ほかの点もグラフにかき入れます。

かき入れた点は、０の点を通る□の上にならんでいます。

この直線が x と y の関係を表すグラフです。

教科書 179〜184ページ　答え 37ページ

1 下の表は、かなさんが遊歩道を歩いたときの、時間と道のりの関係を調べたものです。

教科書 179ページ 1

時間 x(分)	1	2	3	4	5	6	
道のり y(m)	40	80	120	160	200	240	

① 歩いた時間 x 分と進んだ道のり y m の関係を式に表しましょう。

（　　　　　）

② かなさんは、12分間で何 m 進みますか。

（　　　　　）

③ かなさんは、400 m 歩くのに何分かかりますか。

（　　　　　）

2 下の表は、容器に1分あたり6cm たまるように水を入れたときの、時間 x 分と水の深さ y cm の関係を調べたものです。

教科書 181ページ 2、182ページ 3

時間 x(分)	1	2	3	4	5	6	
水の深さ y(cm)	6	12	18	24	30	36	

① x と y の関係をグラフに表しましょう。

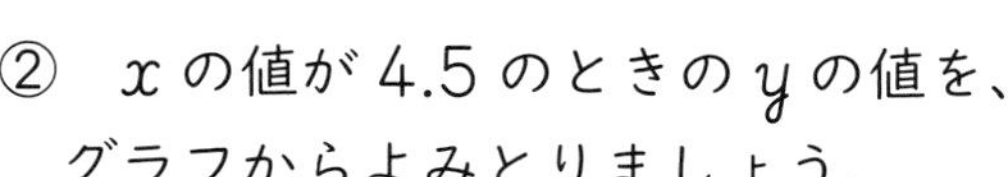

② x の値が4.5のときの y の値を、グラフからよみとりましょう。

（　　　　　）

よくみて

③ y の値が15のときの x の値を、グラフからよみとりましょう。

（　　　　　）

水を入れる時間と水の深さ

ヒント ❷ ② x の値が4.5のところとグラフの交わる点から、y の値をよみとります。

学習日 月 日

③ 比例の利用

教科書 185～187ページ　答え 37ページ

 次の□にあてはまる数をかきましょう。

ねらい 比例の関係を使って、数量を求められるようにしよう。 練習 1 2 3 →

比例の利用

くぎの本数は、重さに比例することを利用すると、全部数えなくてもおよその本数を求めることができます。

くぎの本数と重さ

本数(本)	30	240
重さ(g)	60	□

1 40本のくぎの重さをはかると、100gありました。
このくぎを、数えないで200本用意するには、どのようにすればよいですか。

くぎの本数と重さ

本数(本)	40	200
重さ(g)	100	□

解き方 くぎ1本の重さを求めてから200本の重さを考えます。

100÷□＝□

200倍

本数(本)	1	200
重さ(g)	2.5	□

200倍

□×200＝□

くぎの重さが□gになるように用意すれば、およそ200本あるといえる。

200本の重さが
40本の重さの何倍に
なるかを考えてもいいね。

5倍

本数(本)	40	200
重さ(g)	100	□

5倍

2 くぎの重さを10本ずつはかると、右の表のようになりました。
くぎ400本の重さは約何gですか。

くぎの本数と重さ

本数(本)	10	20	30
重さ(g)	18	36	54

解き方 くぎ1本の重さを求めてから400本の重さを考えます。

□÷10＝□

400倍

本数(本)	1	400
重さ(g)	1.8	□

400倍

1.8×□＝□

約□g

1 たくさんの紙が重ねてあります。
紙の重さを10枚(まい)ずつはかると、次の表のようになりました。 教科書 185ページ 1

枚数(枚)	10	20	30
重さ(g)	46	92	138

200枚の重さは約何gですか。

約(　　　　)

2 たくさんの紙が重ねてあります。
厚さ1cm分の枚数は50枚でした。400枚の厚さは約何cmですか。 教科書 185ページ 1

厚さ(cm)	1	□
枚数(枚)	50	400

約(　　　　)

3 **大きな本だながあります。同じ厚さの本をならべます。** 教科書 185ページ 1

① 本だなのはばが60cmで、本10冊(さつ)分の厚さが10cmのとき、約何冊ならべることができますか。

約(　　　　)

② 本だなのはばが90cmで、本10冊分の厚さが15cmのとき、約何冊ならべることができますか。

約(　　　　)

③ 本だなのはばが90cmで、本5冊分の厚さが12.5cmのとき、約何冊ならべることができますか。

約(　　　　)

ヒント 3 1冊の本の厚さを求めてから、何冊ならべることができるかを考えよう。

④ 反比例

次の□にあてはまる数やことばをかきましょう。

ねらい 反比例(はんぴれい)の意味について理解しよう。　**練習** 1 2 3 →

反比例の意味

2つの量 x と y があって、x の値(あたい)が2倍、3倍、…になると、それに対応する y の値が $\frac{1}{2}$、$\frac{1}{3}$、…になるとき、y は x に**反比例する**といいます。

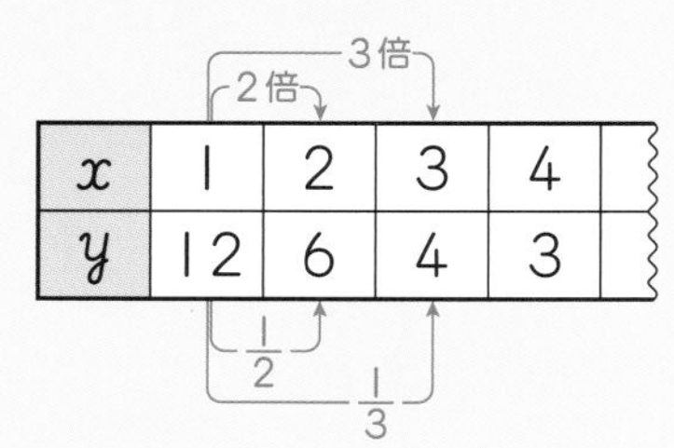

x	1	2	3	4
y	12	6	4	3

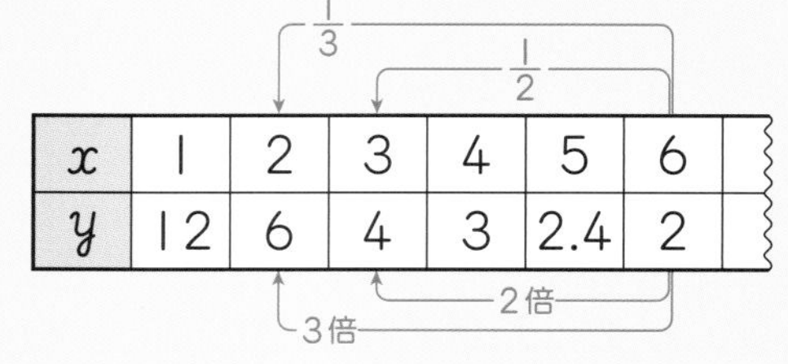

x	1	2	3	4	5	6
y	12	6	4	3	2.4	2

1 下の表は、面積が 18 cm² の長方形の、横の長さ x cm と縦(たて)の長さ y cm の関係を調べたものです。

横の長さ x（cm）	1	2	3	4	5	6
縦の長さ y（cm）	18	9	6	4.5	3.6	3

(1) 横の長さが2倍、3倍、…になると、縦の長さはどのように変わっていきますか。

(2) 縦の長さ y cm は、横の長さ x cm に反比例していますか。

(3) 横の長さが $\frac{1}{2}$、$\frac{1}{3}$、…になると、縦の長さはどのように変わっていきますか。

解き方 (1) 右の表のように、横の長さを1cmから2倍、3倍、…にすると、それに対応する縦の長さは、

横の長さ x(cm)	1	2	3	4	5	6
縦の長さ y(cm)	18	9	6	4.5	3.6	3

（2倍、3倍、2倍、□、□、□）

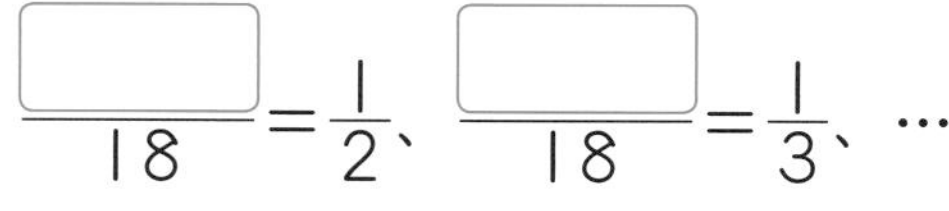

$\frac{\square}{18}=\frac{1}{2}$、$\frac{\square}{18}=\frac{1}{3}$、…

になっていきます。

(2) (1)から、縦の長さ y cm は、横の長さ x cm に□するといえます。

(3) 右の表のように、横の長さを6cmから $\frac{1}{2}$、$\frac{1}{3}$、…にすると、それに対応する縦の長さは、

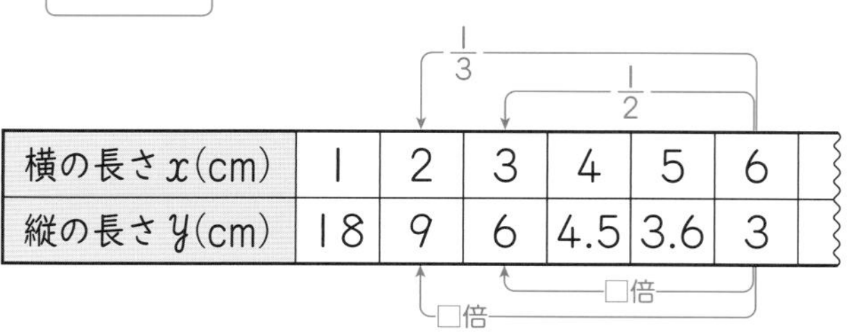

横の長さ x(cm)	1	2	3	4	5	6
縦の長さ y(cm)	18	9	6	4.5	3.6	3

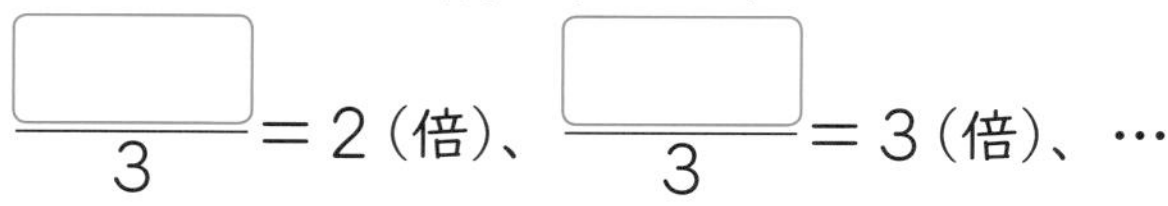

$\frac{\square}{3}=2$（倍）、$\frac{\square}{3}=3$（倍）、…

になっていきます。

★できた問題には、「た」をかこう！★

学習日　月　日

教科書 188～189ページ　答え 38ページ

1 次のことがらのうち、2つの量が反比例しているものには○を、そうでないものには×を、(　)の中にかきましょう。　教科書 188ページ 1

① 面積が8 cm² の平行四辺形の底辺と高さ　(　　　)

② 50 L の水がはいった水そうからくみ出した水の量と残りの水の量　(　　　)

③ 12 km の道のりを進んだときの速さとかかる時間　(　　　)

！まちがい注意

2 次の表で表された x、y の関係で、y が x に反比例しているものには○を、そうでないものには×を、(　)の中にかきましょう。　教科書 188ページ 1

①

x	1	2	3	4
y	4	3	2	1

(　　　)

②

x	1	2	3	4
y	6	3	2	1.5

(　　　)

③

x	1	2	3	4
y	2	4	6	8

(　　　)

3 下の表は、面積が 36 cm² の長方形の、横の長さ x cm と縦の長さ y cm の関係を調べたものです。　教科書 188ページ 1

横の長さ x(cm)	1	2	3	4	5	6
縦の長さ y(cm)	36	18	12	9	7.2	6

① x の値が2倍、3倍、…になると、それに対応する y の値はどのように変わりますか。

(　　　　　　　　　　)

② x の値が $\frac{1}{2}$、$\frac{1}{3}$、…になると、それに対応する y の値はどのように変わりますか。

(　　　　　　　　　　)

ヒント
2 x の値が2倍、3倍、…になるときの y の値の変わり方を調べます。
3 x の値が大きくなると、y の値の減り方が小さくなっています。

ぴったり1 準備

14 比例と反比例

⑤ 反比例の式とグラフ

学習日　月　日

教科書 190～193ページ　答え 39ページ

次の□にあてはまる数をかきましょう。

ねらい 反比例の関係を式に表すことができるようにしよう。　練習 1→

反比例の式　y が x に反比例するとき、x と y の関係は次の式で表すことができます。

y＝きまった数÷x

1 下の表は、面積が 18 cm² の長方形の、横の長さ x cm と縦の長さ y cm の関係を調べたものです。

横の長さ x（cm）	1	2	3	4	5	6	
縦の長さ y（cm）	18	9	6	4.5	3.6	3	

(1) x と y の関係を式に表しましょう。

(2) x の値が 12、15 のときの y の値を求めましょう。

解き方 (1) x の値とそれに対応する y の値の積 $x\times y$ は、いつもきまった数になります。

横の長さ x（cm）	1	2	3	4	5	
縦の長さ y（cm）	18	9	6	4.5	3.6	
	18	18	18	18	18	

$x\times y$＝□ ←長方形の面積

縦の長さ y cm を求める式にかくと、y＝□÷x

(2) (1)の式の x に数をあてはめて、x の値が 12 のとき、y＝□÷12　y＝1.5

15 のとき、y＝□÷15　y＝□

ねらい 反比例のグラフの特ちょうがわかるようにしよう。　練習 2→

反比例のグラフ

反比例する 2 つの量の関係をグラフに表すと、グラフは直線になりません。

2 1の横の長さ x cm と縦の長さ y cm の関係を、グラフに表しましょう。

解き方

横の長さ x(cm)	1	2	3	4	5	6	9	12	15	18
縦の長さ y(cm)	18	9	6	4.5	3.6	3	①□	②□	③□	④□

表を見て、それぞれの点をグラフにかき入れると、右のようになります。

x の値が大きくなるほど、y の値は小さくなっています。

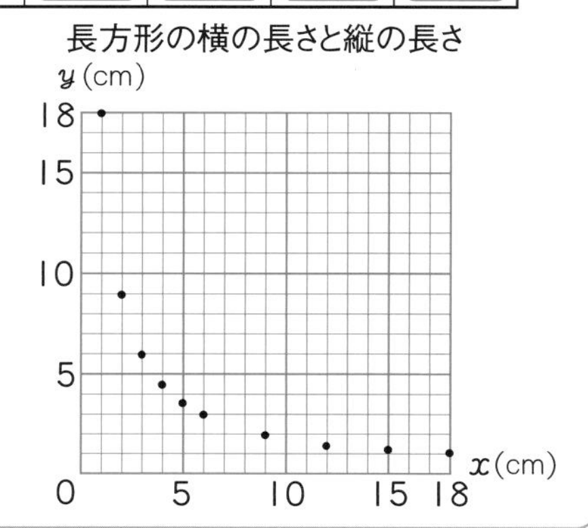

★できた問題には、「た」をかこう！★

できき ① できき ②

学習日　月　日

教科書 190〜193ページ　答え 39ページ

1 下の表で、120 km はなれたところへ行くときの、時速とかかる時間の関係を調べましょう。

教科書 190ページ 1

時速 x (km)	10	20	30	40	50	60
時間 y (時間)	12	6	4	3	2.4	2

① 時速と時間はどのような関係になっていますか。

(　　　　　　　　)

② 時速 x km と時間 y 時間の関係を式に表しましょう。

(　　　　　　　　)

③ x の値が 7.5、24 のときの y の値を求めましょう。

7.5 (　　　　)　24 (　　　　)

④ y の値が 10、2.5 のときの x の値を求めましょう。

10 (　　　　)　2.5 (　　　　)

2 下の表は、面積が 24 cm² の長方形の、横の長さ x cm と縦の長さ y cm の関係を調べたものです。

教科書 192ページ 2

横の長さ x(cm)	1	2	3	4	5	6	8	12	16	24
縦の長さ y(cm)	24	12	8	6	4.8	4	あ	い	う	1

① 横の長さ x cm と縦の長さ y cm の関係を式に表しましょう。

(　　　　　　　　)

② 表のあ、い、うにあてはまる数をそれぞれかきましょう。

あ (　　　　)

い (　　　　)

う (　　　　)

よくみて

③ 上の表を見て、それぞれの点をグラフにかき入れましょう。

y(cm) 長方形の横の長さと縦の長さ

縦軸：0, 5, 10, 15, 20, 24
横軸 x(cm)：0, 5, 10, 15, 20, 24

ヒント　1 道のり＝速さ×時間

⑭ 比例と反比例

時間 30 分

／100

合格 80 点

教科書 177〜195 ページ　答え 40 ページ

知識・技能　／75点

1 よく出る 次のあからかで、y が x に比例するもの、反比例するもの、比例と反比例のどちらでもないものは、それぞれどれですか。　各10点(30点)

あ　1個40円のあめを買うときの、個数 x 個と代金 y 円

い　年れいの差が2才の姉の年れい x 才と妹の年れい y 才

う　立方体の1辺の長さ x cm と体積 y cm³

え　50 dL のジュースを分ける人数 x 人と、1人分のジュースの量 y dL

お　1分間に60 m 歩くときの、歩く時間 x 分と進む道のり y m

か　面積が12 cm² の三角形の、底辺 x cm と高さ y cm

比例（　　　）　反比例（　　　）　どちらでもない（　　　）

2 ばねばかりにおもりをつるしたときのおもりの重さ x g と、ばねののび y cm の関係を調べると、下の表のようになりました。　各5点(15点)

重さ x (g)	40	80	120	160	200	240
のび y (cm)	2	4	6	8	10	12

① x と y はどのような関係ですか。y を、x を使った式に表しましょう。

（　　　）

② 300 g のおもりをつるすと、ばねののびは何 cm になりますか。

（　　　）

③ ばねののびが 25 cm になるのは、おもりの重さが何 g のときですか。

（　　　）

3 よく出る 次の2つの量 x と y の関係を式に表しましょう。　各5点(10点)

① 100 km はなれたところへ行くときの、時速 x km とかかる時間 y 時間

（　　　）

② 容器に1分あたり2cm たまるように水を入れたときの、時間 x 分と水の深さ y cm

（　　　）

4 よく出る 下の表は、体積が 60 cm^3 の四角柱の底面積 x cm^2 と高さ y cm の関係を表したものです。

各5点(20点)

底面積 x (cm^2)	2	3	4	6	10	Ⓐ	15
高さ y (cm)	30	20	15	10	6	5	Ⓘ

① x と y の関係を式に表しましょう。

(　　　　)

② 表のⒶとⒾにあてはまる数をそれぞれかきましょう。

Ⓐ(　　　　)　Ⓘ(　　　　)

③ 底面積が 7.5 cm^2 のときの高さは何 cm ですか。

(　　　　)

思考・判断・表現　／25点

5 右のグラフは、針金(はりがね)の長さ x m と重さ y g の関係を表しています。

各5点(20点)

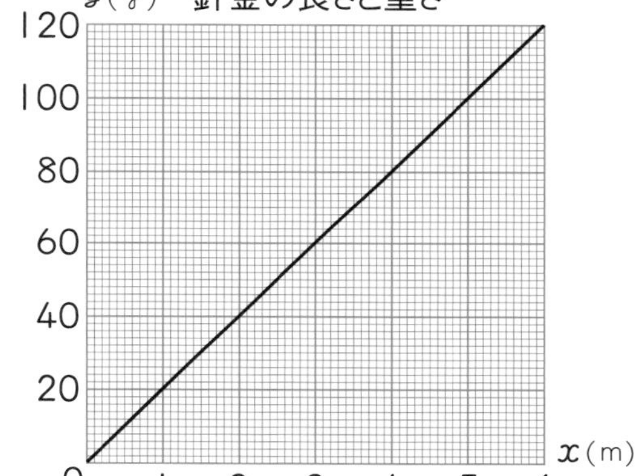

① 針金の重さは、長さに比例していますか。

(　　　　)

② 長さが 2.5 m のときの重さを、グラフからよみとりましょう。

(　　　　)

③ 重さが 90 g のときの長さを、グラフからよみとりましょう。

(　　　　)

④ y を、x を使った式に表しましょう。

(　　　　)

できたらスゴイ!

6 厚紙で下のような形のペンギンをつくり、その重さをはかったら 42 g ありました。同じ厚紙でつくった 1 辺 20 cm の正方形の重さは 24 g です。

厚紙のペンギンの面積は約何 cm^2 ですか。

(5点)

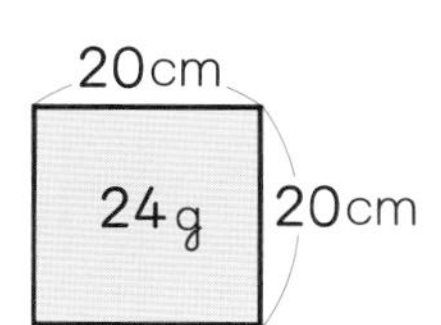

(　　　　)

ふりかえり 1がわからないときは、84 ページの1、90 ページの1にもどって確認(かくにん)してみよう。

この本の終わりにある「冬のチャレンジテスト」をやってみよう!

レッツ プログラミング

教科書 202〜203ページ　答え 41ページ

右の図は、プログラムを使って、正方形を12個かいて作った絵です。次の手順でこの絵を完成させました。

① ペンをゆかに下ろす。
② 1辺の長さが50歩の正方形をかく。
③ 時計(とけい)回りに30度向きを変える。
④ ②と③を11回くり返す。

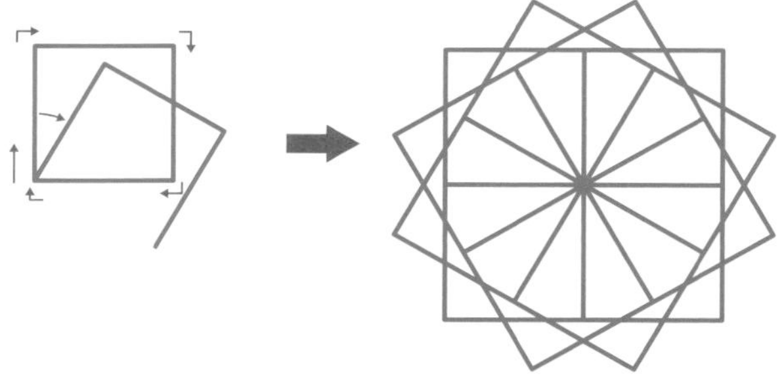

お絵かきのプログラムを図に表します。□にあてはまることばや数をかきましょう。

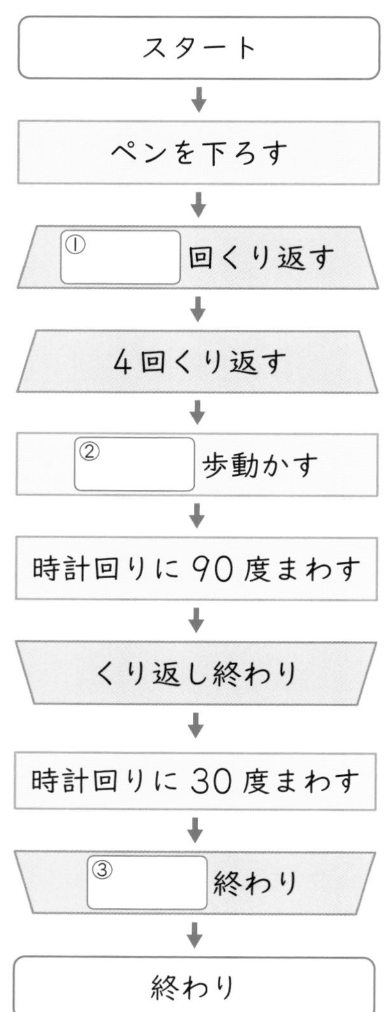

左の図をプログラミング言語を使って表すと、次のようになるよ。

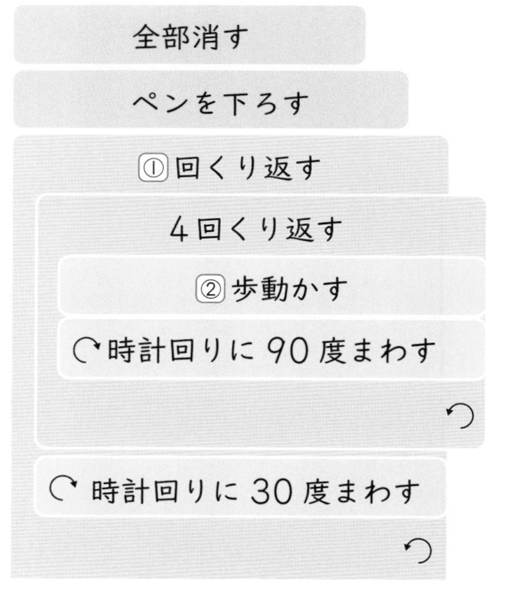

2 同じ形の大きさを変えた絵をかくプログラムをつくります。□にあてはまる数をかきましょう。

① 半分の大きさ

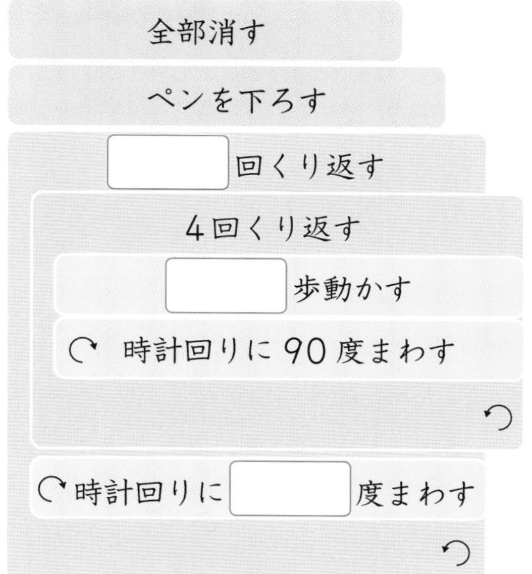

② 4倍の大きさ

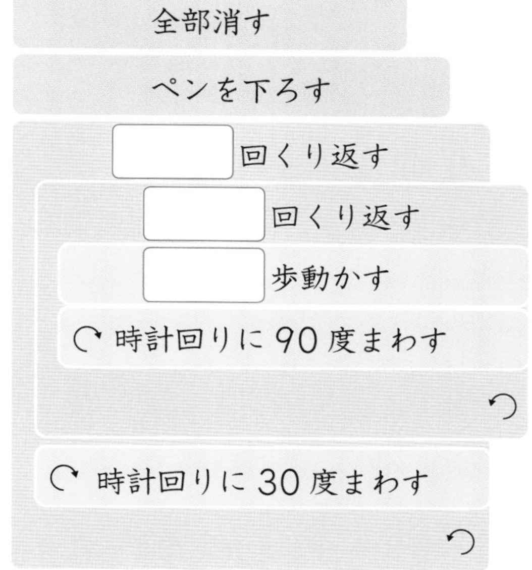

大きさを変えるから、正方形の長さを変えるといいかな。

変えなくていいプログラムは**1**のまねをして書いてみよう。

3 下のプログラムが、正方形をかいている部分です。同じ辺の長さの正三角形をかくように変えるとき、□にあてはまる数をかきましょう。

4回くり返す
50歩動かす
時計回りに90度まわす

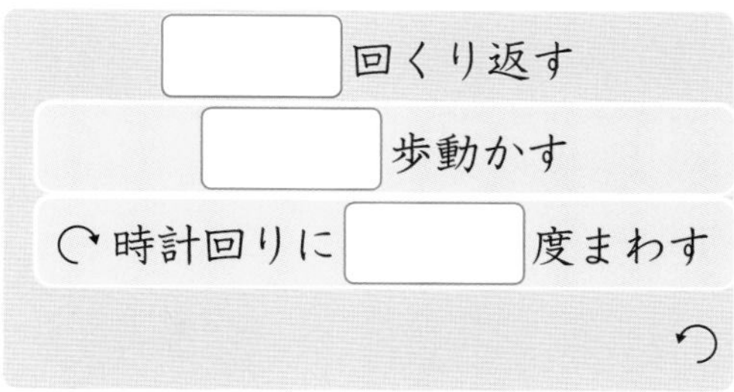

正三角形をつくるには、何度まわすのかな。

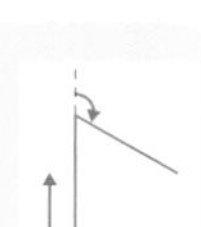

1－1 整数、小数、分数

学習日　　月　　日

時間20分　　／100　合格80点

教科書 229～230ページ　答え 42ページ

1 ㋐から㋕の数を下の数直線に↑で表しましょう。　各4点(24点)

0　　　　　1　　　　　2

㋐ $\frac{3}{10}$　　㋑ 0.6　　㋒ 1.3

㋓ $1\frac{1}{5}$　　㋔ $\frac{3}{2}$　　㋕ $\frac{2}{5}$

2 □にあてはまる数をかきましょう。　各2点(16点)

① 8926は、1000を㋐□個と、100を㋑□個と、10を㋒□個と、1を㋓□個あわせた数です。

② 38.6は、0.1を㋐□個集めた数です。また、10を㋑□個と、1を㋒□個と、0.1を㋓□個あわせた数です。

3 四捨五入(ししゃごにゅう)して、上から2けたのがい数で表しましょう。　各3点(6点)

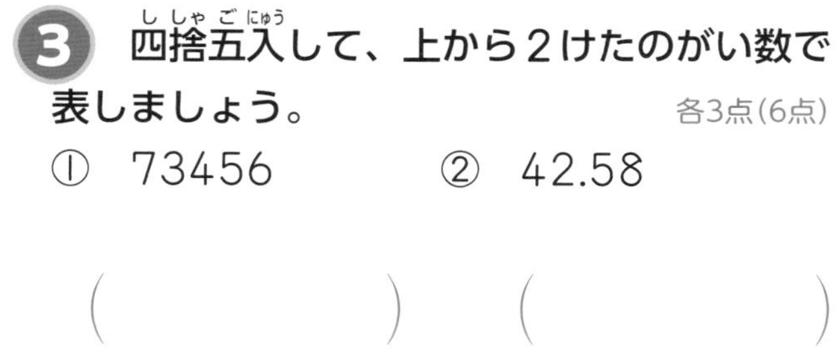

① 73456　　② 42.58

(　　)　(　　)

4 次の数で、偶数(ぐうすう)はどれですか。　(4点)

㋐ 4　㋑ 11　㋒ 21　㋓ 37

(　　)

5 次の分数を小数に、小数を分数になおしましょう。　各4点(16点)

① $\frac{3}{4}$　　② $\frac{17}{20}$

(　　)　(　　)

③ 1.6　　④ 4.32

(　　)　(　　)

6 次の(　)の中の2つの数の最大公約数と最小公倍数を求めましょう。　各4点(16点)

① (8、20)

最大公約数(　　)

最小公倍数(　　)

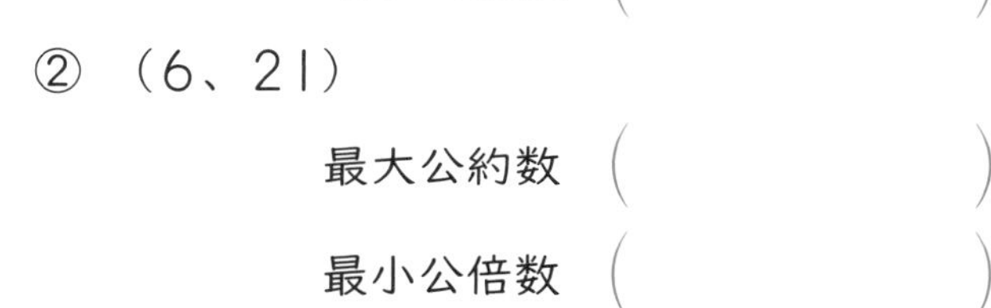

② (6、21)

最大公約数(　　)

最小公倍数(　　)

7 次の分数を約分しましょう。　各3点(6点)

① $\frac{9}{18}$　　② $\frac{21}{36}$

(　　)　(　　)

8 □にあてはまる等号、不等号をかきましょう。　各4点(12点)

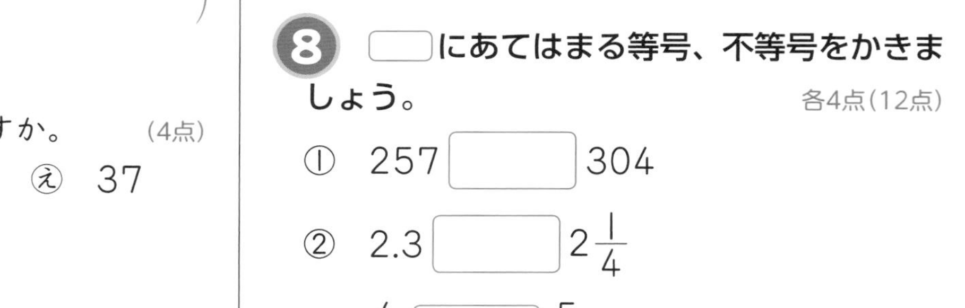

① 257 □ 304

② 2.3 □ $2\frac{1}{4}$

③ $\frac{4}{7}$ □ $\frac{5}{8}$

まとめのテスト

6年間のまとめ

1－2　計算と計算のきまり

学習日　月　日

時間 20 分　／100　合格 80 点

教科書 230〜231 ページ　答え 42 ページ

1 次の計算をしましょう。　各3点(18点)

① $453+361$　② $824-785$

③ $3.14+0.88$　④ $1.2-0.49$

⑤ $\frac{5}{6}+\frac{4}{15}$　⑥ $1\frac{5}{12}-\frac{3}{4}$

2 次の計算をしましょう。わり算の商は整数にして、わりきれないときはあまりも求めましょう。　各3点(18点)

① 53×4　② 245×18

③ 3.5×2.4　④ 0.76×0.85

⑤ $148\div6$　⑥ $3.6\div0.18$

3 わり算をしましょう。商は $\frac{1}{10}$ の位まで計算して、わりきれないときはあまりも求めましょう。　各4点(16点)

① $91\div26$　② $307\div74$

③ $18.3\div4.1$　④ $5.8\div0.63$

4 次の計算をしましょう。　各4点(24点)

① $\frac{5}{6}\times\frac{3}{4}$　② $\frac{3}{8}\times1\frac{2}{6}$

③ $\frac{5}{8}\div\frac{5}{6}$　④ $1\frac{5}{9}\div2\frac{1}{3}$

⑤ $\frac{5}{4}\times12\div\frac{5}{7}$

⑥ $2\frac{2}{7}\div\frac{9}{14}\div1\frac{1}{3}$

5 次の計算をしましょう。　各4点(12点)

① $8+3\times5$　② $72\div(11-3)$

③ $2.5\times8-0.7\times1.4$

6 計算のきまりを使って、くふうして計算しましょう。　各4点(12点)

① $25\times13\times3\times4$

② $2.6\times5.4+2.6\times4.6$

③ $24\times\left(\frac{5}{8}-\frac{1}{6}\right)$

6年間のまとめ

2－1　図形

教科書　233～234ページ　答え　43ページ

1　次の図形について、①から⑤にあてはまるものを、記号で選びましょう。　各6点(30点)

あ　長方形　い　平行四辺形　う　正方形
え　台形　お　ひし形

①　向かいあった２組の辺が平行な四角形

(　　　　)

②　辺の長さがすべて等しい四角形

(　　　　)

③　２本の対角線が垂直（すいちょく）に交わる四角形

(　　　　)

④　線対称（せんたいしょう）な図形である四角形

(　　　　)

⑤　点対称な図形である四角形

(　　　　)

2　次の角ア、角イ、角ウ、角エはそれぞれ何度ですか。　各7点(28点)

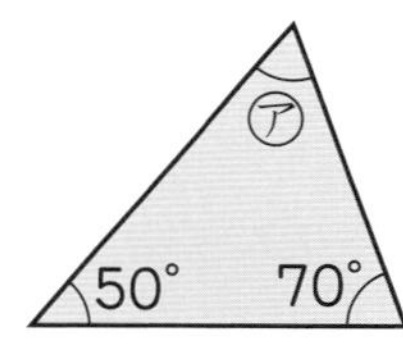

(　　　　)

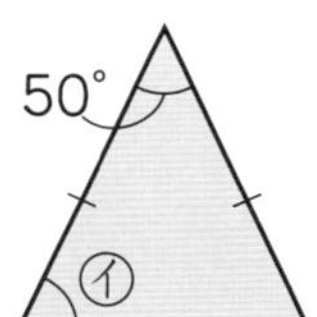

(　　　　)

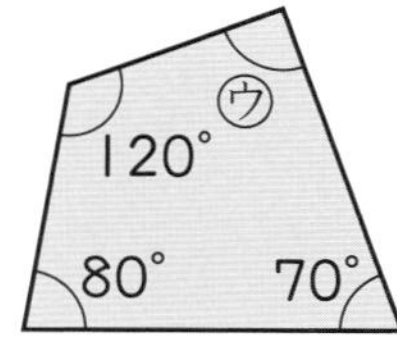

(　　　　)

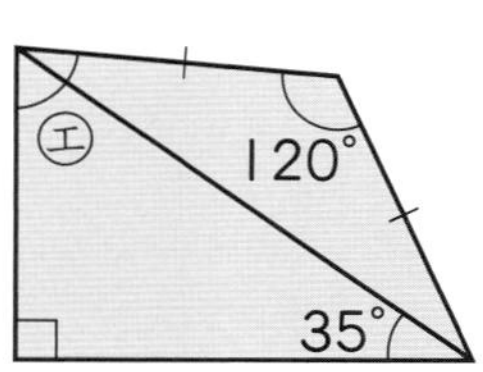

(　　　　)

3　下の展開図（てんかいず）を見て答えましょう。　各7点(28点)

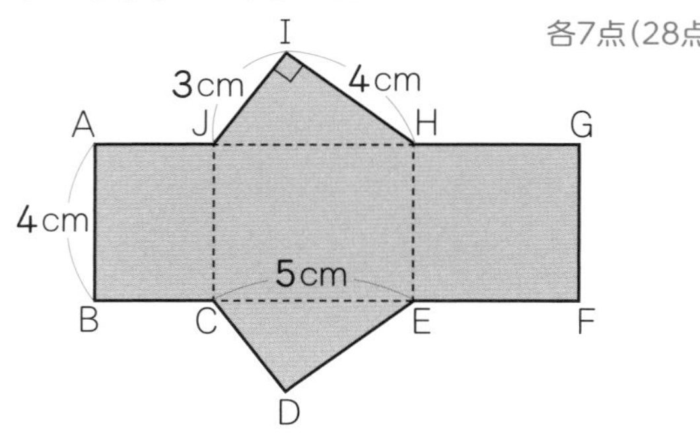

①　何の立体の展開図ですか。

(　　　　)

②　三角形ＩＪＨと合同な三角形はどれですか。

(　　　　)

③　辺ＡＧの長さを求めましょう。

(　　　　)

④　この立体の体積を求めましょう。

(　　　　)

4　１辺が１cmの合同な正三角形を９個ならべて、大きな正三角形をつくりました。　各7点(14点)

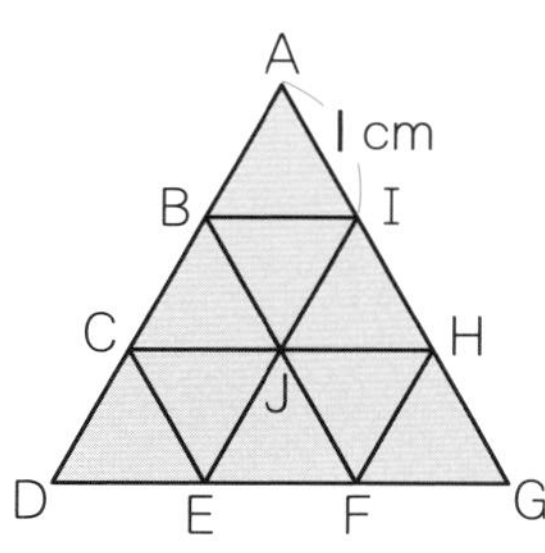

①　正三角形は線対称な図形です。
対称の軸（じく）は何本ありますか。

(　　　　)

②　図の中に、正三角形は何個ありますか。

(　　　　)

6年間のまとめ

2－2　面積、体積

学習日　　月　　日

時間 20 分　　／100　合格 80 点

教科書 234～235 ページ　答え 43 ページ

1 次の問題に答えましょう。　各10点(40点)

① 底辺8cm、高さ5cm の三角形の面積は何 cm^2 ですか。

(　　　　)

② 上底5cm、下底8cm、高さ6cm の台形の面積は何 cm^2 ですか。

(　　　　)

③ 直径8cm の円の円周は何 cm ですか。

(　　　　)

④ 円周が 62.8 cm の円の半径は何 cm ですか。

(　　　　)

2 次の図で、色のついたところの面積を求めましょう。　(10点)

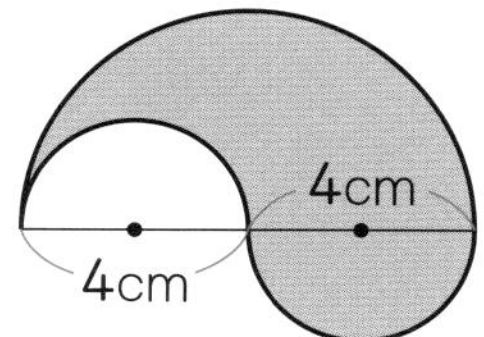

(　　　　)

3 下の図のような立体の体積を求めましょう。　各10点(40点)

①

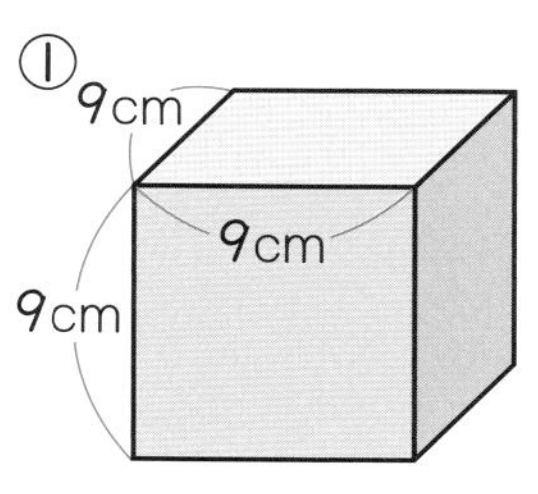

(　　　　)

②

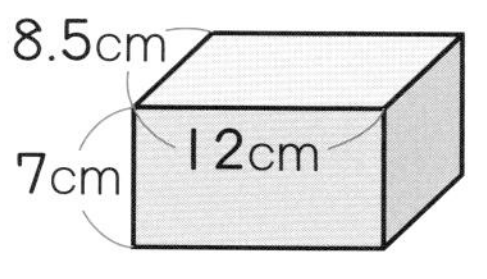

(　　　　)

③

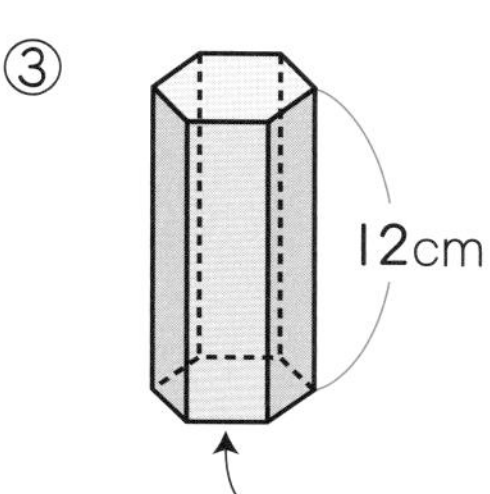

底面積が $25cm^2$ の六角柱

(　　　　)

④

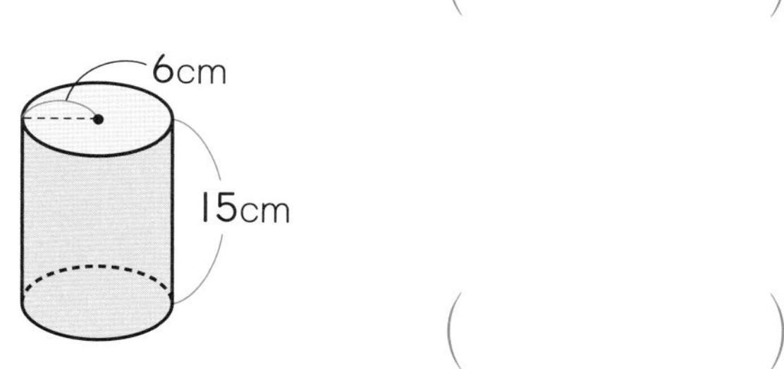

(　　　　)

4 次の立体の体積を求めましょう。　(10点)

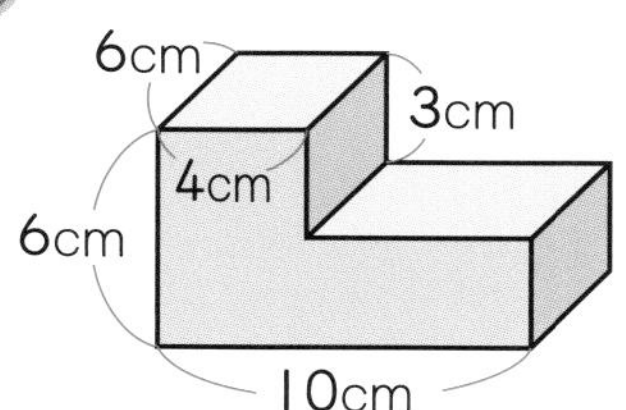

(　　　　)

学習日　　月　　日

3　測定
4－1　単位量あたりの大きさ、速さ

時間20分　／100　合格80点

教科書 236～238ページ　答え 43ページ

1 □にあてはまる単位をかきましょう。　各5点(25点)

① はがきの横の長さ　10 □

② ペットボトルにはいるかさ　500 □

③ 体育館の広さ　300 □

④ 人間の歩く速さ　分速 80 □

⑤ 妹の体重　25 □

2 □にあてはまる数をかきましょう。　各5点(40点)

① 35 cm＝□mm

② 2900 g＝□kg

③ 400 kg＝□t

④ 57000 cm^3＝□L

⑤ 0.6 kL＝□m^3

⑥ 1.2 m^2＝□cm^2

⑦ 230 a＝□ha

⑧ $\frac{3}{5}$時間＝□分

3 次の問題に答えましょう。　各5点(10点)

① 80 cm^3 の重さが 712 g のブロックの、1 cm^3 あたりの重さは何 g ですか。

(　　　　)

② ガソリン 60 L で 900 km 走る自動車は、ガソリン 1 L あたりで何 km 走りますか。

(　　　　)

4 次の速さや道のり、時間を求めましょう。　各5点(25点)

① 4時間で 4320 km を飛ぶジェット機の速さ

(　　　　)

② 時速 38 km で走るバスが 0.5 時間で走った道のり

(　　　　)

③ 分速 70 m で歩く人が 25 分間で進んだ道のり

(　　　　)

④ 時速 42 km で走る自動車が 105 km を走ったときの時間

(　　　　)

⑤ 分速 600 m で進む船が 24 km を進むときの時間

(　　　　)

学習日　月　日

6年間のまとめ

4－2　変わり方、比例、反比例
4－3　割合、比

時間20分　／100　合格80点

教科書 238～239ページ　答え 44ページ

1 次の2つの量 x と y の関係を式に表しましょう。

また、y が x に比例しているのはどれですか。反比例しているのはどれですか。

各8点(48点)

① 1個200円のケーキを x 個買ったときの代金 y 円

(　　　　)

② まわりの長さが20cmの長方形の縦(たて)が x cm、横が y cm

(　　　　)

③ 120kmの道のりを進む自動車の時速 x kmと時間 y 時間

(　　　　)

④ x 円の品物を250円の箱に入れた代金 y 円

(　　　　)

比例(　　　)　反比例(　　　)

2 ハンバーグソースをつくるのに、ウスターソース50mLに対して、ケチャップを20g使います。　各6点(12点)

① ウスターソースが300mLのとき、ケチャップは何gいりますか。

(　　　　)

② 使うケチャップの重さを x g、ウスターソースの量を y mLとして、y を x を使った式に表しましょう。

(　　　　)

3 次の問題に答えましょう。　各6点(24点)

① ジュースの量15dLをもとにしたお茶の量9dLの割合(わりあい)を百分率で求めましょう。

(　　　　)

② 500m²の18%の面積を求めましょう。

(　　　　)

③ 持っていたお金の3割で120円のノートを買いました。

何円持っていましたか。

(　　　　)

④ 定価400円の筆箱が10%引きで売られていました。

代金は何円ですか。

(　　　　)

4 次の式で x にあてはまる数を求めましょう。　各5点(10点)

① $2:9=x:45$

(　　　　)

② $24:8=6:x$

(　　　　)

5 おはじきを姉と妹で分けます。姉と妹の個数の比は5：4で、妹の個数は36個です。

姉の個数は何個ですか。　(6点)

(　　　　)

学習日　月　日

まとめのテスト

6年間のまとめ

5－1　表とグラフ
5－2　場合の数

教科書 241～242ページ　答え 44ページ

1 次の目的で使われるグラフを下から記号で選びましょう。　各6点(24点)

① 体重の変化を調べる
（　　　）

② 50ｍ走の記録のちらばりを調べる
（　　　）

③ 学校の図書室を利用した学年別の人数の全体に対する割合(わりあい)を調べる
（　　　）

④ 学校の学年別の人数を調べる
（　　　）

あ	棒(ぼう)グラフ	い	折れ線グラフ
う	円グラフ	え	柱状グラフ

2 ゆうなさんは、クラスの25人全員が1か月に読書をした日数を調べて、ちらばりのようすを下のようなドットプロットに表しました。　各10点(30点)

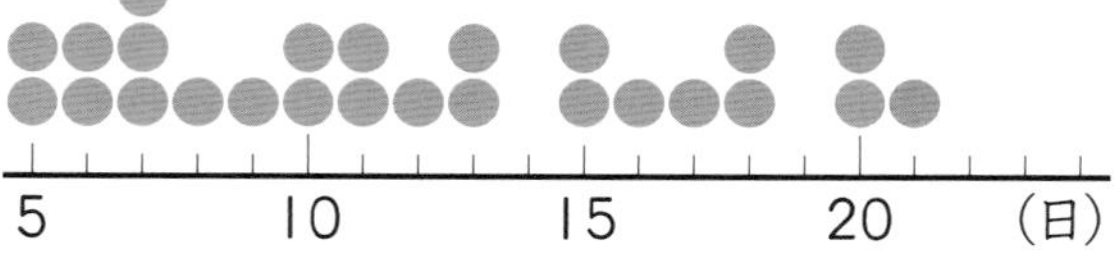

① 平均値(へいきんち)を求めましょう。
（　　　）

② 中央値(ちゅうおうち)を求めましょう。
（　　　）

③ 最頻値(さいひんち)を求めましょう。
（　　　）

3 A町からB町を通ってC町へ行くには、次のような道があります。

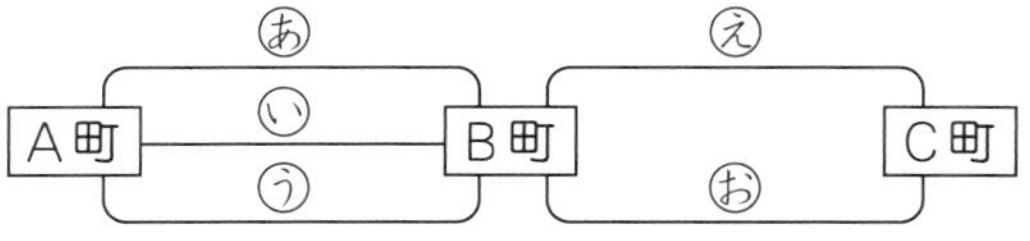

A町からB町を通ってC町へ行くのに、全部で何とおりの行き方がありますか。　(16点)
（　　　）

4 1、3、5、7の4枚(まい)のカードがあります。　各10点(30点)

① 4枚のカードから3枚を選んで3けたの整数をつくります。

(1) 百の位が1の整数は、全部で何とおりできますか。
（　　　）

(2) 3けたの整数は、全部で何とおりできますか。
（　　　）

② 4枚のカードから2枚を選んで和を求めます。
全部で何とおりできますか。
（　　　）

付録の「計算せんもんドリル」20～32もやってみよう！

（切り取り線）

夏のチャレンジテスト

教科書 11～109ページ

月　日
名前

時間 40分

合格80点
／100

答え 45ページ

知識・技能　／84点

1 次の計算をしましょう。

各2点（24点）

① $\frac{3}{7}\times\frac{2}{3}$　② $8\times\frac{5}{6}$

③ $\frac{2}{5}\times1\frac{1}{14}$　④ $1\frac{7}{9}\times2\frac{1}{4}$

⑤ $\frac{1}{3}\div\frac{2}{3}$　⑥ $6\div\frac{3}{8}$

⑦ $\frac{5}{12}\div1\frac{1}{4}$　⑧ $1\frac{7}{8}\div1\frac{3}{4}$

⑨ $\frac{3}{5}\div1\frac{4}{5}\times2\frac{1}{7}$　⑩ $35\div42\times1.4$

⑪ $\left(\frac{2}{3}-\frac{1}{9}\right)\times18$　⑫ $\frac{7}{11}\times\frac{5}{8}+\frac{4}{11}\times\frac{5}{8}$

2 次の問題に答えましょう。

各2点（4点）

① 計算をしないで、積が $\frac{2}{3}$ より小さくなるものを選びましょう。

㋐ $\frac{2}{3}\times4$　㋑ $\frac{2}{3}\times1\frac{1}{4}$

㋒ $\frac{2}{3}\times\frac{2}{3}$　㋓ $\frac{2}{3}\times\frac{3}{2}$　（　　　）

② 計算をしないで、商が $\frac{4}{5}$ より大きくなるものを選びましょう。

㋐ $\frac{4}{5}\div3$　㋑ $\frac{4}{5}\div\frac{5}{9}$

㋒ $\frac{4}{5}\div\frac{8}{7}$　㋓ $\frac{4}{5}\div1\frac{1}{2}$　（　　　）

3 次のことがらを文字を使った式に表しましょう。

各4点（12点）

① x 円のえんぴつを買って、300円出したときのおつり

（　　　）

② 底辺が a cm、高さが6cmの平行四辺形の面積

（　　　）

③ x mLのジュースを7人で分けたときの1人分の量

（　　　）

4 次の図で、線対称（せんたいしょう）な図形はどれですか。また、点対称な図形はどれですか。

各4点（8点）

㋐ N　

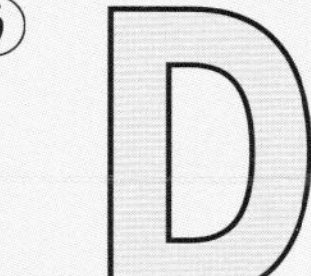

㋑ ㋒

㋓ 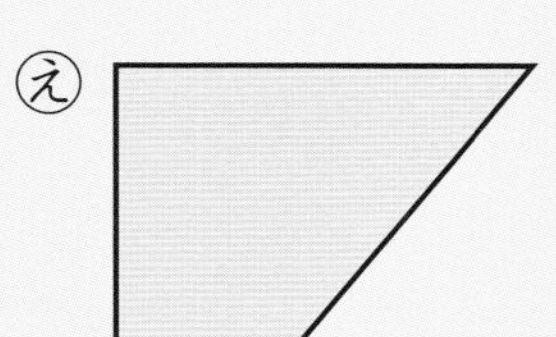　㋔ 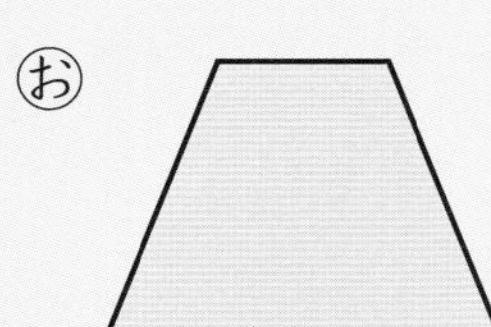　㋕ 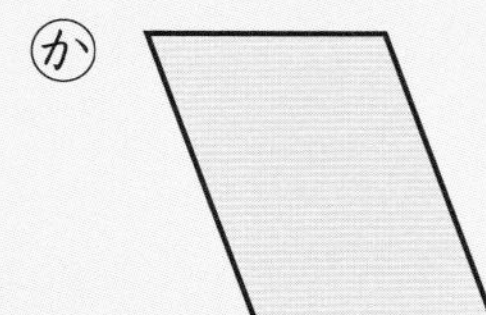

線対称（　　　）　点対称（　　　）

5 次の図で、直線アイを対称の軸（じく）とした線対称な図形と、点Oを対称の中心とした点対称な図形をかきましょう。

各4点（8点）

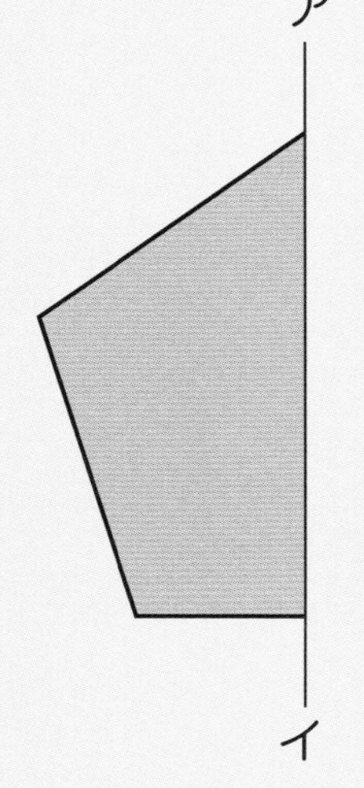

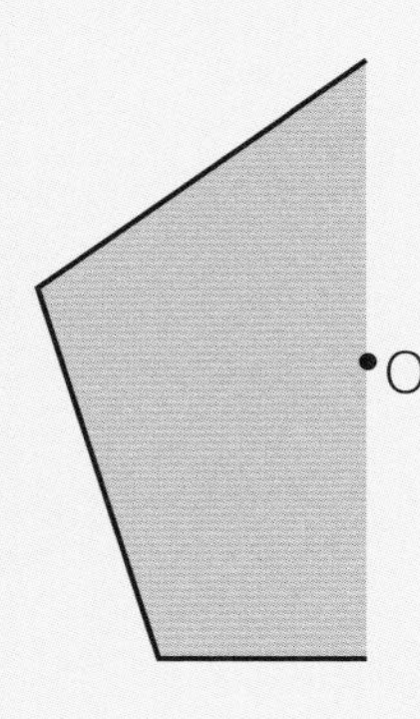

うらにも問題があります。

（切り取り線）

6 右の度数分布表は、6年1組の児童の通学時間をまとめたものです。

各4点(16点)

通学時間

時間(分)	人数(人)
以上　未満 5～10	4
10～15	6
15～20	10
20～25	7
25～30	5
合計	32

① 通学時間が15分未満の人は何人いますか。

(　　　　)

② 通学時間が24分の人は、どの階級にはいっていますか。

(　　　　)

③ 15分以上20分未満の階級(かいきゅう)の度数は何人ですか。

(　　　　)

④ この表を柱状グラフに表しましょう。

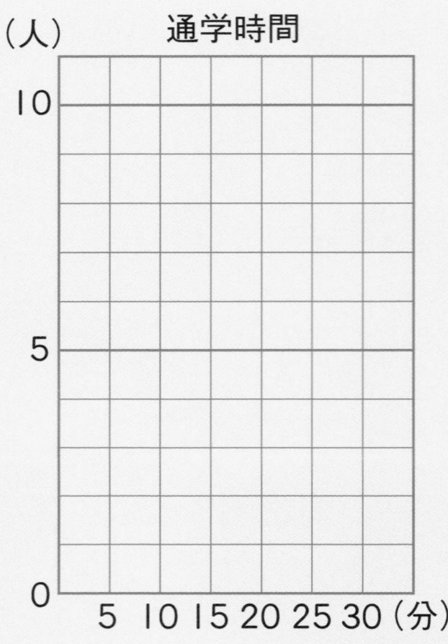

7 下の表は、6年2組男子のソフトボール投げの記録です。

各4点(12点)

6年2組男子のソフトボール投げの記録(m)

20	32	37	29	35
24	36	24	26	36
22	21	31	30	24
28	25	38	33	23

① 平均値(へいきんち)を求めましょう。

(　　　　)

② 最頻値(さいひんち)を求めましょう。

(　　　　)

③ 中央値(ちゅうおうち)を求めましょう。

(　　　　)

思考・判断・表現　／16点

8 かずみさんは、家から図書館まで $1\frac{3}{4}$ km の道のりを自転車で走ります。

図書館まで $\frac{1}{4}$ 時間かかるときの速さは時速何 km ですか。

式・答え 各3点(6点)

式

答え (　　　　)

9 花だんに花のなえを植えます。$\frac{3}{4}$ m² に植えました。これは花だん全体の面積の $\frac{2}{3}$ にあたります。

花だん全体の面積は何 m² ですか。

式・答え 各3点(6点)

式

答え (　　　　)

10 $x \times 9 = y$ の式で表される場面を、㋐から㋒の中から選びましょう。

(4点)

㋐ x 枚(まい)の色紙を9人で分けたときの1人分の枚数 y 枚

㋑ 半径 x cm の円の円周の長さ y cm

㋒ 1個の重さが x g のボール9個の重さ y g

(　　　　)

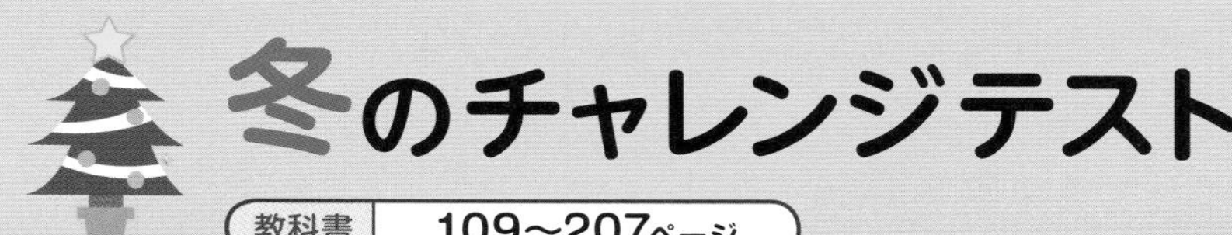

冬のチャレンジテスト

教科書 109～207ページ

月　日

名前

時間 40分

合格80点

／100

答え46ページ

知識・技能　／80点

1 次の比の値(あたい)を求めましょう。 各4点(8点)

① 12：10　② 0.8：2.4

(　　)　(　　)

2 次のあからえの中で比例するものはどれですか。
また、反比例するものはどれですか。 各4点(8点)

あ 正六角形の１辺の長さとまわりの長さ

い 30 cm のリボンを２本に分けるとき、１本の長さともう１本の長さ

う 600 mL のお茶を分ける人数と、１人分の量

え 正方形の１辺の長さと面積

比例 (　　)　反比例 (　　)

3 次の式で、x にあてはまる数を求めましょう。 各4点(16点)

① $5：7=x：63$

(　　)

② $12：20=3：x$

(　　)

③ $3.6：3=x：5$

(　　)

④ $\frac{3}{4}：\frac{2}{5}=15：x$

(　　)

4 次の立体の体積を求めましょう。 各4点(8点)

①

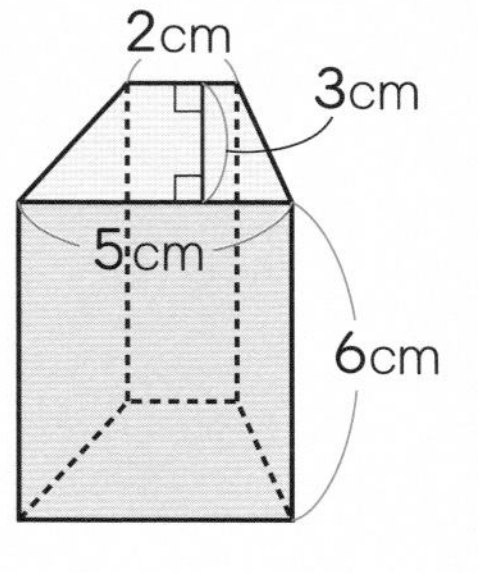

(　　)

②

4cm
10cm

(　　)

5 次の図で、色のついたところの面積を求めましょう。 各4点(12点)

① 20cm

(　　)

② 20cm

(　　)

③ 4cm

(　　)

うらにも問題があります。

6 右の四角形EBFGは、四角形ABCDの2倍の拡大図です。 各4点(12点)

① 辺EGの長さは何cmですか。

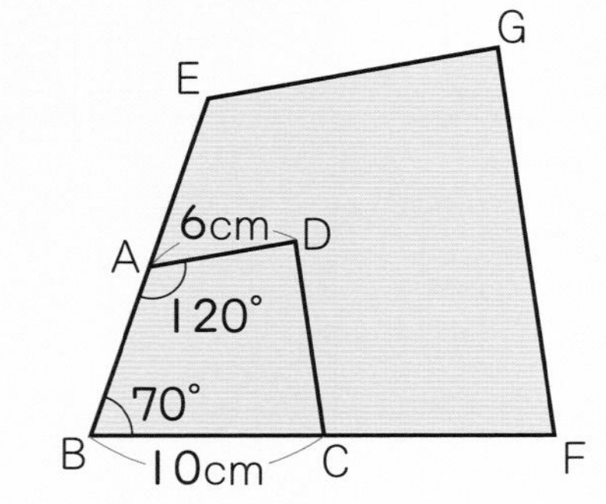

② 直線CFの長さは何cmですか。

③ 角Eの大きさは何度ですか。

7 次の表は、縦の長さが7cmの長方形の横の長さ x cmと面積 y cm² の関係を表したものです。 各4点(16点)

横の長さ x (cm)	1	2	3	4	5
面積　y (cm²)	7	14	あ	28	い

① 表のあ、いにあてはまる数を書きましょう。

あ（　　） い（　　）

② x と y の関係を式に表しましょう。

③ x と y の関係をグラフに表しましょう。

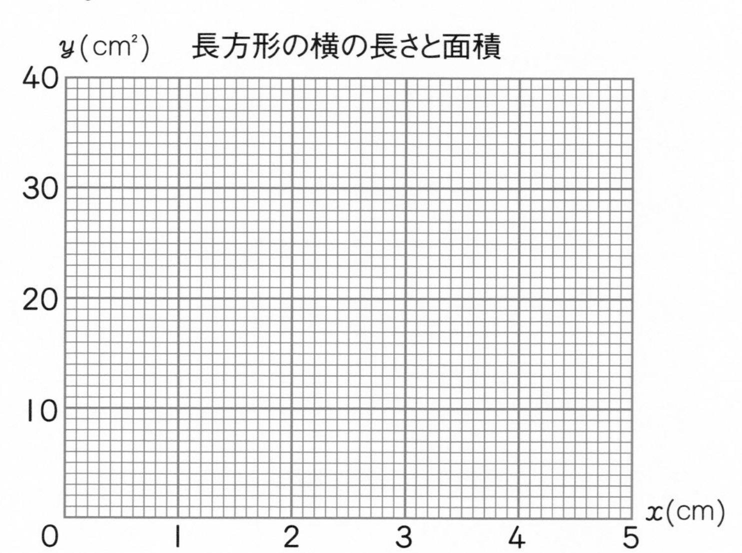

思考・判断・表現 ／20点

8 A、B、C、Dの4人が縦に1列にならびます。ならび方は、全部で何とおりありますか。 (4点)

9 はるなさんとお姉さんの貯金額の比は5：6です。はるなさんの貯金額が1300円のとき、お姉さんの貯金額は何円ですか。 (4点)

10 たくさんの画用紙が重ねてあります。厚さ1cm分の枚数は40枚でした。400枚の厚さは約何cmですか。 (4点)

11 右の図で、川はばABの実際の長さを求めます。$\frac{1}{200}$ の縮図をかいて求めましょう。 図・答え 各4点(8点)

A
40°
B
10m
C

〔縮図〕

(切り取り線)

春のチャレンジテスト

教科書 11～207ページ

月　日

名前

時間 40分

合格80点　／100

答え 47ページ

知識・技能　／86点

1 次のアルファベットについて、記号で答えましょう。　各3点(6点)

㋐Y　㋑A　㋒S　㋓U　㋔M　㋕I

① 線対称(せんたいしょう)な図形はどれですか。

(　　　　)

② 点対称な図形はどれですか。

(　　　　)

2 1本 x 円のジュースを9本買います。　各2点(4点)

① 代金を y 円として x と y の関係を式に表しましょう。

(　　　　)

② 代金が1350円のときのジュース1本の値段(ねだん)を求めましょう。

(　　　　)

3 次の計算をしましょう。　各4点(24点)

① $\frac{1}{4}\times\frac{2}{5}$　② $1\frac{1}{3}\times2\frac{1}{4}$

③ $\frac{6}{7}\div\frac{3}{5}$　④ $1\frac{3}{5}\div1\frac{5}{7}$

⑤ $\frac{5}{4}\times\frac{3}{7}\div\frac{5}{8}$　⑥ $54\div15\div24$

4 次の式で、x にあてはまる数を求めましょう。　各4点(8点)

① $7:4=28:x$

(　　　　)

② $3:0.2=x:1$

(　　　　)

5 右の図で、色のついたところの面積を求めましょう。　(3点)

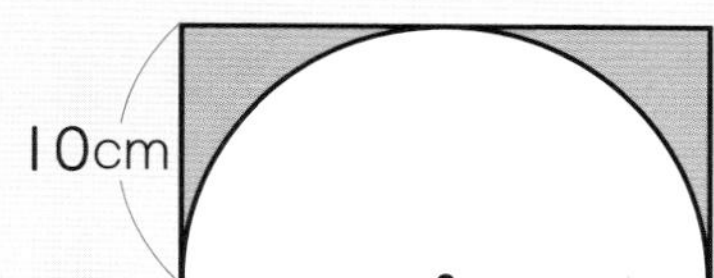

(　　　　)

6 次のおよその面積や体積を求めましょう。　式・答え 各3点(12点)

① 土地の面積

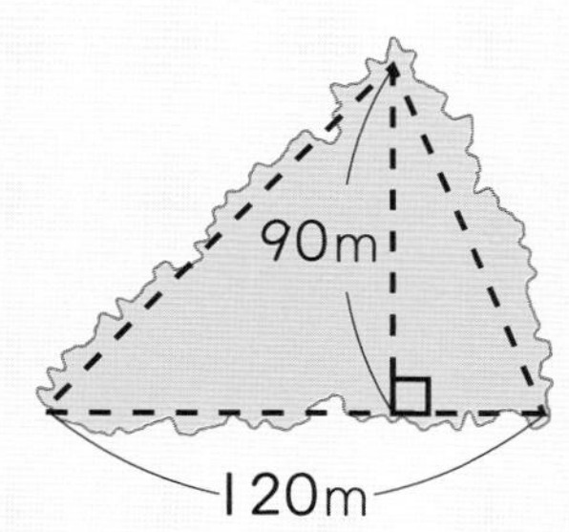

式

答え (　　　　)

② パックにはいる量

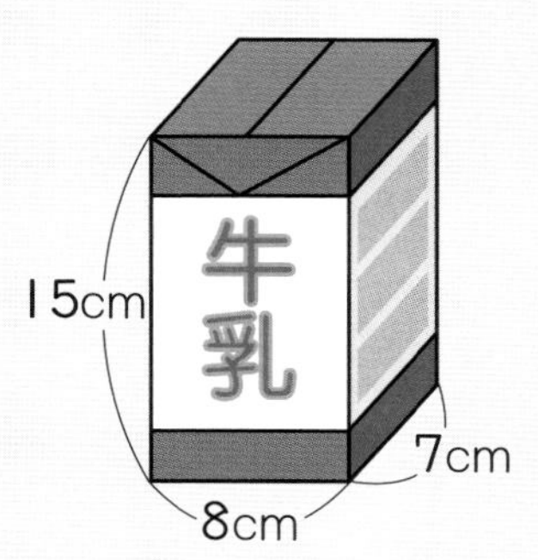

式

答え (　　　　)

うらにも問題があります。

(切り取り線)

7 次の表は、面積 36 cm^2 の長方形の縦の長さ x cm と横の長さ y cm の関係を表したものです。　各3点(12点)

縦の長さ x(cm)	2	3	4	6	㋑
横の長さ y(cm)	18	12	9	㋐	4

① 縦の長さが2倍になると、対応する横の長さはどのようになりますか。

(　　　　　　　　)

② x と y の関係を式に表しましょう。

(　　　　　　　　)

③ 表の㋐と㋑にあてはまる数をそれぞれ書きましょう。

㋐ (　　　　) ㋑ (　　　　)

8 1、2、3、4の4枚のカードをならべて、4けたの整数をつくります。　各4点(8点)

① 1を千の位にならべた場合を調べます。
下の図の□にあてはまる数をかきましょう。

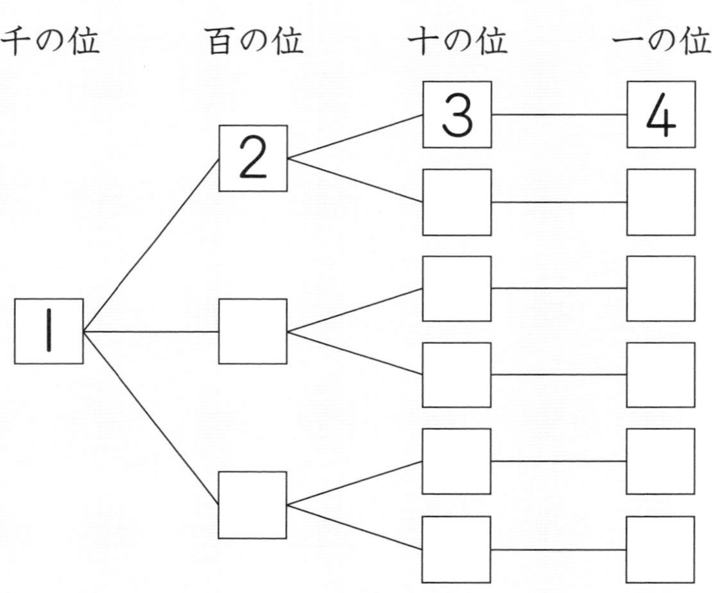

② 4けたの整数は、全部で何とおりできますか。

(　　　　)

9 次の図は、あるクラスの10人について、1か月に図書館で借りた本の冊数を調べて、ドットプロットに表したものです。　各3点(9点)

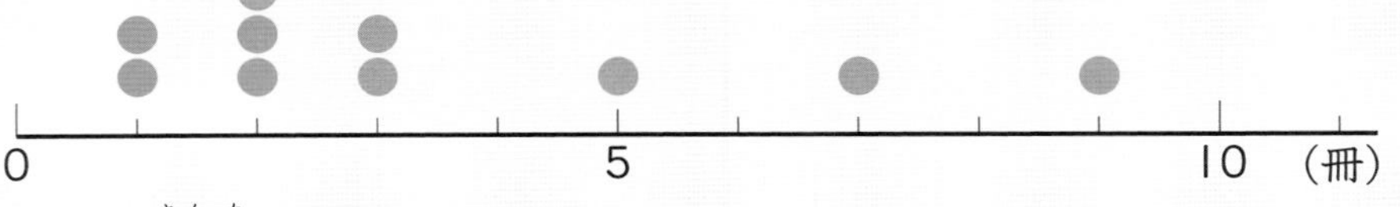

① 平均値を求めましょう。

(　　　　)

② 中央値を求めましょう。

(　　　　)

③ 最頻値を求めましょう。

思考・判断・表現　／14点

10 ある工場では、35分間に210個のおかしをつくっています。　式・答え 各2点(6点)

① 35分は何時間ですか。

(　　　　)

② 1時間では何個のおかしをつくることができますか。

式

答え (　　　　)

11 正八角形について答えましょう。

各2点(4点)

① 直線BFを対称の軸としたとき、辺AHに対応する辺はどれですか。

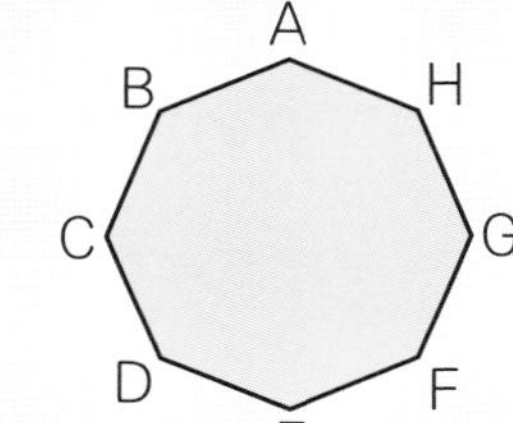

(　　　　)

② この図形を点対称とみたとき、辺BCに対応する辺はどれですか。

12 153 km の道のりを電車とバスで移動します。
電車で移動する道のりとバスで移動する道のりの比は、7：2です。
電車で移動する道のりは何 km ですか。　式・答え 各2点(4点)

式

答え (　　　　)

6年 算数のまとめ 学力診断テスト

月　日

名前

時間 40分

答え48ページ

1 次の計算をしましょう。　各3点（18点）

① $\frac{4}{5}\times\frac{7}{6}$　② $3\times\frac{2}{9}$

③ $\frac{12}{5}\div\frac{4}{3}$　④ $0.3\div\frac{3}{20}$

⑤ $\frac{6}{7}\times\frac{3}{4}\times\frac{8}{9}$　⑥ $\frac{3}{8}\div\frac{5}{6}\times\frac{4}{5}$

2 次の表は、ある棒（ぼう）の重さ y kg が長さ x m に比例するようすを表したものです。

表のあいているところに、あてはまる数を書きましょう。　各3点（9点）

x (m)	①	2	5	6	
y (kg)	0.6	②	3	③	

3 右のような形をした池があります。この池のおよその面積を求めるためには池をおよそどんな形とみなせばよいですか。次のあ～えの中から1つ選んで、記号で答えましょう。　（3点）

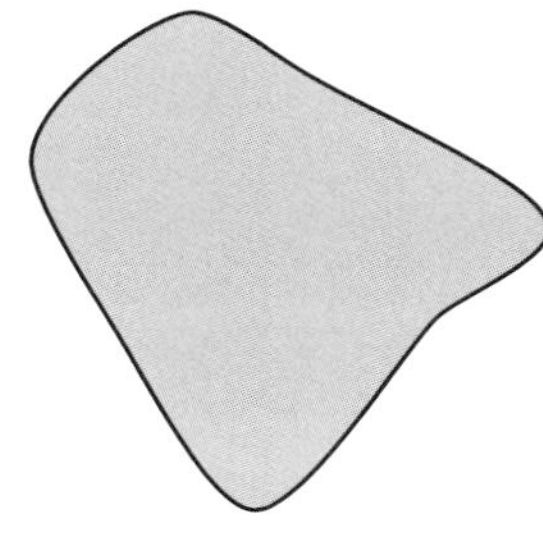

あ　三角形	い　正方形
う　ひし形	え　台形

（　　　）

4 色をつけた部分の面積を求めましょう。　（3点）

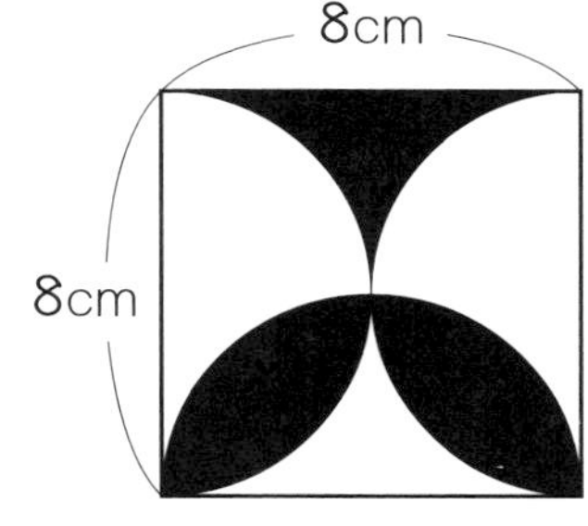

（　　　）

5 次のような立体の体積を求めましょう。　式・答え　各3点（12点）

① 6cm　4cm　5cm　5cm　12cm

式

答え（　　　）

② 10cm　16cm

式

答え（　　　）

6 次のあ～えの中で、線対称（せんたいしょう）な形はどれですか。また、点対称な形はどれですか。すべて選んで、記号で答えましょう。　全部できて　各3点（6点）

線対称（　　　）　点対称（　　　）

7 下のあ～かの比の中で、2：3 と等しい比をすべて選んで、記号で答えましょう。　（全部できて　3点）

あ　3：2	い　12：18	う　4：9
え　14：21	お　6：8	か　15：10

（　　　）

8 面積が 36 cm^2 の長方形があります。　各3点（6点）

① 縦（たて）の長さを x cm、横の長さを y cm として、x と y の関係を、式に表しましょう。

（　　　）

② x と y は反比例しているといえますか。

（　　　）

うらにも問題があります。

9 右の三角形ABCは、三角形DBEの縮図です。 各3点(6点)

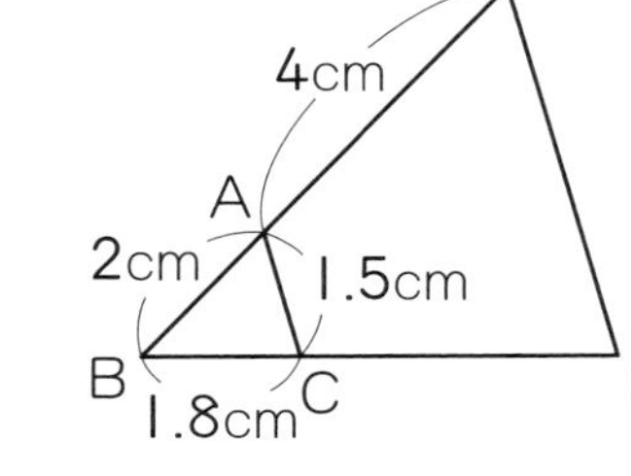

① 三角形ABCの角Cに対応する角を答えましょう。

(　　　　)

② 辺DEの長さは何cmですか。

(　　　　)

10 赤、青、黄、緑の4種類の紙があります。この中から2種類の紙を選びます。全部で何通りの組み合わせがありますか。 (3点)

(　　　　)

11 下の図は、あるクラスの1週間に読んだ本の冊数を調べて、ドットプロットに表したものです。 ①各2点、②～⑤各3点(16点)

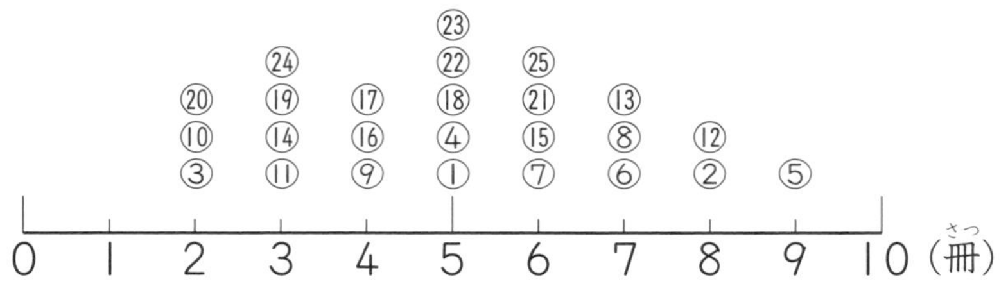

① このクラスの1週間に読んだ本の冊数の中央値と最頻値を求めましょう。

中央値(　　　　) 最頻値(　　　　)

② このクラスの1週間に読んだ本の冊数の合計は、125冊です。平均値を求めましょう。

(　　　　)

③ このクラスの1週間に読んだ本の冊数を、右の方眼を使ってヒストグラムに表しましょう。

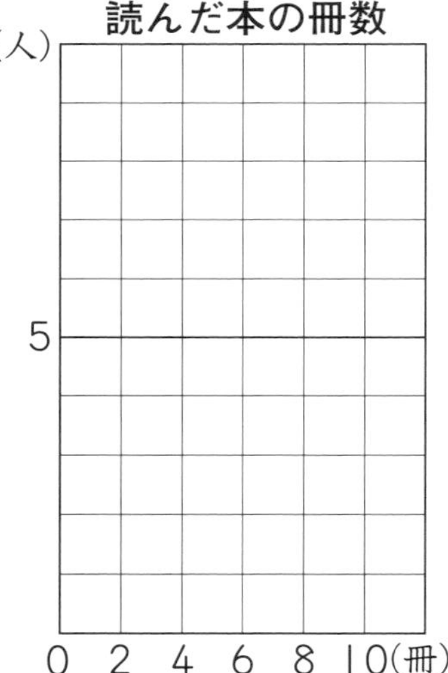

④ 読んだ本の冊数が多いほうから10番目の児童は、右のヒストグラムの何冊以上何冊未満の階級に入っていますか。

(　　　　)

⑤ 最頻値は右上のヒストグラムの何冊以上何冊未満の階級に入っていますか。

(　　　　)

活用力をみる

12 あおいさんは、水の大切さについて、作文を書きました。 各3点(15点)

私の家のおふろのシャワーからは、1分間に12Lの水が出ます。私の家は5人家族です。全員がおふろに入るときに15分間シャワーを出しっぱなしにすると、私の家の浴そうの容積の3倍の水を使うことになります。

毎日シャワーを出しっぱなしにすると、たくさんの水がむだになってしまうので、これからはシャワーを出しっぱなしにせず、水を大切にしたいと思います。

① シャワーを出しっぱなしにした時間をx分、出た水の量をyLとして、xとyの関係を式に表しましょう。

(　　　　)

② あおいさんの家族5人全員が、15分間ずつシャワーを出しっぱなしにすると、シャワーで1日に何Lの水を使うことになりますか。

(　　　　)

③ あおいさんの家の浴そうの容積は、何cm^3ですか。

(　　　　)

④ 右の図は、あおいさんの家の浴そうの図です。この浴そうの深さは何cmですか。

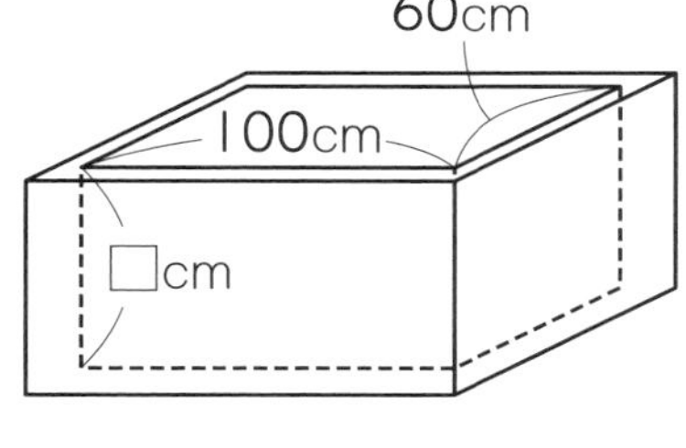

(　　　　)

⑤ ゆうまさんは、あおいさんの作文を読んで次のようにいっています。

あおいさんの家の場合、浴そうに水を200Lためて使いながら、シャワーを1人15分間使うよりも、シャワーを使う時間を1人20分間にして、浴そうに水をためないほうが、水の節約になります。

ゆうまさんの意見は正しくありません。正しくないわけを説明しましょう。

わけ(　　　　)

教科書ぴったりトレーニング

答えとてびき

日本文教版　算数6年

問題(もんだい)がとけたら…
①まずは答え合わせをしましょう。
②次(つぎ)にてびきを読んでかくにんしましょう。

右段のてびきでは、次のようなものを示しています。
・学習のねらいやポイント
・他の学年や他の単元の学習内容とのつながり
・まちがいやすいことやつまずきやすいところ
お子様への説明や、学習内容の把握などにご活用ください。

答え合わせの時間短縮に 丸つけラクラク解答 デジタルもご活用ください！

右の QR コードをスマートフォンなどで読み取ると、赤字解答の入った本文紙面を見ながら簡単に答え合わせができます。

丸つけラクラク解答デジタルは以下の URL からも確認できます。
https://www.shinko-keirinwebshop.com/shinko/2024pt/rakurakudegi/MNB6da/index.html

1 対称な図形

ぴったり1 準備　2ページ

1 (1) 1　(2) 3　(3) 2
2 180、あ(い)、い(あ)

ぴったり2 練習　3ページ

❶ ①1本　②1本　③2本　④4本

❷ 線対称(せんたいしょう)な図形…い、う
点対称な図形…あ、え

❸ 線対称な形…A、H、T
点対称な形…H、N、Z

てびき

❶ 対称の軸(じく)は下の図のようになります。

① ② ③ ④

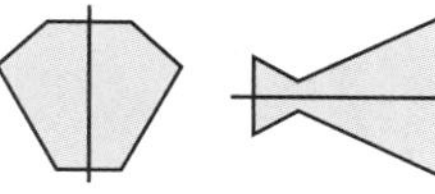
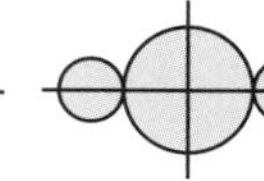
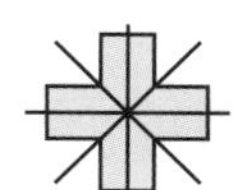

❷ 対称の軸や対称の中心は、下の図のようになります。あは平行四辺形であることに注意しましょう。

あ い う え

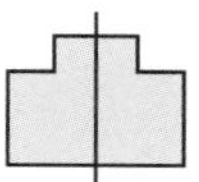
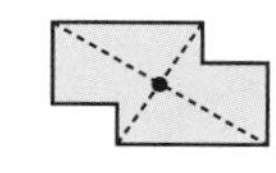

❸ Hは線対称な形でもあるし、点対称な形でもあります。

ぴったり1 準備 4ページ

1 (1)省略　(2)AF

2 (1)BH、2　(2)垂直

3 垂直

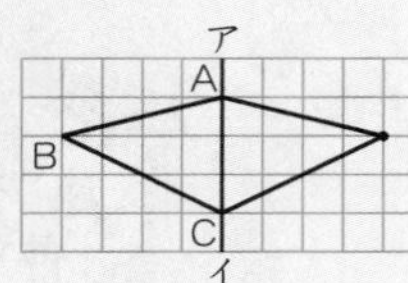

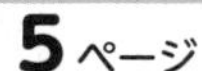

ぴったり2 練習 5ページ

1 ①

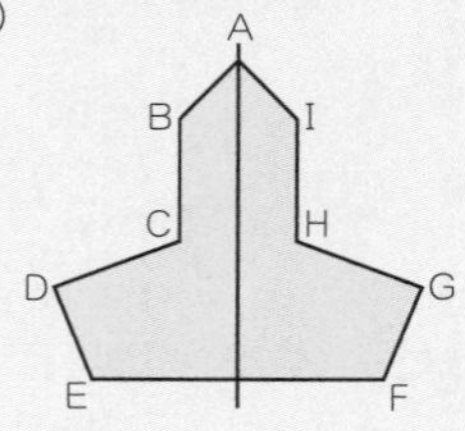

②点H
③辺AI
④角G

2 ①辺BC…3cm
直線CE…4.4cm
②60°

③

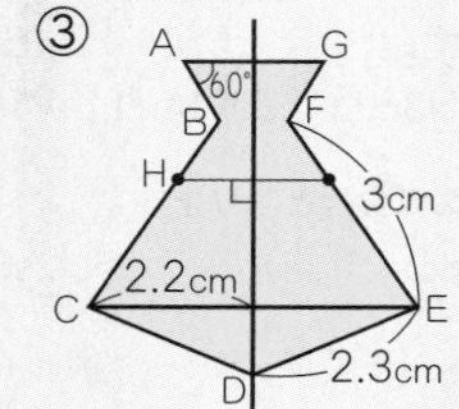

3 ①

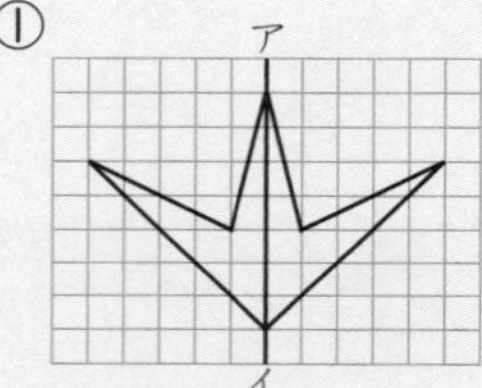

②

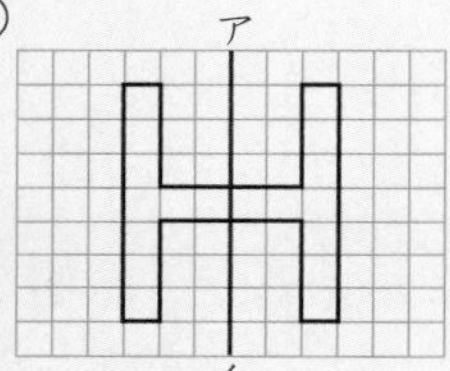

③

4 ①

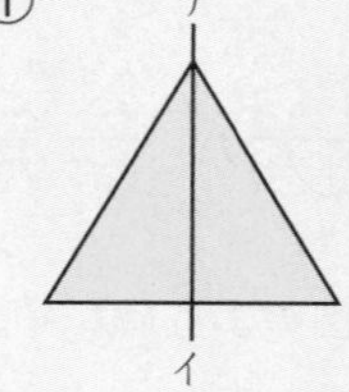

②

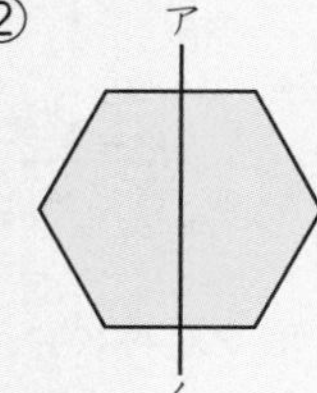

てびき

1 線対称な図形では、対称の軸で折ったときに重なりあう点、辺、角を、それぞれ対応する点、対応する辺、対応する角といいます。

2 ①点Cと点Eは対応する点だから、直線CEと対称の軸とが交わる点からC、Eまでの長さは等しくなっています。だから、2.2×2＝4.4(cm)
③点Hから、対称の軸に垂直な直線をひき、辺FEと交わる点を求めます。

3 ①対称の軸までの方眼の数が同じになるように、対応する点をとります。

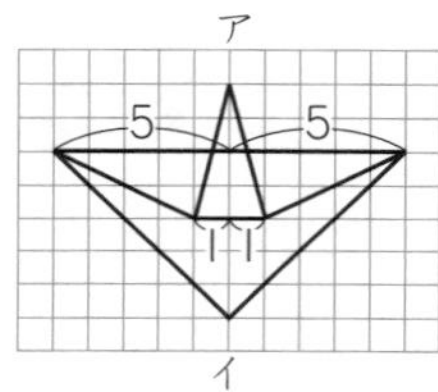

4 ②次の手順で図をかきます。

(1)

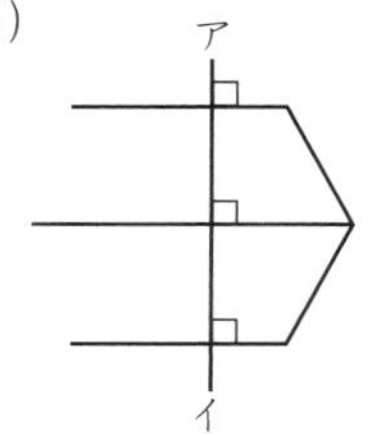

アイに垂直な直線をひきます。

(2)

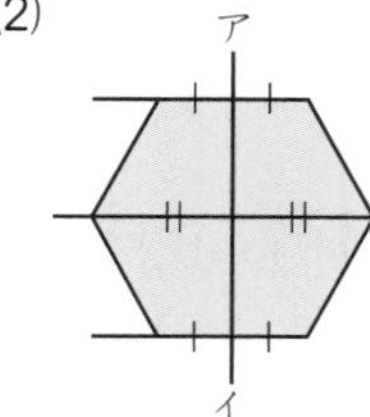

長さが等しくなるように点をとって結びます。

ぴったり1 準備 6ページ

1 (1)E (2)FG (3)H

2 (1)(点)C、(点)D
(2)対称(たいしょう)の中心

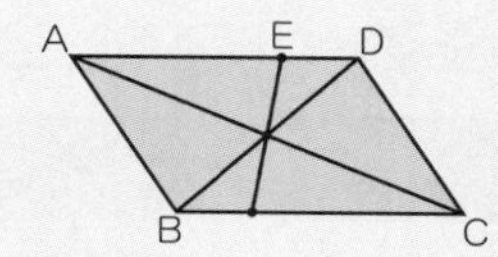

3 BO(OB)

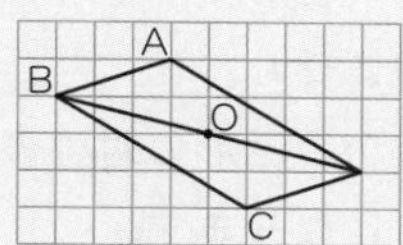

ぴったり2 練習 7ページ

1 ①点F
②辺DE
③角A

2 ①

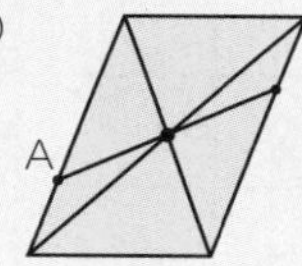

②

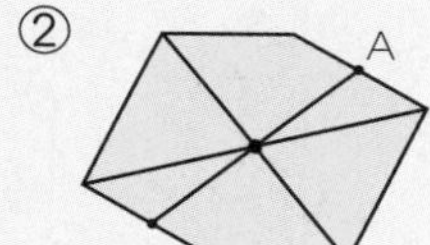

③ ④

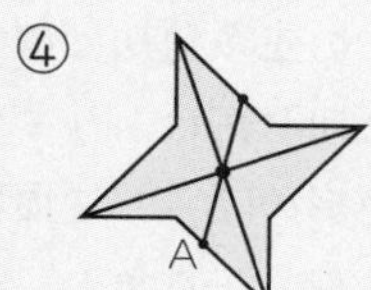

3 ①

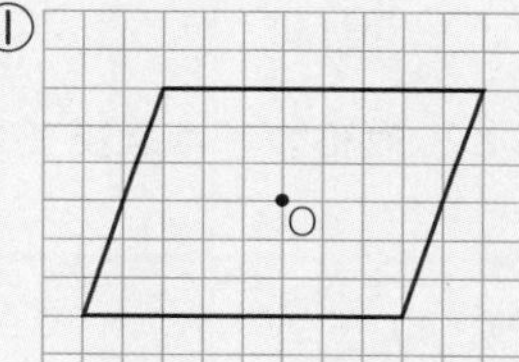

②

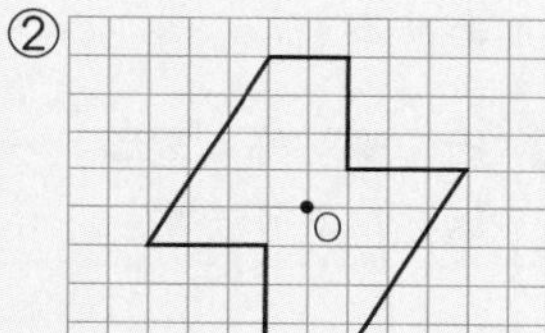

③

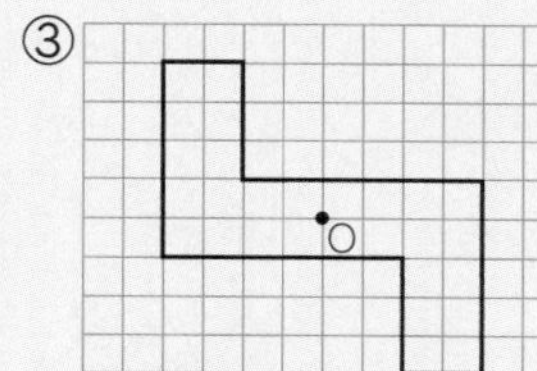

4 ①

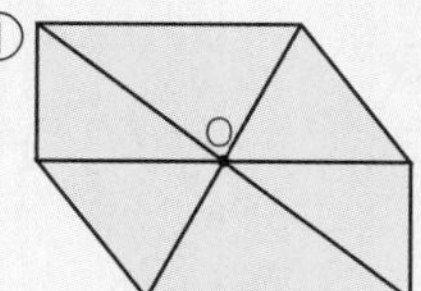

②

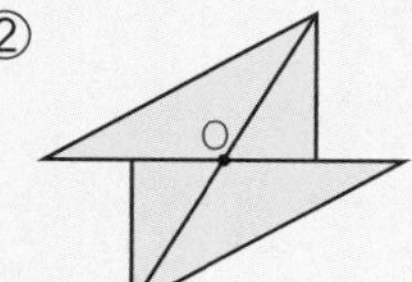

③

てびき

1 点対称な図形では、対称の中心のまわりに180°回転したときに重なりあう点、辺、角を、それぞれ対応する点、対応する辺、対応する角といいます。

2 対応する点を結ぶ直線を2本ひいたとき、交わった点が対称の中心です。また、点Aと対称の中心を通る直線をひいたとき、その直線と図形とが交わった点が点Aに対応する点です。

3 ①対称の中心までの長さが同じになるように、対応する点をとります。

4 ②次の手順で図をかきます。

(1)

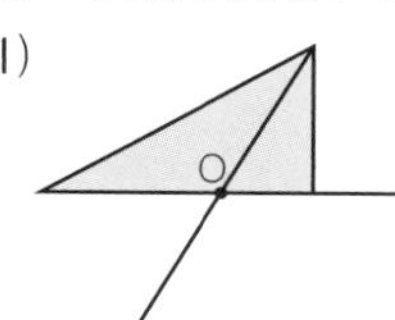

図形の頂点(ちょうてん)と対称の中心を通る直線をひきます。

(2)

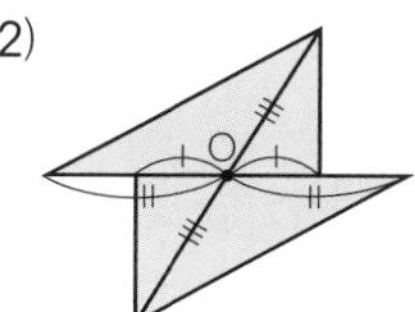

対称の中心からの長さが等しくなるように点をとって結びます。

ぴったり1 準備 8ページ

1 ⑴いえます、BC、2 ⑵いえます、D、BD

2 ⑴5、6 ⑵正六角形

ぴったり2 練習 9ページ

1 対称の軸、対称の中心は、右のてびき参照

①㋒、㋓、㋔

②㋑、㋒、㋓、㋔

③㋒、㋓、㋔

2

	線対称	対称の軸の数	点対称
正方形	○	4	○
正五角形	○	5	×
正六角形	○	6	○
正七角形	○	7	×

3 ①直径 ②線 ③中心 ④点

てびき

1 ㋐の台形は、線対称な図形でも点対称な図形でもありません。
ほかの図形の対称の軸と対称の中心は、次の図のようになります。

㋑
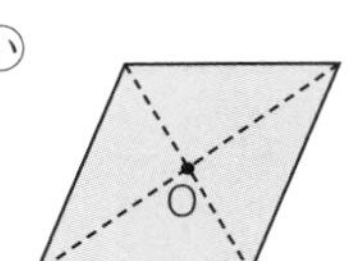

㋒
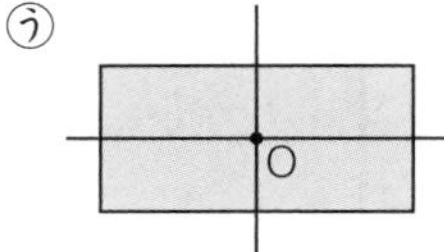

㋓
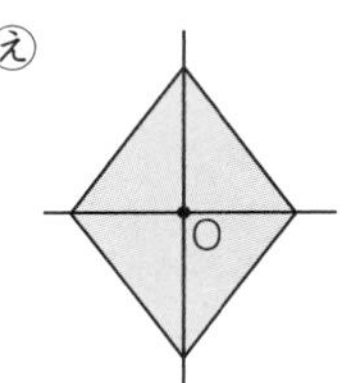

㋔
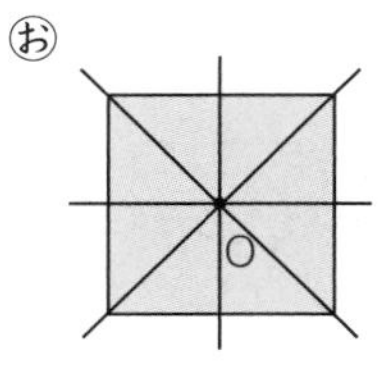

2 すべての正多角形は線対称な図形で、対称の軸は辺の数と同じだけあります。
正多角形のうち、辺の数が偶数の図形(正方形、正六角形、正八角形、…など)は点対称な図形でもあります。

3 円を線対称な図形とみると、対称の軸は直径で、無数にあります。

1 ①線対称、対称の軸
②180、点対称、対称の中心

2 ①あ、い、お
②い、え、お

3

	線対称	対称の軸の数	点対称
①正三角形	○	3	×
②正方形	○	4	○
③正八角形	○	8	○
④正九角形	○	9	×

4 ①
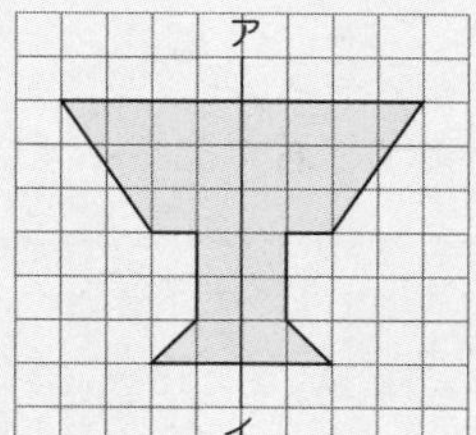

②
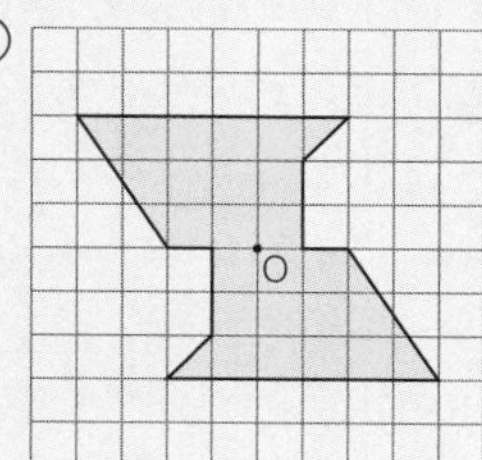

5 ①
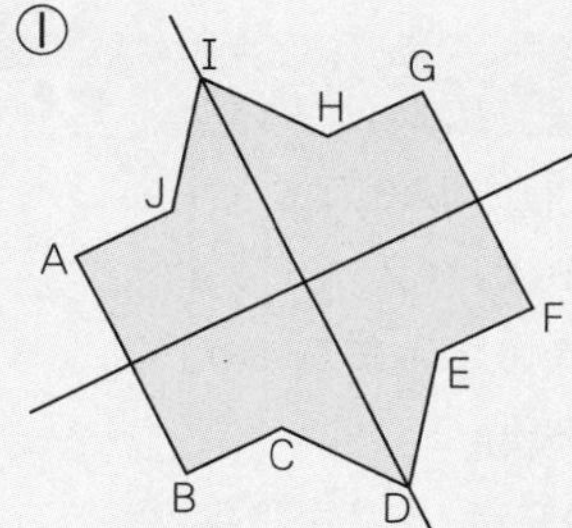

②
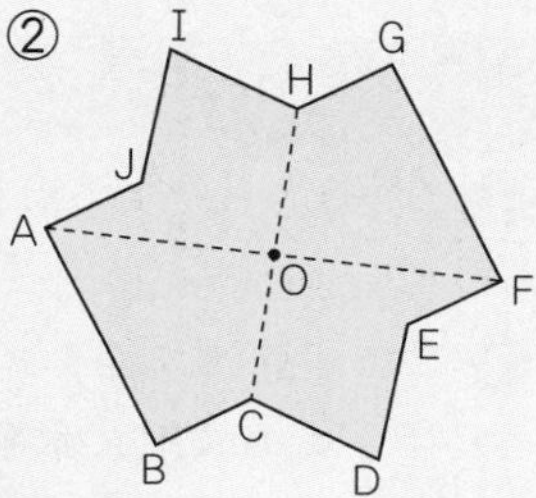

③辺FE

6 あ、う

7 正方形

てびき

2 対称の軸、対称の中心は次の図のようになっています。

あ
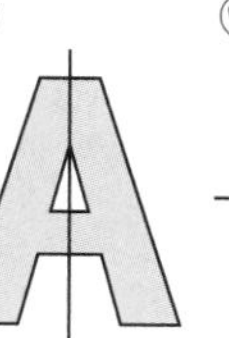
い
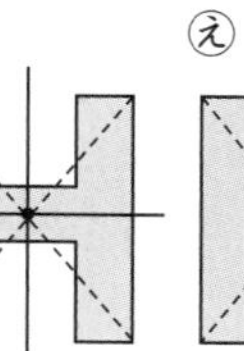
え お
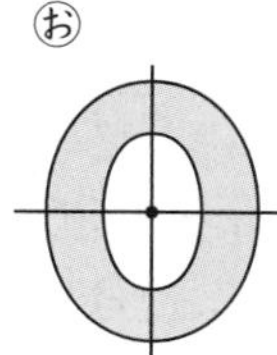

3 正八角形と正九角形の対称の軸は、次のようになります。

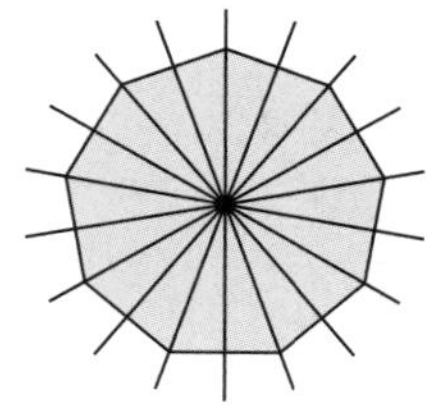

4 次のようにして対応する点をとります。

① ②
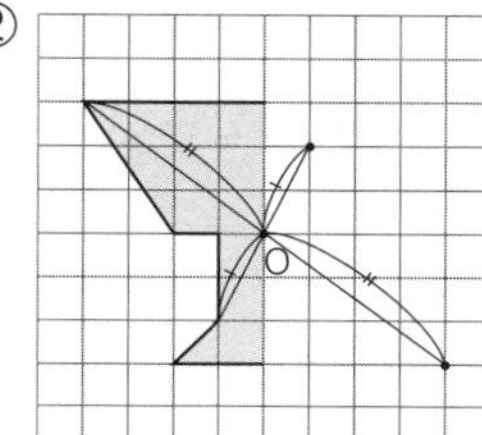

5 ①対称の軸は2本あります。
②①の2本の対称の軸の交わる点をOとしてもよいです。
③点AとF、点JとEが対応します。

6 い正三角形は線対称な図形ですが、点対称な図形ではありません。
え右の図のような等脚台形は線対称ですが、ふつうの台形は線対称ではありません。
お長方形の対称の軸は、向かいあう辺の真ん中の点を結んだ直線になります。

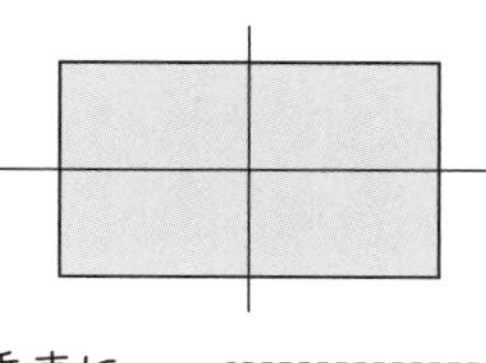

7 右の図のように、対角線が垂直に交わり、交わった点から頂点までの長さが等しい四角形ができます。

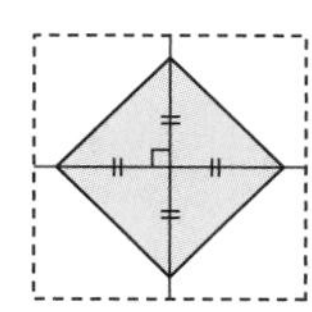

2 文字と式

ぴったり1 準備 12ページ

1 (1)a

2 (1)x、y (2)4、12、12

ぴったり2 練習 13ページ

❶ ①$x+200$
②300円
③360円

❷ ①$300+x$
②$180\times a$
③$1000-x$
④$x\times 4$

❸ ①

長さ(m)	1	2	3	4	5
重さ(g)	35	70	105	140	175

②$35\times x=y$

てびき

❶ ①ノートの値段(ねだん)＋はさみの値段＝代金
上のことばの式に、文字と数をあてはめます。
②$x+200$ の x に 100 をあてはめます。
100＋200＝300(円)
③160＋200＝360(円)

❷ ことばの式をつくり、文字と数をあてはめます。
①箱の重さ＋ボールの重さ＝全体の重さ
②1個の値段×個数＝代金
③出したお金－代金＝おつり
④1辺の長さ×4＝まわりの長さ

❸ ①1mの重さ×長さ＝針金(はりがね)の重さ
上の式を使って、重さを求めます。
②①のことばの式に数と文字をあてはめます。

ぴったり1 準備 14ページ

1 ÷、×、い

2 80、100、11

ぴったり2 練習 15ページ

❶ ①(長方形の)面積
②(長方形の)まわりの長さ

❷ ①う ②あ
③え ④い

❸ 式 $x+180=520$ 答え 340円

❹ 式 $x\times 4=28$ 答え 7cm

てびき

❶ ①$a\times b$ ⟶ 縦(たて)×横 ⟶ 長方形の面積
②$(a+b)\times 2$ ⟶ (縦＋横)×2

❷ あからえの場面を式に表してみましょう。
あ1本の値段(ねだん)×本数＝代金
い(国語の得点＋算数の得点)÷2＝平均点
うはじめの枚数(まいすう)－配った枚数＝残りの枚数
え全体の個数÷1ふくろの個数＝ふくろの数

❸ ケーキ1個の値段を x 円として、式に表します。
$x+180=520$
$x=520-180$
$x=340$

❹ 1辺を x cmとして、式に表します。
$x\times 4=28$
$x=28\div 4$
$x=7$

1 ①$105\times a$
②$x-180$
③$50-a$
④$x\div4$
⑤$500+a\times7$

2 ①

高さ(cm)	1	2	3	4
面積(cm²)	2	4	6	8

②$4\times x\div2=y$($2\times x=y$)
③18 cm²
④15 cm

3 ①式　$36\div x=6$　答え　6人
②式　$90+x\times2=250$　答え　80円

4 ①あめを3個買った代金
②あめとガムとチョコレートを1個ずつ買った代金
③あめとチョコレートを1個ずつ買って、500円出したときのおつり

5 ①Ⓘ
②ⓤ
③ⓐ

てびき

1 ①1冊の値段×冊数＝代金
②出した金額－代金＝おつり
③はじめの長さ－切り取った長さ＝残りの長さ
④まわりの長さ÷4＝1辺の長さ
⑤箱の重さ＋1個の重さ×個数＝全体の重さ
（1個の重さ×個数：かんづめの重さ）

2 三角形の面積＝底辺×高さ÷2です。
①高さが1cmのとき、$4\times1\div2=2$(cm²)
2cmのとき、$4\times2\div2=4$(cm²)
3cmのとき、$4\times3\div2=6$(cm²)
4cmのとき、$4\times4\div2=8$(cm²)
②公式に数と文字をあてはめると、
$4\times x\div2=y$
数どうしを計算して、$x\times2=y$　$2\times x=y$
と表してもかまいません。
③②の式の x に9をあてはめて、
$4\times9\div2=18$(cm²)
④②の式の y に30をあてはめて、
$4\times x\div2=30$　$x=30\times2\div4=15$(cm)

3 ①$36\div x=6$　$x=36\div6=6$
②$90+x\times2=250$
$x\times2=250-90=160$
$x=160\div2=80$

4 ③($x+150$)は、あめとチョコレートの代金の合計で、$500-(x+150)$は、500円からあめとチョコレートの代金をひいたおつりを表します。

5 ⓐからⓤがどのように考えて台形の面積を求めているか考えましょう。
ⓐ底辺 x cm、高さ3cmの平行四辺形㋕と、底辺($7-x$)cm、高さ3cmの三角形㋖に分けています。

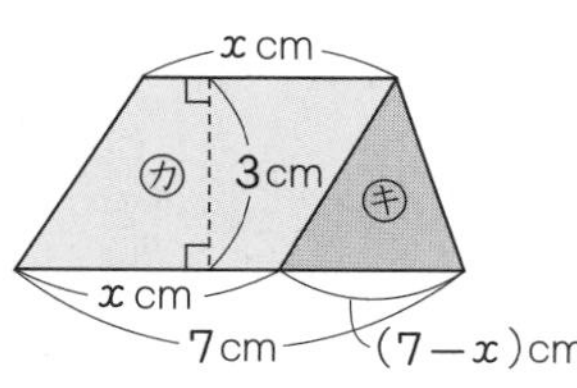

→ $x\times3+(7-x)\times3\div2$

Ⓘ底辺($7+x$)cm、高さ3cmの平行四辺形㋗の半分と考えています。

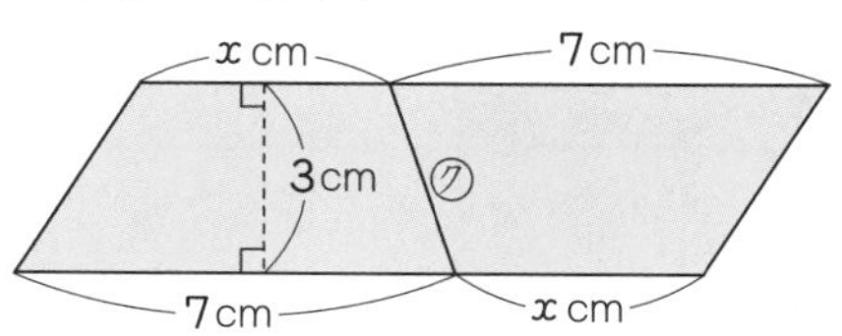

→ $(7+x)\times3\div2=(x+7)\times3\div2$

ⓤ底辺 x cm、高さ3cmの三角形㋘と、底辺7cm、高さ3cmの三角形㋙に分けています。

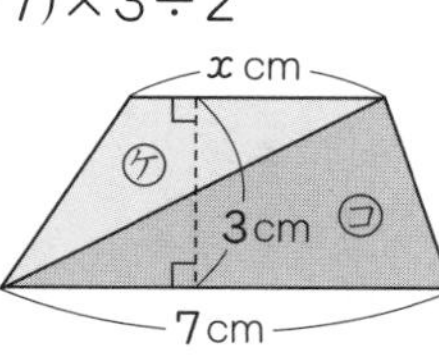

→ $x\times3\div2+7\times3\div2$

3 分数のかけ算とわり算

ぴったり1 準備 18ページ

1 (1) $\frac{4}{3}$ (2) 2

2 (1) $\frac{3}{14}$ (2) $\frac{9}{50}$

ぴったり2 練習 19ページ

1 ① $\frac{8}{9}$ ② $\frac{8}{3}\left(2\frac{2}{3}\right)$ ③ $\frac{16}{7}\left(2\frac{2}{7}\right)$
④ $\frac{9}{8}\left(1\frac{1}{8}\right)$ ⑤ 5 ⑥ 7

2 ① $\frac{4}{21}$ ② $\frac{3}{20}$ ③ $\frac{5}{56}$
④ $\frac{1}{60}$ ⑤ $\frac{5}{18}$ ⑥ $\frac{7}{66}$

3 $\frac{10}{7}\left(1\frac{3}{7}\right)$ dL

4 $\frac{3}{35}$ kg

てびき

1 分数に整数をかける計算は、分母をそのままにし、分子にその整数をかけます。

① $\frac{4}{9}\times2=\frac{4\times2}{9}=\frac{8}{9}$

② $\frac{2}{3}\times4=\frac{2\times4}{3}=\frac{8}{3}\left(=2\frac{2}{3}\right)$

③ $\frac{8}{7}\times2=\frac{8\times2}{7}=\frac{16}{7}\left(=2\frac{2}{7}\right)$

④ $\frac{3}{8}\times3=\frac{3\times3}{8}=\frac{9}{8}\left(=1\frac{1}{8}\right)$

⑤ $\frac{5}{8}\times8=\frac{5\times\overset{1}{\cancel{8}}}{\underset{1}{\cancel{8}}}=5$

⑥ $\frac{7}{10}\times10=\frac{7\times\overset{1}{\cancel{10}}}{\underset{1}{\cancel{10}}}=7$

2 分数を整数でわる計算は、分子をそのままにし、分母にその整数をかけます。

① $\frac{4}{7}\div3=\frac{4}{7\times3}=\frac{4}{21}$

② $\frac{3}{5}\div4=\frac{3}{5\times4}=\frac{3}{20}$

③ $\frac{5}{8}\div7=\frac{5}{8\times7}=\frac{5}{56}$

④ $\frac{1}{6}\div10=\frac{1}{6\times10}=\frac{1}{60}$

⑤ $\frac{5}{9}\div2=\frac{5}{9\times2}=\frac{5}{18}$

⑥ $\frac{7}{11}\div6=\frac{7}{11\times6}=\frac{7}{66}$

3 $\frac{2}{7}\times5=\frac{2\times5}{7}=\frac{10}{7}\left(=1\frac{3}{7}\right)$ で、$\frac{10}{7}$ dL です。

4 $\frac{3}{5}\div7=\frac{3}{5\times7}=\frac{3}{35}$ で、$\frac{3}{35}$ kg です。

1 ① $\frac{2}{5}$ ② $\frac{6}{7}$ ③ $\frac{8}{9}$
④ $\frac{10}{11}$ ⑤ $\frac{21}{4}\left(5\frac{1}{4}\right)$ ⑥ $\frac{45}{8}\left(5\frac{5}{8}\right)$
⑦ $\frac{18}{5}\left(3\frac{3}{5}\right)$ ⑧4 ⑨9

2 ① $\frac{2}{15}$ ② $\frac{4}{27}$ ③ $\frac{5}{42}$ ④ $\frac{2}{35}$ ⑤ $\frac{1}{6}$
⑥ $\frac{7}{90}$ ⑦ $\frac{9}{50}$ ⑧ $\frac{5}{28}$ ⑨ $\frac{5}{64}$

3 式 $\frac{3}{5}\times 10=6$ 答え 6分

4 式 $\frac{6}{7}\div 7=\frac{6}{49}$ 答え $\frac{6}{49}$ L

5 ①式 $\frac{7}{8}\div 2=\frac{7}{16}$ 答え $\frac{7}{16}$ kg
②式 $\frac{7}{16}\times 5=\frac{35}{16}$ 答え $\frac{35}{16}\left(2\frac{3}{16}\right)$ kg

てびき

1 分数×整数 では、整数を分子にかけます。

① $\frac{1}{5}\times 2=\frac{1\times 2}{5}=\frac{2}{5}$

② $\frac{3}{7}\times 2=\frac{3\times 2}{7}=\frac{6}{7}$

③ $\frac{2}{9}\times 4=\frac{2\times 4}{9}=\frac{8}{9}$

④ $\frac{2}{11}\times 5=\frac{2\times 5}{11}=\frac{10}{11}$

⑤ $\frac{3}{4}\times 7=\frac{3\times 7}{4}=\frac{21}{4}\left(=5\frac{1}{4}\right)$

⑥ $\frac{5}{8}\times 9=\frac{5\times 9}{8}=\frac{45}{8}\left(=5\frac{5}{8}\right)$

⑦ $\frac{3}{5}\times 6=\frac{3\times 6}{5}=\frac{18}{5}\left(=3\frac{3}{5}\right)$

⑧ $\frac{4}{3}\times 3=\frac{4\times \overset{1}{\cancel{3}}}{\underset{1}{\cancel{3}}}=4$

⑨ $\frac{9}{7}\times 7=\frac{9\times \overset{1}{\cancel{7}}}{\underset{1}{\cancel{7}}}=9$

2 分数÷整数 では、整数を分母にかけます。

① $\frac{2}{5}\div 3=\frac{2}{5\times 3}=\frac{2}{15}$ ② $\frac{4}{9}\div 3=\frac{4}{9\times 3}=\frac{4}{27}$

③ $\frac{5}{6}\div 7=\frac{5}{6\times 7}=\frac{5}{42}$ ④ $\frac{2}{7}\div 5=\frac{2}{7\times 5}=\frac{2}{35}$

⑤ $\frac{1}{3}\div 2=\frac{1}{3\times 2}=\frac{1}{6}$ ⑥ $\frac{7}{9}\div 10=\frac{7}{9\times 10}=\frac{7}{90}$

⑦ $\frac{9}{10}\div 5=\frac{9}{10\times 5}=\frac{9}{50}$ ⑧ $\frac{5}{7}\div 4=\frac{5}{7\times 4}=\frac{5}{28}$

⑨ $\frac{5}{8}\div 8=\frac{5}{8\times 8}=\frac{5}{64}$

3 $\frac{3}{5}\times 10=\frac{3\times \overset{2}{\cancel{10}}}{\underset{1}{\cancel{5}}}=6$ で、6分です。

4 1週間は7日なので、7でわります。
$\frac{6}{7}\div 7=\frac{6}{7\times 7}=\frac{6}{49}$ で、$\frac{6}{49}$ Lです。

5 ① $\frac{7}{8}\div 2=\frac{7}{8\times 2}=\frac{7}{16}$ で、$\frac{7}{16}$ kgです。
② $\frac{7}{16}\times 5=\frac{7\times 5}{16}=\frac{35}{16}\left(=2\frac{3}{16}\right)$ で、
$\frac{35}{16}$ kgです。

❹ 分数のかけ算

ぴったり1 準備 22ページ

1 (1)①2 ②3 ③$\frac{8}{21}$ (2)①2 ②1 ③$\frac{2}{3}$

2 (1)5、2、$\frac{10}{3}\left(3\frac{1}{3}\right)$ (2)6、2、$\frac{9}{2}\left(4\frac{1}{2}\right)$

ぴったり2 練習 23ページ

1 ①い

②式 $\frac{3}{5}\times\frac{1}{4}=\frac{3}{20}$ 答え $\frac{3}{20}$ m²

2 ①$\frac{4}{45}$ ②$\frac{3}{14}$ ③$\frac{5}{24}$

④$\frac{6}{35}$ ⑤$\frac{15}{28}$ ⑥$\frac{27}{40}$

⑦$\frac{1}{14}$ ⑧$\frac{1}{3}$ ⑨$\frac{3}{5}$

3 ①$\frac{5}{4}\left(1\frac{1}{4}\right)$ ②$\frac{8}{7}\left(1\frac{1}{7}\right)$ ③$\frac{3}{2}\left(1\frac{1}{2}\right)$

④$\frac{11}{4}\left(2\frac{3}{4}\right)$

てびき

1 ②1dLでぬれる面積×ペンキの量
＝そのペンキの量でぬれる面積

2 ①～⑥分母どうし、分子どうしをかけます。

①$\frac{4}{9}\times\frac{1}{5}=\frac{4\times1}{9\times5}=\frac{4}{45}$

④$\frac{2}{5}\times\frac{3}{7}=\frac{2\times3}{5\times7}=\frac{6}{35}$

⑦～⑨とちゅうで約分します。

⑦$\frac{1}{4}\times\frac{2}{7}=\frac{1\times\overset{1}{\cancel{2}}}{\underset{2}{\cancel{4}}\times7}=\frac{1}{14}$

⑧$\frac{4}{9}\times\frac{3}{4}=\frac{\overset{1}{\cancel{4}}\times\overset{1}{\cancel{3}}}{\underset{3}{\cancel{9}}\times\underset{1}{\cancel{4}}}=\frac{1}{3}$

⑨$\frac{9}{10}\times\frac{2}{3}=\frac{\overset{3}{\cancel{9}}\times\overset{1}{\cancel{2}}}{\underset{5}{\cancel{10}}\times\underset{1}{\cancel{3}}}=\frac{3}{5}$

3 整数は、分母が1の分数と考えて計算します。

①$5\times\frac{1}{4}=\frac{5}{1}\times\frac{1}{4}=\frac{5\times1}{1\times4}=\frac{5}{4}\left(=1\frac{1}{4}\right)$

②$\frac{4}{7}\times2=\frac{4}{7}\times\frac{2}{1}=\frac{4\times2}{7\times1}=\frac{8}{7}\left(=1\frac{1}{7}\right)$

③$4\times\frac{3}{8}=\frac{4}{1}\times\frac{3}{8}=\frac{\overset{1}{\cancel{4}}\times3}{1\times\underset{2}{\cancel{8}}}=\frac{3}{2}\left(=1\frac{1}{2}\right)$

④$\frac{11}{12}\times3=\frac{11}{12}\times\frac{3}{1}=\frac{11\times\overset{1}{\cancel{3}}}{\underset{4}{\cancel{12}}\times1}=\frac{11}{4}\left(=2\frac{3}{4}\right)$

ぴったり1 準備 24ページ

1 11、11、55

2 2、3、$\frac{1}{6}$

3 1、>

ぴったり2 練習 25ページ

てびき

1 ① $\frac{9}{8}\left(1\frac{1}{8}\right)$ ② $\frac{16}{21}$ ③ $\frac{9}{4}\left(2\frac{1}{4}\right)$

④ $\frac{14}{5}\left(2\frac{4}{5}\right)$ ⑤ $\frac{11}{5}\left(2\frac{1}{5}\right)$ ⑥6

1 帯分数は仮分数になおして計算します。

③ $3\frac{3}{4}\times\frac{3}{5}=\frac{15}{4}\times\frac{3}{5}=\frac{\overset{3}{\cancel{15}}\times 3}{4\times\underset{1}{\cancel{5}}}=\frac{9}{4}\left(=2\frac{1}{4}\right)$

④ $2\frac{1}{3}\times 1\frac{1}{5}=\frac{7}{3}\times\frac{6}{5}=\frac{7\times\overset{2}{\cancel{6}}}{\underset{1}{\cancel{3}}\times 5}=\frac{14}{5}\left(=2\frac{4}{5}\right)$

⑤ $1\frac{3}{8}\times 1\frac{3}{5}=\frac{11}{8}\times\frac{8}{5}=\frac{11\times\overset{1}{\cancel{8}}}{\underset{1}{\cancel{8}}\times 5}=\frac{11}{5}\left(=2\frac{1}{5}\right)$

⑥ $2\frac{2}{7}\times 2\frac{5}{8}=\frac{16}{7}\times\frac{21}{8}=\frac{\overset{2}{\cancel{16}}\times\overset{3}{\cancel{21}}}{\underset{1}{\cancel{7}}\times\underset{1}{\cancel{8}}}=6$

2 ① $\frac{5}{9}$ ② $\frac{1}{8}$

③30 ④1

2 まとめてかけて計算します。

① $\frac{3}{4}\times\frac{8}{9}\times\frac{5}{6}=\frac{\overset{1}{\cancel{3}}\times\overset{\overset{1}{\cancel{2}}}{\cancel{8}}\times 5}{\underset{1}{\cancel{4}}\times 9\times\underset{\underset{1}{\cancel{2}}}{\cancel{6}}}=\frac{5}{9}$

② $\frac{3}{8}\times 1\frac{1}{9}\times\frac{3}{10}=\frac{3}{8}\times\frac{10}{9}\times\frac{3}{10}=\frac{\overset{1}{\cancel{3}}\times\overset{1}{\cancel{10}}\times\overset{1}{\cancel{3}}}{8\times\underset{\underset{1}{\cancel{3}}}{\cancel{9}}\times\underset{1}{\cancel{10}}}=\frac{1}{8}$

③ $6\frac{2}{3}\times 2\frac{1}{4}\times 2=\frac{20}{3}\times\frac{9}{4}\times\frac{2}{1}=\frac{\overset{5}{\cancel{20}}\times\overset{3}{\cancel{9}}\times 2}{\underset{1}{\cancel{3}}\times\underset{1}{\cancel{4}}\times 1}=30$

④ $1\frac{4}{5}\times\frac{2}{9}\times 2\frac{1}{2}=\frac{9}{5}\times\frac{2}{9}\times\frac{5}{2}=\frac{\overset{1}{\cancel{9}}\times\overset{1}{\cancel{2}}\times\overset{1}{\cancel{5}}}{\underset{1}{\cancel{5}}\times\underset{1}{\cancel{9}}\times\underset{1}{\cancel{2}}}=1$

3 あ、う

3 かける数が1より小さいものを選びます。

あ $\frac{3}{4}<1$　い $\frac{7}{5}>1$　う $\frac{5}{9}<1$　え $1\frac{2}{3}>1$

4 ①<　②<

4 ① $\frac{5}{4}$ をかけると、$\frac{5}{4}>1$ だから、積はかけられる数 $\frac{7}{9}$ より大きくなります。

② $\frac{5}{8}$ をかけると、$\frac{5}{8}<1$ だから、積はかけられる数 $\frac{3}{4}$ より小さくなります。

ぴったり1 準備 26ページ

1 $\frac{4}{5}$、$\frac{8}{15}$、$\frac{8}{15}$

2 1、$\frac{5}{8}$

3 $\frac{1}{2}$、7、$\frac{10}{7}\left(1\frac{3}{7}\right)$

ぴったり2 練習 27ページ

てびき

❶ ① $\frac{9}{8}\left(1\frac{1}{8}\right)$cm² ② $\frac{36}{25}\left(1\frac{11}{25}\right)$m²

③ 1 m² ④ $\frac{2}{7}$ m³

❷ ① $\frac{2}{7}$ ② $\frac{7}{4}\left(1\frac{3}{4}\right)$

③ 13 ④ $\frac{4}{5}$

❸ ① 9 ② $\frac{4}{3}\left(1\frac{1}{3}\right)$ ③ $\frac{9}{10}$

④ $\frac{5}{7}$ ⑤ $\frac{1}{8}$ ⑥ $\frac{5}{6}$

❶ 辺の長さが分数になっても、面積や体積の公式を使って図形の面積や体積を求めることができます。

① $\frac{3}{4}\times1\frac{1}{2}=\frac{3}{4}\times\frac{3}{2}=\frac{3\times3}{4\times2}=\frac{9}{8}\left(=1\frac{1}{8}\right)$(cm²)

② $\frac{6}{5}\times\frac{6}{5}=\frac{6\times6}{5\times5}=\frac{36}{25}\left(=1\frac{11}{25}\right)$(m²)

③ $1\frac{1}{2}\times1\frac{1}{3}\div2=\frac{3}{2}\times\frac{4}{3}\div2=2\div2=1$(m²)

④ $\frac{5}{9}\times1\frac{2}{7}\times\frac{2}{5}=\frac{5}{9}\times\frac{9}{7}\times\frac{2}{5}=\frac{2}{7}$(m³)

❷ ① $\left(\frac{2}{7}\times\frac{4}{3}\right)\times\frac{3}{4}=\frac{2}{7}\times\left(\frac{4}{3}\times\frac{3}{4}\right)=\frac{2}{7}\times1=\frac{2}{7}$

② $15\times\frac{7}{8}\times\frac{2}{15}=15\times\frac{2}{15}\times\frac{7}{8}=2\times\frac{7}{8}$

$=\frac{7}{4}\left(=1\frac{3}{4}\right)$

③ $\left(\frac{1}{4}+\frac{5}{6}\right)\times12=\frac{1}{4}\times12+\frac{5}{6}\times12$

$=3+10=13$

④ $\frac{7}{9}\times\frac{4}{5}+\frac{2}{9}\times\frac{4}{5}=\left(\frac{7}{9}+\frac{2}{9}\right)\times\frac{4}{5}=1\times\frac{4}{5}=\frac{4}{5}$

❸ 求める数を分数で表して、分母と分子を入れかえた数が逆数になります。

① $\frac{1}{9}$ の逆数は、$\frac{1}{9}$ ⤫ $\frac{9}{1}=9$

④ $1\frac{2}{5}=\frac{7}{5}$ ⤫ $\frac{5}{7}$

⑤ $8=\frac{8}{1}$ ⤫ $\frac{1}{8}$

⑥ $1.2=\frac{12}{10}=\frac{6}{5}$ ⤫ $\frac{5}{6}$

ぴったり3 確かめのテスト 28〜29ページ

てびき

❶ ㋑、㋓

❷ ① $\frac{7}{2}\left(3\frac{1}{2}\right)$ ② $\frac{8}{21}$ ③ $\frac{5}{2}\left(2\frac{1}{2}\right)$

❸ ① $\frac{7}{15}$ ② $\frac{1}{6}$

③ $\frac{20}{3}\left(6\frac{2}{3}\right)$ ④ 3

⑤ $\frac{1}{10}$ ⑥ 1

❶ かける数が1より小さいものを選びます。

❷ ② $2\frac{5}{8}=\frac{21}{8}$ ⤫ $\frac{8}{21}$

③ $0.4=\frac{4}{10}=\frac{2}{5}$ ⤫ $\frac{5}{2}\left(=2\frac{1}{2}\right)$

❸ 約分できるときは、とちゅうで約分します。

① $\frac{2}{5}\times\frac{7}{6}=\frac{\overset{1}{\cancel{2}}\times7}{5\times\underset{3}{\cancel{6}}}=\frac{7}{15}$

② $\frac{4}{9}\times\frac{3}{8}=\frac{\overset{1}{\cancel{4}}\times\overset{1}{\cancel{3}}}{\underset{3}{\cancel{9}}\times\underset{2}{\cancel{8}}}=\frac{1}{6}$

③ $12\times\frac{5}{9}=\frac{12}{1}\times\frac{5}{9}=\frac{\overset{4}{\cancel{12}}\times5}{1\times\underset{3}{\cancel{9}}}=\frac{20}{3}\left(=6\frac{2}{3}\right)$

④ $2\frac{1}{7}\times1\frac{2}{5}=\frac{15}{7}\times\frac{7}{5}=\frac{\overset{3}{\cancel{15}}\times\overset{1}{\cancel{7}}}{\underset{1}{\cancel{7}}\times\underset{1}{\cancel{5}}}=3$

4 ①4　②10

5 ①$\frac{21}{20}\left(1\frac{1}{20}\right)$m²　②$\frac{8}{3}\left(2\frac{2}{3}\right)$m³

6 式　$\frac{4}{7}\times\frac{3}{5}=\frac{12}{35}$　　答え　$\frac{12}{35}$g

7 式　$60\times1\frac{1}{3}=80$　　答え　80 km

8 ①式　$\frac{3}{4}\times\frac{\boxed{10}}{\boxed{3}}$　　積　$\frac{5}{2}\left(2\frac{1}{2}\right)$

②式　$\frac{3}{4}\times\frac{\boxed{8}}{\boxed{3}}$　　積　2

⑤$\frac{3}{5}\times\frac{1}{8}\times\frac{4}{3}=\frac{\cancel{3}^{1}\times1\times\cancel{4}^{1}}{5\times\cancel{8}_{2}\times\cancel{3}_{1}}=\frac{1}{10}$

⑥$\frac{4}{7}\times2\frac{4}{5}\times\frac{5}{8}=\frac{4}{7}\times\frac{14}{5}\times\frac{5}{8}=\frac{\cancel{4}^{1}\times\cancel{14}^{\cancel{2}\,1}\times\cancel{5}^{1}}{\cancel{7}_{1}\times\cancel{5}_{1}\times\cancel{8}_{\cancel{2}\,1}}=1$

4 ①$\frac{5}{7}\times4\times\frac{7}{5}=\frac{5}{7}\times\frac{7}{5}\times4=1\times4=4$

②$9\times\frac{5}{8}+7\times\frac{5}{8}=(9+7)\times\frac{5}{8}=16\times\frac{5}{8}=10$

5 ①$\frac{6}{5}\times\frac{7}{8}=\frac{21}{20}\left(=1\frac{1}{20}\right)$(m²)

②辺の長さが分数になっても、体積の公式を使って立体の体積を求めることができます。

$\frac{4}{5}\times2\frac{2}{3}\times1\frac{1}{4}=\frac{4}{5}\times\frac{8}{3}\times\frac{5}{4}=\frac{\cancel{4}^{1}\times8\times\cancel{5}^{1}}{\cancel{5}_{1}\times3\times\cancel{4}_{1}}$

$=\frac{8}{3}\left(=2\frac{2}{3}\right)$(m³)

7 20分は$\frac{20}{60}$時間で$\frac{1}{3}$時間です。

$60\times1\frac{1}{3}=60\times\frac{4}{3}=\frac{\cancel{60}^{20}\times4}{1\times\cancel{3}_{1}}=80$(km)

8 ①積がいちばん大きくなるのは、かける数がいちばん大きいときです。
いちばん大きい分数をつくるには、分母にいちばん小さい数を、分子にいちばん大きい数をあてはめます。

②積が整数になるのは、右の式のアが3の約数でイが4の倍数になるときです。　$\frac{3}{4}\times\frac{\boxed{イ}}{\boxed{ア}}$

3の約数は1と3です。このうちカードにあるのは3だから、アには3があてはまります。4の倍数は4、8、12、…です。このうちカードにあるのは4と8です。積が大きくなるのは、分子が大きいときだから、あてはまるのは8です。

5 分数のわり算

ぴったり1 準備 30ページ

1 (1)$\frac{3}{2}$、$\frac{3}{2}$、$\frac{9}{10}$ (2)$\frac{6}{5}$、$\frac{6}{5}$、$\frac{14}{15}$

2 (1)7、4、$\frac{28}{3}\left(9\frac{1}{3}\right)$ (2)$\frac{1}{8}$、$\frac{1}{20}$

ぴったり2 練習 31ページ

1 ①あ

②式 $\frac{3}{7}\div\frac{1}{4}=\frac{12}{7}$　　答え $\frac{12}{7}\left(1\frac{5}{7}\right)\text{m}^2$

2 ①$\frac{10}{9}\left(1\frac{1}{9}\right)$ ②$\frac{15}{4}\left(3\frac{3}{4}\right)$ ③$\frac{18}{7}\left(2\frac{4}{7}\right)$

④$\frac{9}{40}$ ⑤$\frac{21}{20}\left(1\frac{1}{20}\right)$ ⑥$\frac{18}{35}$

⑦$\frac{2}{3}$ ⑧$\frac{3}{2}\left(1\frac{1}{2}\right)$ ⑨$\frac{3}{2}\left(1\frac{1}{2}\right)$

3 ①$\frac{35}{3}\left(11\frac{2}{3}\right)$ ②$\frac{1}{18}$ ③$\frac{7}{3}\left(2\frac{1}{3}\right)$

てびき

1 ②ことばの式に表すと、

ぬったゆかの面積÷使ったペンキの量

＝1dLでぬれるゆかの面積

ペンキの量が分数になっても、この式にあてはめて、1dLでぬれるゆかの面積が求められます。

2 わる数の逆数をかけます。

②$\frac{3}{4}\div\frac{1}{5}=\frac{3}{4}\times\frac{5}{1}=\frac{3\times5}{4\times1}=\frac{15}{4}\left(=3\frac{3}{4}\right)$

⑥$\frac{2}{5}\div\frac{7}{9}=\frac{2}{5}\times\frac{9}{7}=\frac{2\times9}{5\times7}=\frac{18}{35}$

⑦～⑨とちゅうで約分します。

⑦$\frac{2}{9}\div\frac{1}{3}=\frac{2}{9}\times\frac{3}{1}=\frac{2\times\overset{1}{\cancel{3}}}{\underset{3}{\cancel{9}}\times1}=\frac{2}{3}$

⑧$\frac{9}{8}\div\frac{3}{4}=\frac{9}{8}\times\frac{4}{3}=\frac{\overset{3}{\cancel{9}}\times\overset{1}{\cancel{4}}}{\underset{2}{\cancel{8}}\times\underset{1}{\cancel{3}}}=\frac{3}{2}\left(=1\frac{1}{2}\right)$

⑨$\frac{4}{5}\div\frac{8}{15}=\frac{4}{5}\times\frac{15}{8}=\frac{\overset{1}{\cancel{4}}\times\overset{3}{\cancel{15}}}{\underset{1}{\cancel{5}}\times\underset{2}{\cancel{8}}}=\frac{3}{2}\left(=1\frac{1}{2}\right)$

3 整数は、分母が1の分数と考えて計算します。

①$7\div\frac{3}{5}=\frac{7}{1}\times\frac{5}{3}=\frac{7\times5}{1\times3}=\frac{35}{3}\left(=11\frac{2}{3}\right)$

ぴったり1 準備 32ページ

1 6、$\frac{5}{6}$、$\frac{5}{14}$

2 (1)$\frac{2}{3}$ (2)$\frac{7}{4}$、$\frac{7}{30}$ (3)100、1、$\frac{9}{400}$

ぴったり2 練習 33ページ

1 ①$\frac{2}{21}$ ②$\frac{5}{28}$ ③$\frac{21}{16}\left(1\frac{5}{16}\right)$

④$\frac{18}{5}\left(3\frac{3}{5}\right)$ ⑤$\frac{3}{2}\left(1\frac{1}{2}\right)$ ⑥3

てびき

1 帯分数は仮分数になおして計算します。

④$2\frac{4}{5}\div\frac{7}{9}=\frac{14}{5}\times\frac{9}{7}=\frac{\overset{2}{\cancel{14}}\times9}{5\times\underset{1}{\cancel{7}}}=\frac{18}{5}\left(=3\frac{3}{5}\right)$

⑤$3\frac{1}{4}\div2\frac{1}{6}=\frac{13}{4}\div\frac{13}{6}=\frac{13}{4}\times\frac{6}{13}$

$=\frac{\overset{1}{\cancel{13}}\times\overset{3}{\cancel{6}}}{\underset{2}{\cancel{4}}\times\underset{1}{\cancel{13}}}=\frac{3}{2}\left(=1\frac{1}{2}\right)$

⑥$4\frac{2}{3}\div1\frac{5}{9}=\frac{14}{3}\div\frac{14}{9}=\frac{14}{3}\times\frac{9}{14}=\frac{\overset{1}{\cancel{14}}\times\overset{3}{\cancel{9}}}{\underset{1}{\cancel{3}}\times\underset{1}{\cancel{14}}}=3$

2 ① $\frac{3}{8}$ ② $\frac{5}{6}$
③ $\frac{13}{12}\left(1\frac{1}{12}\right)$ ④ 1

3 ① $\frac{21}{25}$ ② $\frac{8}{5}\left(1\frac{3}{5}\right)$
③ $\frac{25}{2}\left(12\frac{1}{2}\right)$ ④ $\frac{7}{20}$

2 わり算を逆数をかける計算になおして、まとめてかけて計算します。

① $\frac{2}{5}\times\frac{5}{6}\div\frac{8}{9}=\frac{2}{5}\times\frac{5}{6}\times\frac{9}{8}=\frac{\overset{1}{\cancel{2}}\times\overset{1}{\cancel{5}}\times\overset{3}{\cancel{9}}}{\underset{1}{\cancel{5}}\times\underset{\underset{1}{\cancel{2}}}{\cancel{6}}\times 8}=\frac{3}{8}$

② $\frac{7}{12}\div\frac{3}{10}\times\frac{3}{7}=\frac{7}{12}\times\frac{10}{3}\times\frac{3}{7}=\frac{\overset{1}{\cancel{7}}\times\overset{5}{\cancel{10}}\times\overset{1}{\cancel{3}}}{\underset{6}{\cancel{12}}\times\underset{1}{\cancel{3}}\times\underset{1}{\cancel{7}}}=\frac{5}{6}$

③ $\frac{5}{8}\div\frac{3}{4}\div\frac{10}{13}=\frac{5}{8}\times\frac{4}{3}\times\frac{13}{10}=\frac{\overset{1}{\cancel{5}}\times\overset{1}{\cancel{4}}\times 13}{\underset{2}{\cancel{8}}\times 3\times\underset{2}{\cancel{10}}}$
$=\frac{13}{12}\left(=1\frac{1}{12}\right)$

④ $\frac{7}{10}\div\frac{3}{5}\div\frac{7}{6}=\frac{7}{10}\times\frac{5}{3}\times\frac{6}{7}=\frac{\overset{1}{\cancel{7}}\times\overset{1}{\cancel{5}}\times\overset{\overset{1}{\cancel{2}}}{\cancel{6}}}{\underset{\underset{1}{\cancel{2}}}{\cancel{10}}\times\underset{1}{\cancel{3}}\times\underset{1}{\cancel{7}}}=1$

3 ① $0.7\div\frac{5}{6}=\frac{7}{10}\div\frac{5}{6}=\frac{7}{10}\times\frac{6}{5}=\frac{7\times\overset{3}{\cancel{6}}}{\underset{5}{\cancel{10}}\times 5}=\frac{21}{25}$

② $2\frac{2}{5}\div 1.2\times 0.8=\frac{12}{5}\div\frac{6}{5}\times\frac{4}{5}$
$=\frac{12}{5}\times\frac{5}{6}\times\frac{4}{5}=\frac{8}{5}\left(=1\frac{3}{5}\right)$

③ $5\div 0.3\times\frac{3}{4}=\frac{5}{1}\times\frac{10}{3}\times\frac{3}{4}=\frac{25}{2}\left(=12\frac{1}{2}\right)$

④ $0.7\times\frac{5}{6}\div 1\frac{2}{3}=\frac{7}{10}\times\frac{5}{6}\times\frac{3}{5}=\frac{7}{20}$

ぴったり1 準備 34ページ

1 (1) 1、< (2) 1、= (3) 1、>

2 $1\frac{2}{3}$、$1\frac{2}{3}$、54、54

3 $\frac{1}{15}$、45、45

ぴったり2 練習 35ページ

1 ㋐、㋒

2 ①< ②<
③> ④<

3 ①式 $\frac{8}{15}\div\frac{2}{3}=\frac{4}{5}$ 答え $\frac{4}{5}$m

②式 $1\frac{1}{14}\div\frac{5}{7}=\frac{3}{2}\left(1\frac{1}{2}\right)$ 答え $\frac{3}{2}\left(1\frac{1}{2}\right)$m

③式 $4\frac{1}{5}\div 2\frac{2}{5}=\frac{7}{4}\left(1\frac{3}{4}\right)$

答え $\frac{7}{4}\left(1\frac{3}{4}\right)$cm

てびき

1 わる数が1より大きいものを選びます。

㋐ $\frac{1}{2}<1$ ㋑ $3>1$ ㋒ $\frac{7}{5}>1$ ㋓ $\frac{3}{8}<1$

2 ① $\frac{3}{4}$ でわると、$\frac{3}{4}<1$ だから、商はわられる数 $\frac{3}{10}$ より大きくなります。

3 ① $\frac{8}{15}\div\frac{2}{3}=\frac{8}{15}\times\frac{3}{2}=\frac{\overset{4}{\cancel{8}}\times\overset{1}{\cancel{3}}}{\underset{5}{\cancel{15}}\times\underset{1}{\cancel{2}}}=\frac{4}{5}$

② $1\frac{1}{14}\div\frac{5}{7}=\frac{15}{14}\times\frac{7}{5}=\frac{\overset{3}{\cancel{15}}\times\overset{1}{\cancel{7}}}{\underset{2}{\cancel{14}}\times\underset{1}{\cancel{5}}}=\frac{3}{2}\left(=1\frac{1}{2}\right)$

③ $4\frac{1}{5}\div 2\frac{2}{5}=\frac{21}{5}\times\frac{5}{12}=\frac{\overset{7}{\cancel{21}}\times\overset{1}{\cancel{5}}}{\underset{1}{\cancel{5}}\times\underset{4}{\cancel{12}}}=\frac{7}{4}\left(=1\frac{3}{4}\right)$

❹ 式 $100 \div 1\frac{1}{4} = 80$ 答え 時速 80 km

❹ 1時間 15 分は$1\frac{15}{60}$時間で、$1\frac{1}{4}$時間です。

$$100 \div 1\frac{1}{4} = 100 \times \frac{4}{5} = \frac{\overset{20}{\cancel{100}} \times 4}{1 \times \underset{1}{\cancel{5}}} = 80$$

ぴったり3 確かめのテスト 36〜37ページ

❶ あ、え

❷ ①$\frac{5}{2}\left(2\frac{1}{2}\right)$ ②$\frac{2}{3}$

③$\frac{3}{44}$ ④$\frac{15}{2}\left(7\frac{1}{2}\right)$

⑤$\frac{12}{25}$ ⑥2

⑦$\frac{5}{4}\left(1\frac{1}{4}\right)$ ⑧2

❸ 式 $\frac{1}{2} \div \frac{5}{8} = \frac{4}{5}$ 答え $\frac{4}{5}$ kg

❹ ①式 $60 \div \frac{4}{5} = 75$ 答え 75個

②式 $75 \times 2\frac{1}{3} = 175$ 答え 175個

❺ ①式 $\frac{6}{7} \div \frac{\boxed{2}}{\boxed{9}}$ 商 $\frac{27}{7}\left(3\frac{6}{7}\right)$

②式 $\frac{6}{7} \div \frac{\boxed{2}}{\boxed{7}}$ 商 3

てびき

❶ わる数が1より大きいものを選びます。

❷ ③ $\frac{6}{11} \div 8 = \frac{6}{11} \div \frac{8}{1} = \frac{6}{11} \times \frac{1}{8} = \frac{\overset{3}{\cancel{6}} \times 1}{11 \times \underset{4}{\cancel{8}}} = \frac{3}{44}$

⑤ $\frac{3}{5} \div 1\frac{1}{4} = \frac{3}{5} \div \frac{5}{4} = \frac{3}{5} \times \frac{4}{5} = \frac{3 \times 4}{5 \times 5} = \frac{12}{25}$

⑥ $2\frac{1}{4} \div 1\frac{1}{8} = \frac{9}{4} \div \frac{9}{8} = \frac{9}{4} \times \frac{8}{9} = \frac{\overset{1}{\cancel{9}} \times \overset{2}{\cancel{8}}}{\underset{1}{\cancel{4}} \times \underset{1}{\cancel{9}}} = 2$

⑦ $\frac{5}{8} \div \frac{3}{7} \div 1\frac{1}{6} = \frac{5}{8} \times \frac{7}{3} \times \frac{6}{7} = \frac{5 \times \overset{1}{\cancel{7}} \times \overset{\overset{1}{\cancel{3}}}{\cancel{6}}}{\underset{4}{\cancel{8}} \times \underset{1}{\cancel{3}} \times \underset{1}{\cancel{7}}}$

$= \frac{5}{4}\left(= 1\frac{1}{4}\right)$

⑧ $\frac{3}{13} \times 5\frac{1}{5} \div \frac{3}{5} = \frac{3}{13} \times \frac{26}{5} \times \frac{5}{3} = \frac{\overset{1}{\cancel{3}} \times \overset{2}{\cancel{26}} \times \overset{1}{\cancel{5}}}{\underset{1}{\cancel{13}} \times \underset{1}{\cancel{5}} \times \underset{1}{\cancel{3}}} = 2$

❸ 重さ÷かさ＝1Lの重さ
の式にあてはめます。

$\frac{1}{2} \div \frac{5}{8} = \frac{1}{2} \times \frac{8}{5} = \frac{1 \times \overset{4}{\cancel{8}}}{\underset{1}{\cancel{2}} \times 5} = \frac{4}{5}$(kg)

❹ ①48 分を分数を使って時間で表します。

②2時間 20 分を分数で表すと、$2\frac{1}{3}$ です。

❺ ①商がいちばん大きくなるのは、わる数がいちばん小さいときです。
いちばん小さい分数をつくるには、分母にいちばん大きい数を、分子にいちばん小さい数をあてはめます。

②右のように、かけ算になおして考えます。 $\left(\frac{6}{7} \div \frac{\boxed{イ}}{\boxed{ア}} =\right) \frac{6}{7} \times \frac{\boxed{ア}}{\boxed{イ}}$
積が整数になるのは、
右のかけ算の式でアが7の倍数でイが6の約数のときです。
カードの数字の中にある7の倍数は7だけだから、アは7です。6の約数は2と3と6の3枚(まい)あります。積がいちばん大きくなるのは、分母がいちばん小さいときだから、イは2です。

6 倍を表す分数

ぴったり1 準備 38ページ

1 ①もとにする ② $\frac{3}{5}$ ③ $\frac{5}{12}$ ④ $\frac{5}{12}$

ぴったり2 練習 38ページ

1 式 $\frac{5}{6}\div\frac{3}{4}=\frac{10}{9}$ 答え $\frac{10}{9}\left(1\frac{1}{9}\right)$倍

2 式 $48\times\frac{3}{4}=36$ 答え 36 kg

てびき

1 縦(たて)の長さがもとにする量、横の長さが比べる量です。

$\frac{5}{6}\div\frac{3}{4}=\frac{5}{6}\times\frac{4}{3}=\frac{5\times\overset{2}{\cancel{4}}}{\underset{3}{\cancel{6}}\times3}=\frac{10}{9}\left(=1\frac{1}{9}\right)$(倍)

2 もとにする量×割合(わりあい)＝比べる量
の式にあてはめます。

ぴったり3 確かめのテスト 39ページ

1 ①式 $\frac{5}{8}\div\frac{3}{4}=\frac{5}{6}$ 答え $\frac{5}{6}$倍

②式 $3\frac{1}{3}\times\frac{3}{5}=2$ 答え 2 kg

③式 $6\div\frac{3}{7}=14$ 答え 14 m²

2 式 $40\div\frac{2}{3}=60$ 答え 60 cm

てびき

1 ①赤いリボンの長さが比べる量、青いリボンの長さがもとにする量です。
②もとにする量×割合(倍)＝比べる量
の式にあてはめます。
③もとにする量を求める問題です。

2 もとにする量を求める問題です。

どんな計算になるか考えよう

どんな計算になるか考えよう 40〜41ページ

1 ①

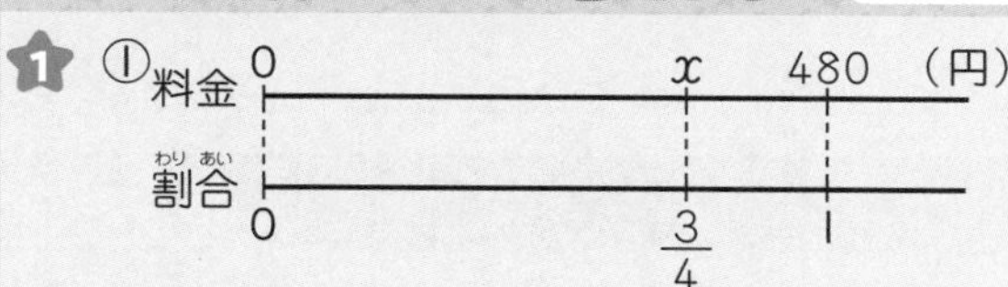

②式 $480\times\frac{3}{4}=360$ 答え 360円

2 ①

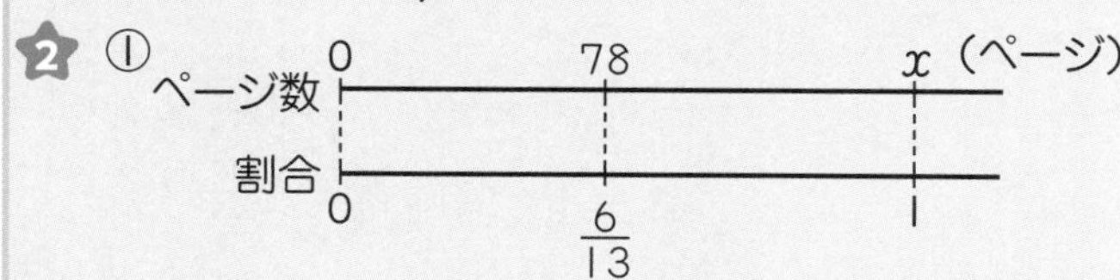

②式 $78\div\frac{6}{13}=169$ 答え 169ページ

3 ①

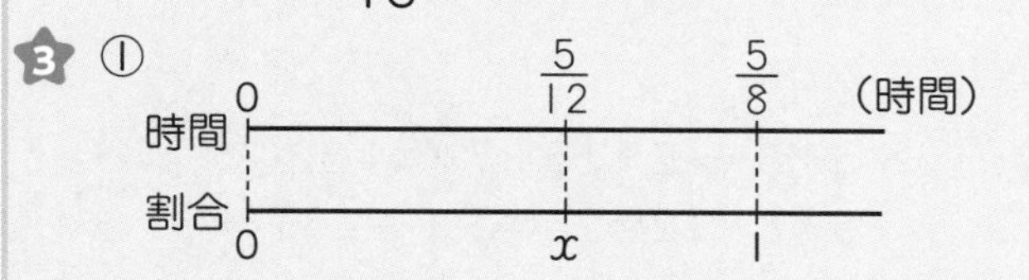

②式 $\frac{5}{12}\div\frac{5}{8}=\frac{2}{3}$ 答え $\frac{2}{3}$倍

4 ①

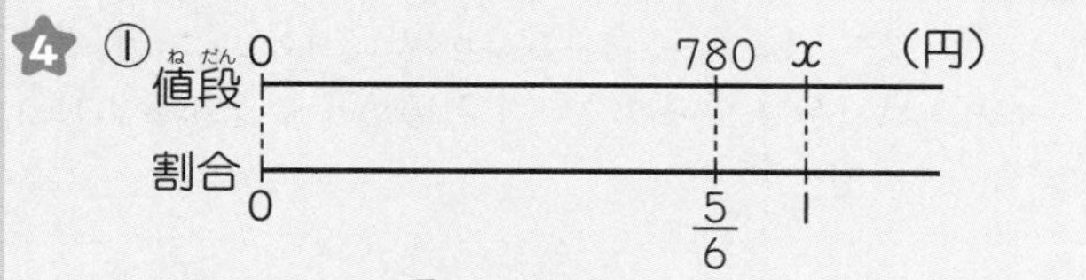

②式 $780\div\frac{5}{6}=936$ 答え 936円

てびき

1 ①文中からバス代が電車代の何倍か見つけます。
②比べる量を求める問題です。

2 ①読んだページが78ページ、本全体がxページなので、割合が1なのがxページです。
②もとにする量を求める問題です。

3 ①もとにする量は歩いてかかる時間なので、割合が1なのが、$\frac{5}{8}$時間です。
②何倍かを求める問題です。

4 ①文中からノートセットの値段と割合を見つけましょう。
②もとにする量を求める問題です。

7 データの調べ方

ぴったり1 準備 42ページ

1 ①7　②5　③2　④15　⑤45　⑥50　⑦6　⑧5　⑨3　⑩16

ぴったり2 練習 43ページ

❶ ①6年1組

②6年2組男子

⑪　⑫⑨
② ⑧④　⑦　⑤⑯　⑬　①　⑥③　⑮　⑭　⑩
25　30　35　40　45　50　55　60(kg)

③　体重の記録(1組)

体重(kg)	人数(人)
以上　未満 25 ～ 30	1
30 ～ 35	2
35 ～ 40	4
40 ～ 45	3
45 ～ 50	4
50 ～ 55	3
55 ～ 60	1
合計	18

体重の記録(2組)

体重(kg)	人数(人)
以上　未満 25 ～ 30	1
30 ～ 35	2
35 ～ 40	3
40 ～ 45	3
45 ～ 50	5
50 ～ 55	2
55 ～ 60	0
合計	16

④6年1組　⑤45 kg 以上 50 kg 未満

てびき

❶ ①1組　合計は、759 kg
平均は、759÷18＝42.16…
2組　合計は、669 kg
平均は、669÷16＝41.81…

④50 kg 以上 55 kg 未満と、55 kg 以上 60 kg 未満の人数の合計を求めて比べます。

⑤50 kg 以上の人が4人います。

ぴったり1 準備 44ページ

1 (1)30、35　(2)5、5

2 5、2、1

ぴったり2 練習 45ページ

❶

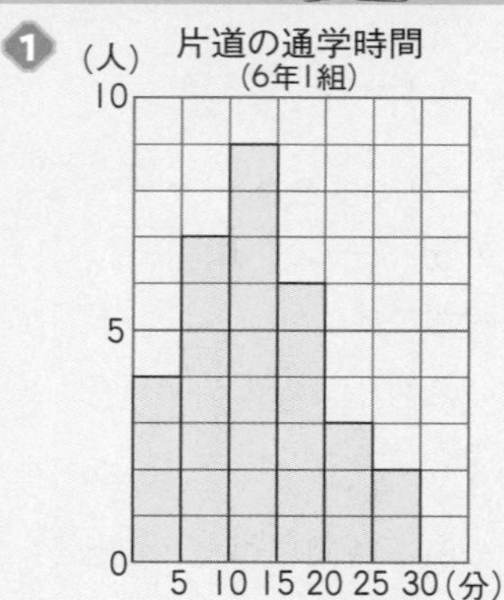

❷ ①52人　②26人　③12番めから26番め

てびき

❶ 人数の長さだけ棒(ぼう)をかきます。

❷ ①1＋5＋8＋12＋15＋7＋4＝52(人)

②1＋5＋8＋12＝26(人)

③145 cm 以上 150 cm 未満の階級(かいきゅう)にはいります。
150 cm 以上の人は、
7＋4＝11(人)、145 cm 以上 150 cm 未満の人は 15 人いるので、12 番めから 26 番めにはいります。

③ ①7.6 秒以上 7.8 秒未満
②7.4 秒以上 7.6 秒未満

③ ①棒がいちばん長いところです。
②7.0 秒以上 7.2 秒未満は1人、7.2 秒以上 7.4 秒未満は2人だから、7.4 秒未満の人は3人いることになります。7.4 秒以上 7.6 秒未満は6人だから、速いほうから6番めはこの中にはいります。

ぴったり1 準備 46ページ

1 (1)15、11、11、16、11.5、11.5 (2)10、15 (3)11、13、12.5、12.5

ぴったり2 練習 47ページ

① ①46 回
②41 回
③43 回
④41.5 回

② ①

	1組	2組
平均値(回)	42.4	43
最頻値(回)	46	41
中央値(回)	43	41.5

②平均値、最頻値、中央値

てびき

① ③1組の記録の個数は 15 だから、
小さい順にならべたときの8番めの値です。
④2組の記録の個数は 16 だから、
小さい順にならべたときの8番めと9番めの値の平均です。
(41+42)÷2=41.5

② ①1組の平均値は、
(32+36+37+39+40+40+41+43+45+46+46+46+47+48+50)÷15
=636÷15=42.4
2組の平均値は、
(34+37+39+40+40+41+41+41+42+44+44+45+46+49+51+54)÷16
=688÷16=43

1

⑪
⑩ ⑦ ⑮
④ ⑥⑬①⑨③ ⑭ ⑫② ⑧ ⑤
5 10 15 20 25 30(m)

2 ① ソフトボール投げの記録
（6年2組女子）

きょり(m)	人数(人)
以上　未満 5 〜 10	1
10 〜 15	4
15 〜 20	6
20 〜 25	3
25 〜 30	2
合計	16

②5人

③ ソフトボール投げの記録
（6年2組女子）

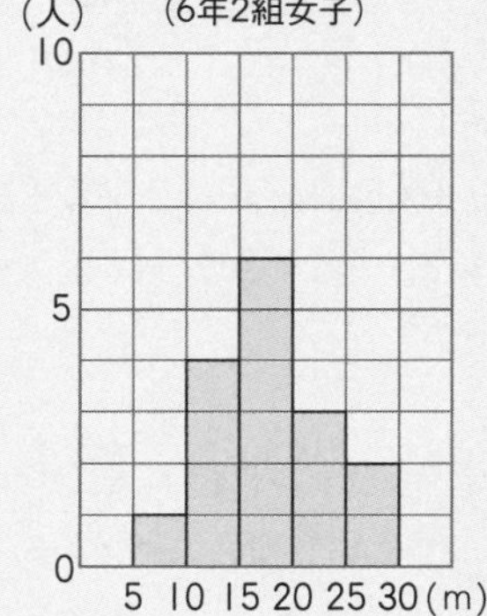

3 ①7点
②7.5点
③10点

4 ①32人
②320 cm以上340 cm未満
③360 cm以上380 cm未満
④いえる。

2 ①ドットプロットを見て、順に、どの区切りにはいるか調べます。
②3＋2＝5（人）
③人数の長さだけ棒をかきます。

3 ①12人の得点の合計は、
3＋4×2＋5×2＋7＋8＋9×2＋10×3
＝84（点）
だから、平均値は、84÷12＝7（点）
②12人の中央値は、6番めと7番めの得点の平均だから、
(7＋8)÷2＝7.5（点）

4 ①3＋5＋8＋7＋4＋3＋2＝32（人）
②棒がいちばん長い階級です。
③400 cm以上420 cm未満に2人、380 cm以上400 cm未満に3人、あわせて5人いるので、6番めのわたるさんは、その下の階級にはいります。
④とおるさんの記録は、340 cm以上360 cm未満の階級にはいります。
340 cm以上とんだ人は、
7＋4＋3＋2＝16（人）で、全体の32人の半数であり、とおるさんはこの中にはいっているので、遠くまでとんだほうといえます。

8 円の面積

ぴったり1 準備 50ページ

1 (1)3、28.26、28.26　(2)6、3.14

2 4、4

ぴったり2 練習 51ページ

❶ ①12.56 cm²　②28.26 cm²

❷ 半径　10 cm　面積　314 cm²

❸ ①37.68 cm²　②100.48 cm²

❹ ①157 cm²　②28.26 cm²

てびき

❶ 円の面積＝半径×半径×円周率
の式にあてはめます。円周率には 3.14 を使います。
①2×2×3.14＝12.56(cm²)
②半径は、6÷2＝3(cm)
　3×3×3.14＝28.26(cm²)

❷ 直径の長さを x cm とすると、
直径×円周率＝円周の長さ　の式を使って、
x×3.14＝62.8　　x＝62.8÷3.14＝20(cm)
半径は、20÷2＝10(cm)
面積は、10×10×3.14＝314(cm²)

❸ ①半径4cm の円の面積から、直径4cm の円の面積をひいて求めます。
4×4×3.14−2×2×3.14
＝16×3.14−4×3.14
＝(16−4)×3.14
＝12×3.14
＝37.68(cm²)
②半径6cm の円の面積から、半径2cm の円の面積をひいて求めます。
6×6×3.14−2×2×3.14
＝(6×6−2×2)×3.14＝32×3.14
＝100.48(cm²)

❹ ①半円の面積＝円の面積÷2　です。
半径は、20÷2＝10(cm)
10×10×3.14÷2＝157(cm²)
②円を $\frac{1}{4}$ にした図形の面積は、円の面積÷4
で求められます。
6×6×3.14÷4＝9×3.14
＝28.26(cm²)

❶ ①直径
②半径、半径

❷ ①50.24 cm² ②113.04 cm²
③78.5 cm² ④314 cm²
⑤100.48 cm² ⑥3.14 cm²

❸ ①25.12 cm² ②86 cm²

❹ 式 18.84÷3.14=6　6÷2=3
3×3×3.14=28.26
答え 28.26 cm²

❺ ①2倍
②4倍

❻ 式 10×10×3.14÷4−10×10÷2=28.5
28.5×2=57
答え 57 cm²

❷ ①4×4×3.14=50.24(cm²)
②6×6×3.14=113.04(cm²)
③半径は、10÷2=5(cm)
5×5×3.14=78.5(cm²)
④半径は、20÷2=10(cm)
10×10×3.14=314(cm²)
⑤半径は、16÷2=8(cm)
8×8×3.14÷2=100.48(cm²)
⑥2×2×3.14÷4=3.14(cm²)

❸ ①半径2cmの半円を移動させると、右の図のように半径4cmの半円の面積と等しくなります。

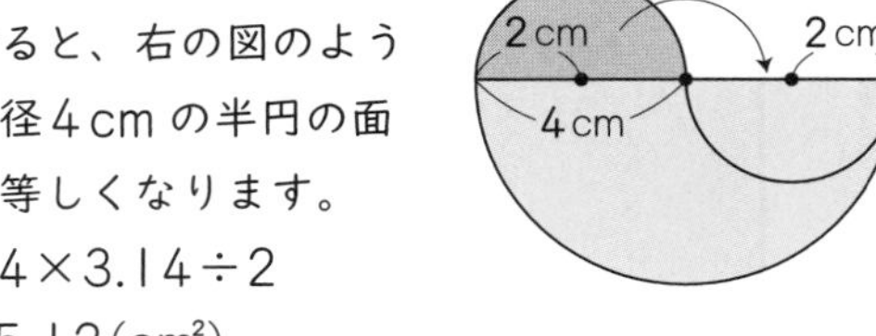

4×4×3.14÷2
=25.12(cm²)
②1辺20cmの正方形から、直径20cmの半円を2つひいて求めます。
20×20−(10×10×3.14÷2)×2
=400−314=86(cm²)

❹ 円周の長さ÷円周率=直径
直径÷2=半径

❺ ①ⓘの円周の長さは、
4×2×3.14=8×3.14(cm)
ⓐの円周の長さは、
2×2×3.14=4×3.14(cm)
(8×3.14)÷(4×3.14)=8÷4=2(倍)
②ⓘの面積は、
4×4×3.14=16×3.14(cm²)
ⓐの面積は、
2×2×3.14=4×3.14(cm²)
(16×3.14)÷(4×3.14)=16÷4=4(倍)

❻ 右の図の㋐と㋑の面積は等しくなります。
㋐は、半径10cmの円の$\frac{1}{4}$から底辺と高さが10cmの三角形をひいて求めることができます。

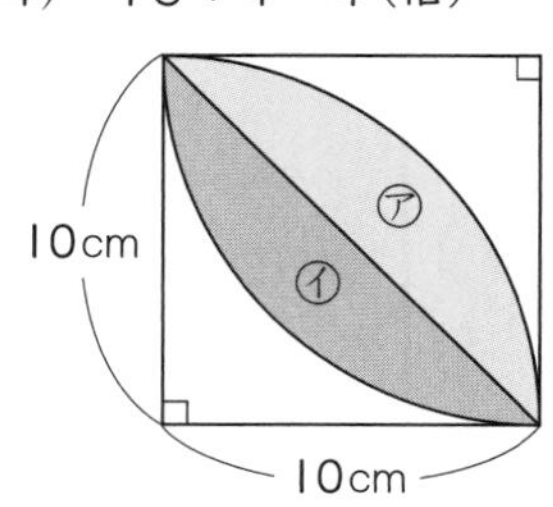

9 角柱と円柱の体積

ぴったり1 準備 54ページ

1 2、5
2 5、10

ぴったり2 練習 55ページ

❶ ①5
②1
③3
④底面積

❷ ①270 cm^3　②36 cm^3

❸ ①314 cm^3　②1130.4 cm^3

てびき

❷ 角柱の体積＝底面積×高さ
①底面積は 27 cm^2 です。
体積は、27×10＝270(cm^3)
②底面積は、底辺6cm、高さ3cm の三角形の面積です。
6×3÷2＝9 (cm^2)
体積は、9×4＝36(cm^3)

❸ 円柱の体積＝底面積×高さ
①底面積は半径5cm の円の面積です。
$\underbrace{(5\times5\times3.14)}_{底面積}\times\underbrace{4}_{高さ}=100\times3.14$
＝314(cm^3)
②底面積は直径 12 cm の円の面積です。
底面の半径は、12÷2＝6 (cm)
$\underbrace{(6\times6\times3.14)}_{底面積}\times\underbrace{10}_{高さ}=360\times3.14$
＝1130.4(cm^3)

1 ①底面積　②円周率

2 ①72 cm³　②240 cm³
③580 cm³　④392.5 cm³
⑤50.24 cm³　⑥2512 cm³

3 ①65 cm²
②390 cm³

4 ①22 cm²
②88 cm³

5 ①4000 cm³
②2回
③32 はい分

2 ①(8×3÷2)×6＝72(cm³)
②台形の面積は、(上底＋下底)×高さ÷2 で求めます。
底面積は、(4＋8)×5÷2＝30(cm²)
体積は、30×8＝240(cm³)
③58×10＝580(cm³)
④円の面積は、半径×半径×3.14 で求めます。
体積は、(5×5×3.14)×5＝125×3.14
＝392.5(cm³)
⑤(2×2×3.14)×4＝16×3.14＝50.24(cm³)
⑥底面の半径は、20÷2＝10(cm)
(10×10×3.14)×8＝314×8＝2512(cm³)

3 ①底面が、2つの三角形をあわせた形になっています。
底面積は、底辺 10 cm、高さ 5 cm の三角形と底辺 10 cm、高さ 8 cm の三角形の面積だから、
10×5÷2＋10×8÷2＝65(cm²)
②体積は、65×6＝390(cm³)

4 ①角柱としてみるには、下の図のような面を底面と考えます。

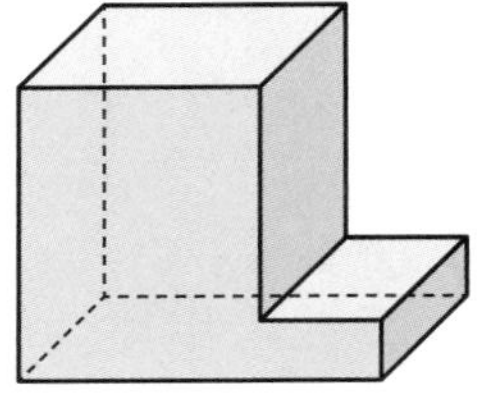

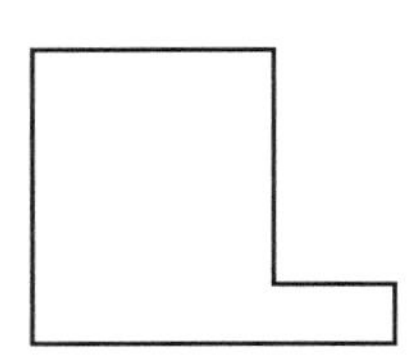

底面

底面積は、2つの長方形と考えて、
5×4＋1×2＝22(cm²)
または
5×6－4×2＝22(cm²)
②体積は、22×4＝88(cm³)

5 ①(20×20÷2)×20＝4000(cm³)
②④の体積は、20×20×20＝8000(cm³)です。
8000÷4000＝2(回)
③②から、④にはいる水の体積は、㋐にはいる水の体積の2倍だから、16×2＝32(はい)分になります。

10 場合の数

ぴったり1 準備 58ページ

1 ①4　②2　③4　④2　⑤3　⑥6　⑦6　⑧24

ぴったり2 練習 59ページ

1 ①

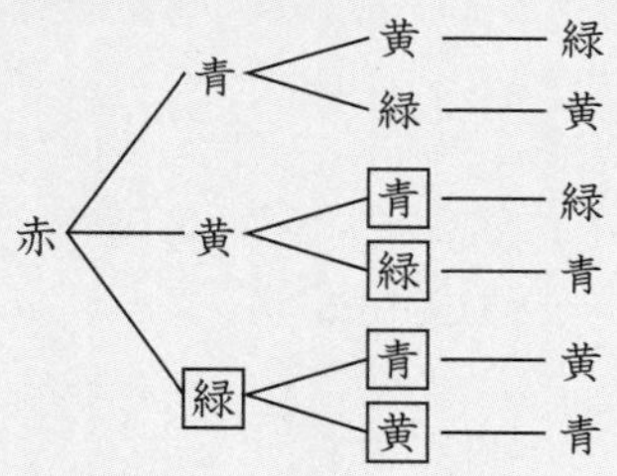

赤 ― 青 ― 黄 ― 緑
　　　　 ― 緑 ― 黄
　 ― 黄 ― 青 ― 緑
　　　　 ― 緑 ― 青
　 ― 緑 ― 青 ― 黄
　　　　 ― 黄 ― 青

②24 とおり

2 ① 1回め　2回め　3回め

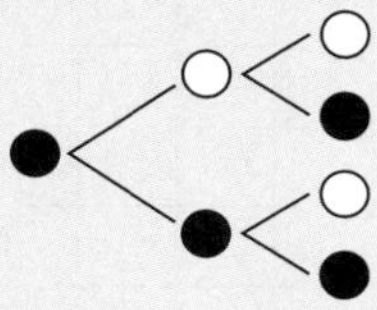

● ― ○ ― ○
　　　　 ― ●
　 ― ● ― ○
　　　　 ― ●

②8とおり

3 ①6とおり
②4とおり
③3とおり

てびき

3 ①次のような6とおりあります。

徒歩 ― 鉄道　0＋370＝370(円)
　　　　　　　15＋5＋8＋5＝33(分)
徒歩 ― 路面　0＋280＝280(円)
　　　　　　　15＋5＋20＋5＝45(分)
徒歩 ― バス　0＋250＝250(円)
　　　　　　　15＋5＋25＋5＝50(分)
バス ― 鉄道　230＋370＝600(円)
　　　　　　　4＋5＋8＋5＝22(分)
バス ― 路面　230＋280＝510(円)
　　　　　　　4＋5＋20＋5＝34(分)
バス ― バス　230＋250＝480(円)
　　　　　　　4＋5＋25＋5＝39(分)

②①で、　　が 500 円以下で、4とおりです。
③①で、　　が 35 分以内で、3とおりです。

ぴったり1 準備 60ページ

1

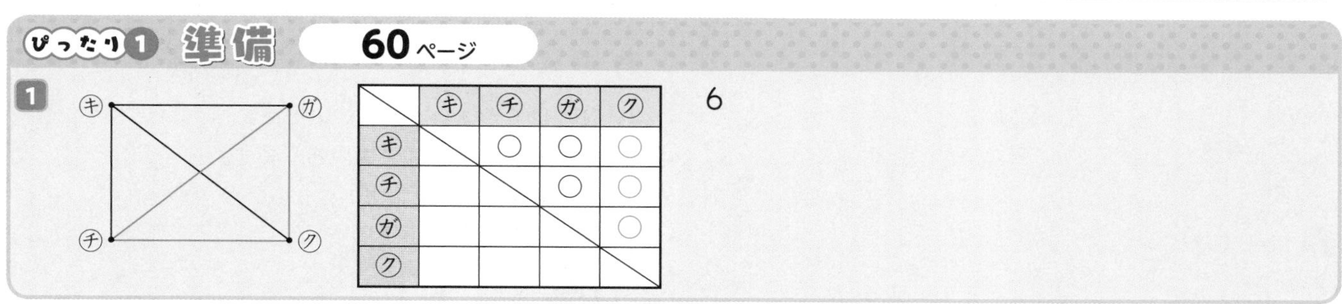

	㋖	㋠	㋕	㋗
㋖		○	○	○
㋠			○	○
㋕				○
㋗				

6

練習 61ページ

てびき

❶

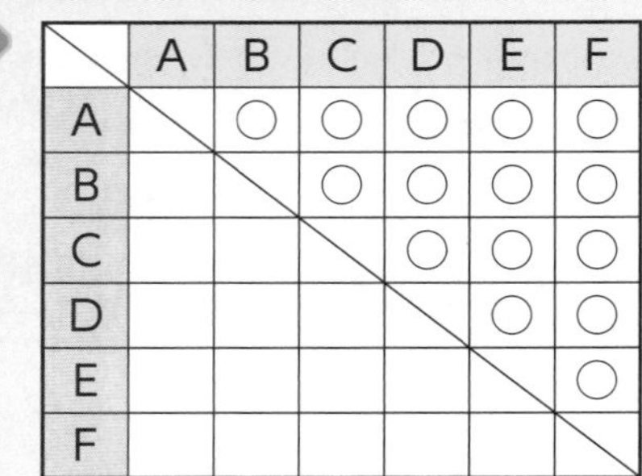

	A	B	C	D	E	F
A		○	○	○	○	○
B			○	○	○	○
C				○	○	○
D					○	○
E						○
F						

15とおり

❷ 6とおり

❸ 10とおり

❹ ①12とおり
②6とおり

❷

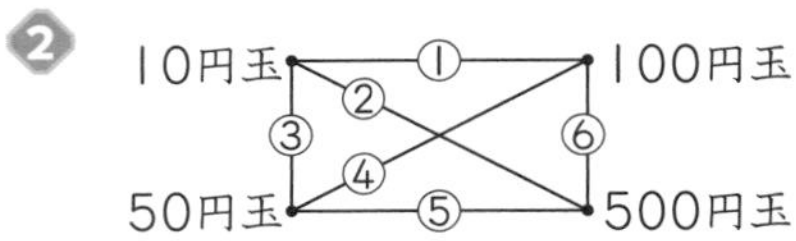

❸ すべてかき出します。

A	○	○	○	○	○	○				
B	○	○	○				○	○	○	
C	○			○	○		○	○		○
D		○		○		○	○		○	○
E			○		○	○		○	○	○

❹ ①班長（はんちょう）、副班長の順に選ぶとき

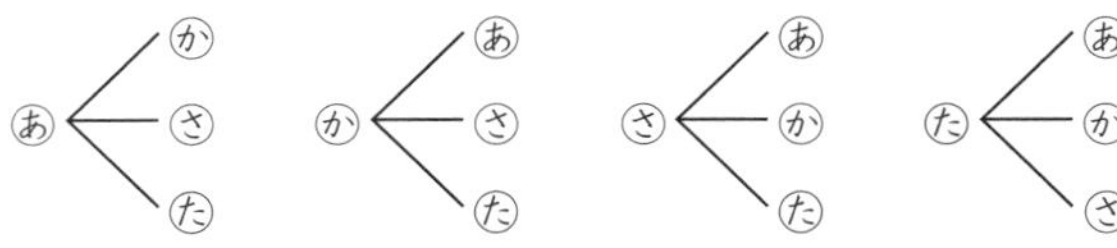

12とおりあります。

②2人とも代表なので、順番は関係ありません。

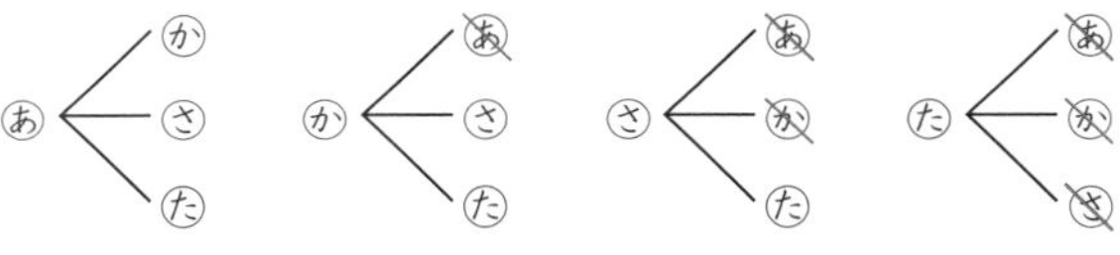

同じものを消すと、半分の6とおりになります。

ぴったり3 確かめのテスト 62～63ページ

てびき

❶ ①6とおり
②24とおり

❷ 6とおり

❶ ①

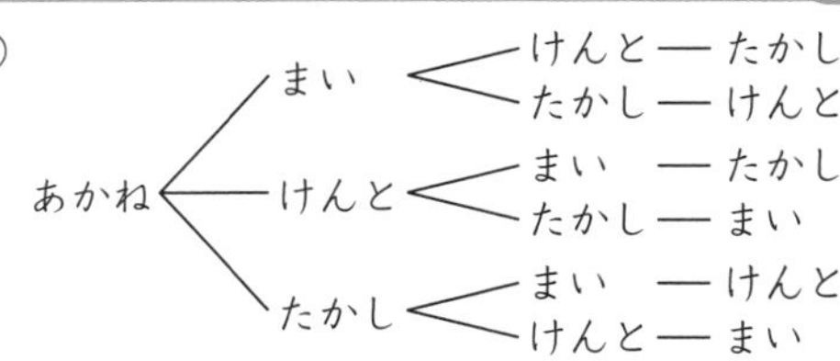

②左はしがまいさん、けんとさん、たかしさんでもそれぞれ6とおりずつあります。

$6 \times 4 = 24$（とおり）

❷

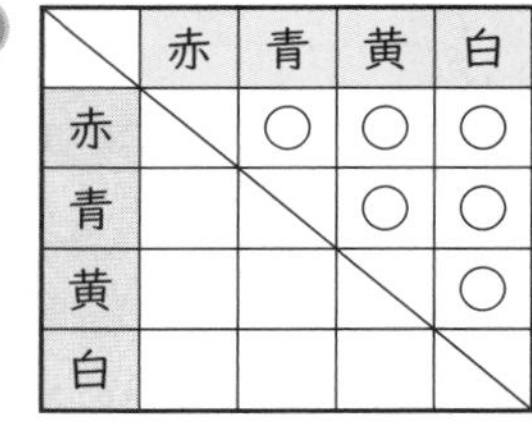

	赤	青	黄	白
赤		○	○	○
青			○	○
黄				○
白				

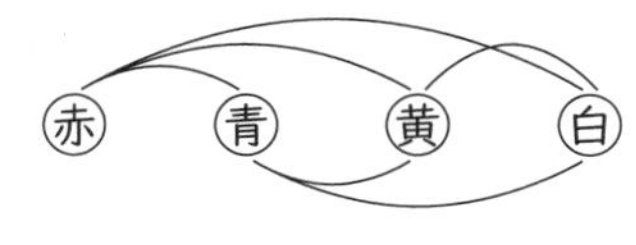

6とおりあります。

❸ 16とおり

❹ ①18とおり
②10とおり

❺ 20とおり

❸

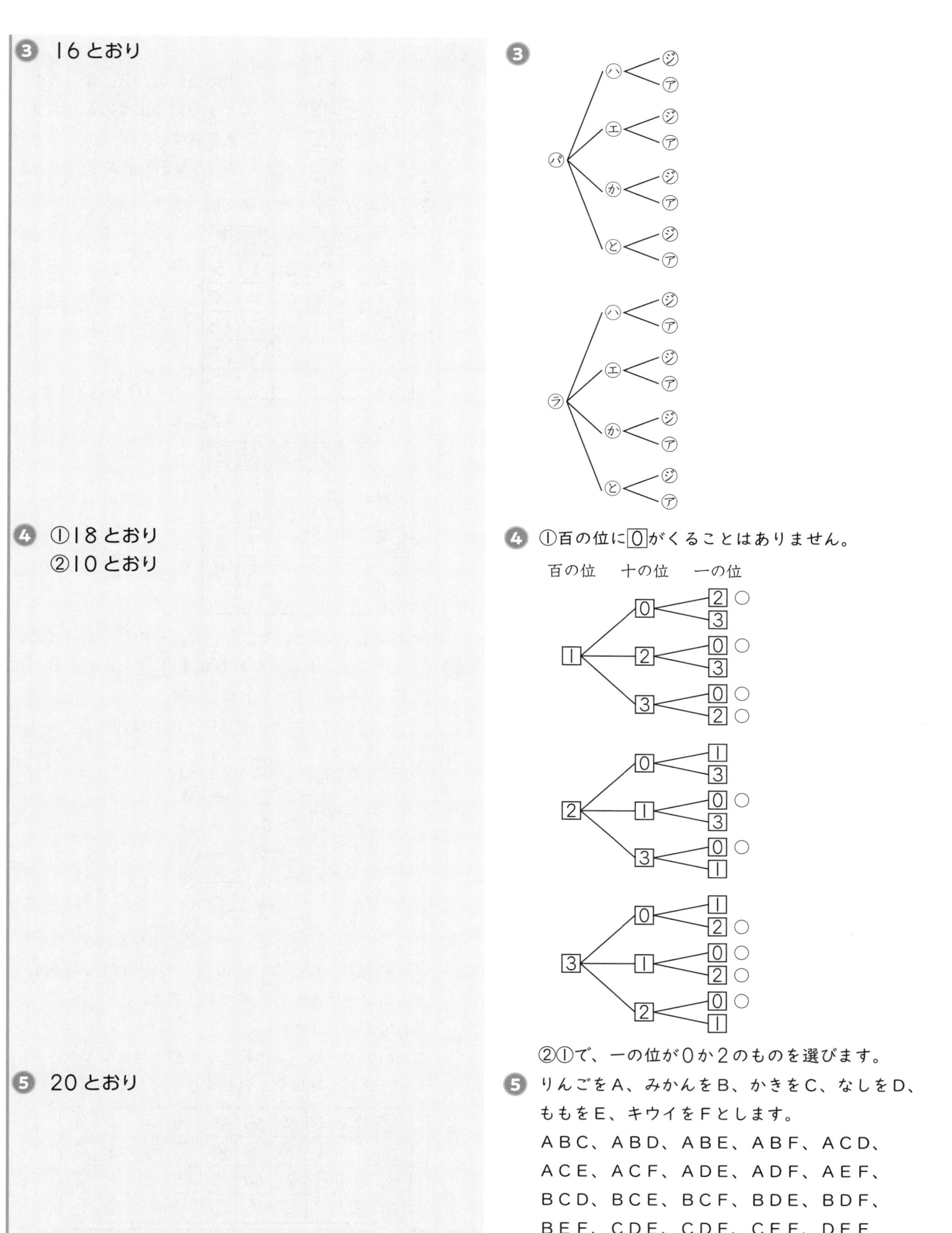

❹ ①百の位に0がくることはありません。

②①で、一の位が0か2のものを選びます。

❺ りんごをA、みかんをB、かきをC、なしをD、ももをE、キウイをFとします。
ABC、ABD、ABE、ABF、ACD、
ACE、ACF、ADE、ADF、AEF、
BCD、BCE、BCF、BDE、BDF、
BEF、CDE、CDF、CEF、DEF
20とおりあります。

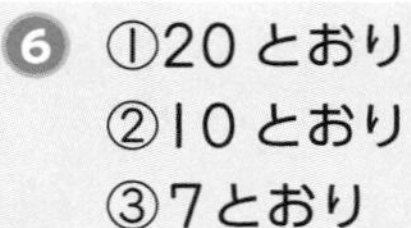

6 ①20とおり
②10とおり
③7とおり

7 ①24とおり
②9とおり

6 ①十の位　一の位

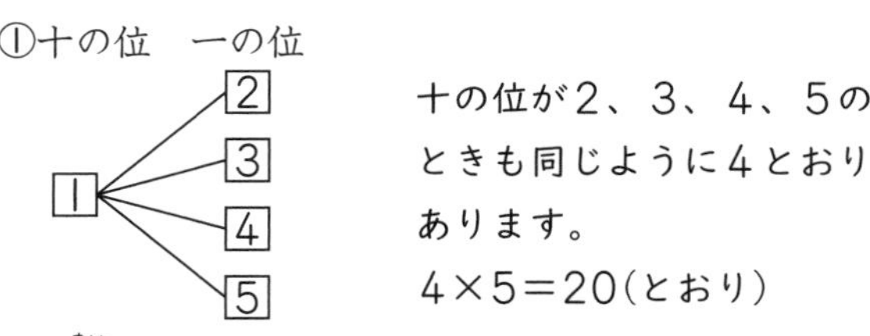

十の位が2、3、4、5のときも同じように4とおりあります。
4×5＝20(とおり)

②2枚(まい)のカードの数の積を調べます。

	1	2	3	4	5
1		2	3	4	5
2			6	8	10
3				12	15
4					20
5					

10とおりです。

③2枚のカードの数の和を調べます。

	1	2	3	4	5
1		3	4	5	6
2			5	6	7
3				7	8
4					9
5					

和は、3、4、5、6、7、8、9の7とおりです。

7 ①たとえば、1とかかれた箱を1、1とかかれたボールを①と表すことにします。
1の箱に①のボールがはいる場合は、

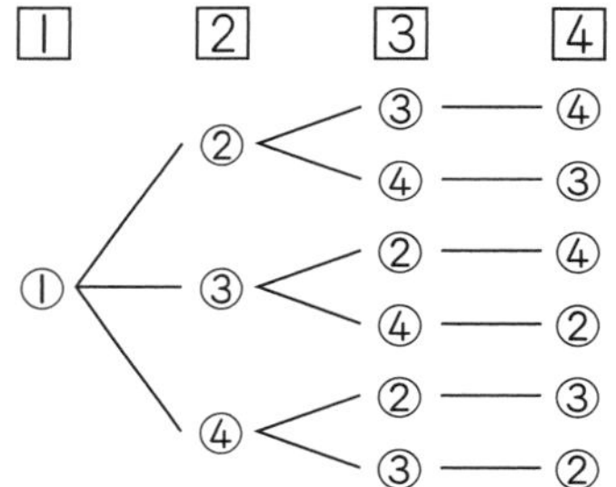

6とおり

1の箱に、②、③、④のボールがはいる場合も同じように6とおりずつあります。
6×4＝24(とおり)

②箱の番号とボールの番号がちがう場合をかき出すと、次のように9とおりあります。

1	②	②	②	③	③	③	④	④	④
2	①	③	④	①	④	④	①	③	③
3	④	④	①	④	①	②	②	①	②
4	③	①	③	②	②	①	③	②	①

11 比

ぴったり1 準備 64ページ

1 7、7

2 (1)4、4　(2)商、$\frac{3}{4}$、$\frac{3}{4}$

ぴったり2 練習 65ページ

1 ①5　②2：5
③4：9

2 ①8：3　②7：11　③20：27

3 ①$\frac{3}{11}$　②$\frac{2}{5}$(0.4)
③$\frac{7}{2}\left(3\frac{1}{2}\right)$　④6

てびき

1 ②記号「：」を使って、2と5の割合(わりあい)を2：5と表します。

3 $a:b$ の比の値(あたい)は、$a \div b=\frac{a}{b}$ で表されます。
比の値は、ふつうは分数で表します。
②$6 \div 15=\frac{6}{15}=\frac{2}{5}(=0.4)$
④$18 \div 3=6$

ぴったり1 準備 66ページ

1 ①3　②2　③9　④$\frac{4}{3}$　⑤え

2 (1)①3　②60　(2)①5　②4

ぴったり2 練習 67ページ

1 ①あ$\frac{1}{2}$　い$\frac{2}{3}$　う2　え$\frac{1}{2}$　お$\frac{3}{4}$
②あとえ

2 え

3 (例)3：7、9：21、12：28、60：140など

4 ①10、15
②①35　②10　③10　④5

てびき

1 ①あ$5 \div 10=\frac{5}{10}=\frac{1}{2}$　い$4 \div 6=\frac{4}{6}=\frac{2}{3}$
う$8 \div 4=2$　え$3 \div 6=\frac{3}{6}=\frac{1}{2}$
お$15 \div 20=\frac{15}{20}=\frac{3}{4}$
②比の値の等しい比が、等しい比です。

2 2：6の比の値は $\frac{2}{6}=\frac{1}{3}$ だから、比の値が $\frac{1}{3}$ の比を見つけます。それぞれの比の値は、
あ$\frac{4}{3}$　い$\frac{1}{2}$　う$\frac{2}{5}$　え$\frac{1}{3}$

3 6：14の6と14を同じ数でわったり、同じ数をかけてできる比は、すべて等しくなります。
6：14＝3：7（÷2、÷2）　6：14＝9：21（×1.5、×1.5）

4 ②$\frac{4}{5}=\frac{4 \times 7}{5 \times 7}=\frac{28}{35}$
$\frac{2}{7}=\frac{2 \times 5}{7 \times 5}=\frac{10}{35}$

ぴったり1 準備 68ページ

1 (1)3、40　(2)2、20、20　(3)20、60、60

2 (1)5、5、10　(2)4、5

ぴったり2 練習 69ページ

❶ 16人

❷ 28 cm

❸ ①25 ②48
③3 ④16

❹ 姉…120 mL
弟…160 mL

てびき

❶ 女子の人数を x 人とすると、

$5:4=20:x$（×4）　$x=4\times4=16$（人）

❷ 横の長さを x cm とすると、

$3:7=12:x$　$x=7\times4=28$（cm）

❸ ③$32\div4=8$　$x=24\div8=3$

④$18\div45=\frac{2}{5}$　$x=40\times\frac{2}{5}=16$

❹ ジュースの全体の量を 1 とすると、

姉の量は全体の $\frac{3}{7}$ だから、$280\times\frac{3}{7}=120$（mL）

弟の量は全体の $\frac{4}{7}$ だから、$280\times\frac{4}{7}=160$（mL）

（別の解き方）姉と全体のジュースの比は3：7になるから、姉のジュースの量を x mL とすると、

$3:7=x:280$

$280\div7=40$　$x=3\times40=120$ mL

弟は、$280-120=160$（mL）

ぴったり3 確かめのテスト 70〜71ページ

❶ ①5：14 ②15：22

❷ ①$\frac{4}{9}$ ②$\frac{9}{10}$ ③$\frac{3}{10}$

❸ ㋑、㋒

❹ （例）5：4、10：8、20：16、25：20など

❺ ①①4 ②8
②①5 ②4

❻ ①54 ②4
③14 ④24

❼ ①90 cm
②48 cm

❽ 240 m²

❾ ①$\frac{2}{3}$倍
②りほ…90枚、妹…60枚

てびき

❷ ③$2.1\div7=\frac{21}{10}\times\frac{1}{7}=\frac{3}{10}$

❸ 比の値が $6\div8=\frac{6}{8}=\frac{3}{4}$ になる比を選びます。

㋐$\frac{4}{5}$ ㋑$\frac{3}{4}$ ㋒$\frac{3}{4}$ ㋓$\frac{2}{3}$ ㋔$\frac{2}{5}\div\frac{1}{3}=\frac{2}{5}\times3=\frac{6}{5}$

❻ ③$12\div0.6=20$　$x=0.7\times20=14$

④$10\div\frac{1}{4}=10\times4=40$　$x=\frac{3}{5}\times40=24$

❼ ①横を x cm とすると、$4:9=40:x$

$40\div4=10$　$x=9\times10=90$（cm）

②縦を x cm とすると、$4:9=x:108$

$108\div9=12$　$x=4\times12=48$（cm）

❽ 小さいプールの面積を x m² とすると、$2:5=x:600$

$600\div5=120$　$x=2\times120=240$（m²）

❾ ①$2\div3=\frac{2}{3}$

②りほさんの枚数を x 枚とすると、$3:5=x:150$

$150\div5=30$　$x=3\times30=90$（枚）

妹は、$150-90=60$（枚）

（別の解き方）折り紙の全体の枚数を 1 とすると、

りほさんの枚数は全体の $\frac{3}{5}$ だから、

$150\times\frac{3}{5}=90$（枚）

妹の枚数は全体の $\frac{2}{5}$ だから、$150\times\frac{2}{5}=60$（枚）

12 拡大図と縮図

ぴったり1 準備 72ページ

1 (1)3、KL、$\frac{3}{2}$(1.5)

(2)1、GH、$\frac{1}{2}$

ぴったり2 練習 73ページ

1 ①㋔
②2倍
③㋒
④$\frac{1}{2}$

2 ①点A…点D、点B…点E、点C…点F
②角F…40°、角E…70°
③12 cm
④6 cm

てびき

1 ますの数を数えます。
①㋐は上底2、下底3、高さ3の台形です。
㋔は上底4、下底6、高さ6の台形です。
㋔は㋐の2倍の拡大図になっています。
③㋕は上底4、下底6、高さ8の台形です。
㋒は上底2、下底3、高さ4の台形です。
㋒は㋕の$\frac{1}{2}$の縮図になっています。

2 ③辺DEは辺ABの3倍になります。
$4\times3=12$(cm)
④辺ACは辺DFの$\frac{1}{3}$になります。
$18\times\frac{1}{3}=6$(cm)

ぴったり1 準備 74ページ

1 8、8
2 3.5、65、2
3 B、2

ぴったり2 練習 75ページ

1
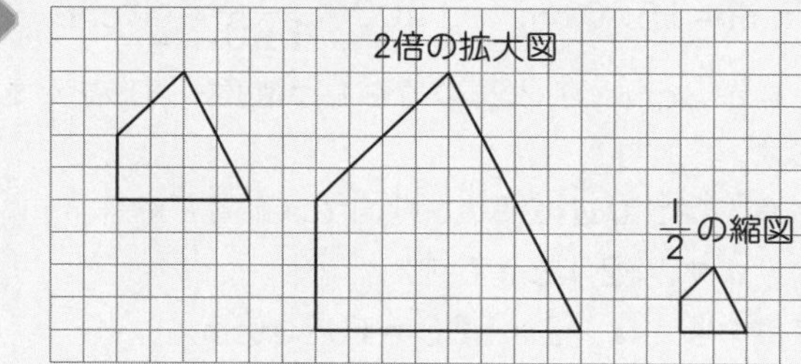

2 ①
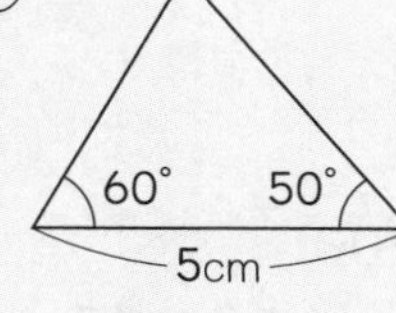

②
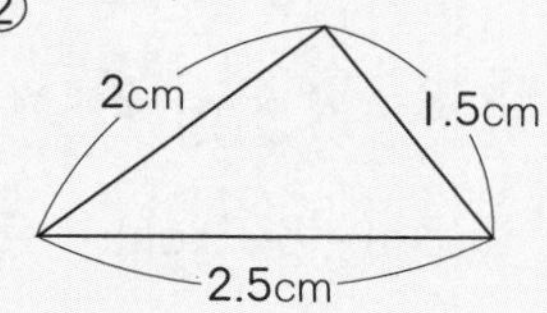

てびき

2 ①$2.5\times2=5$(cm)の辺と、両はしの60°、50°の角をはかってかきます。
②それぞれの辺を$\frac{1}{3}$にします。

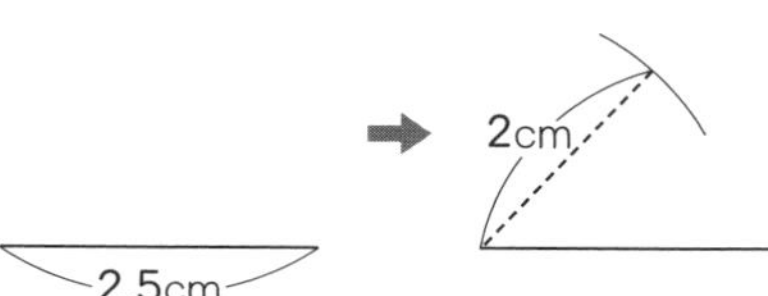

❸

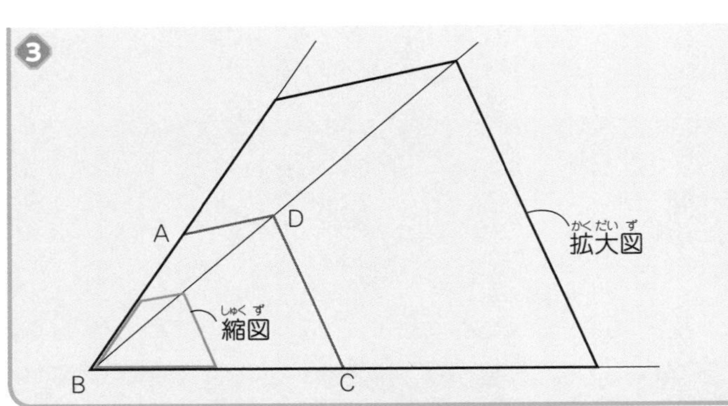

❸ ＡＢをのばした線の上にＡＢの２倍の長さで頂点をとります。ＢＤをのばした線の上、ＢＣをのばした線の上にも同様に頂点をとり、結びます。これが２倍に拡大した図になります。
また、ＡＢ、ＤＢ、ＣＢの真ん中に点をとり、結びます。これが $\frac{1}{2}$ の縮図になります。

ぴったり1 準備 76ページ

1 (1)10000、$\frac{1}{5000}$
(2)5000

2 $\frac{1}{500}$、500、1250

ぴったり2 練習 77ページ

❶ ①10 km
②50 cm
③ $\frac{1}{5000}$(1：5000)

❷

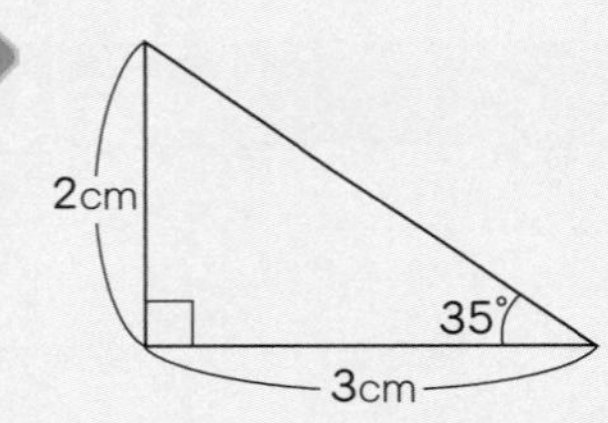

答え　約 10 m(10.5 m も可)

❸

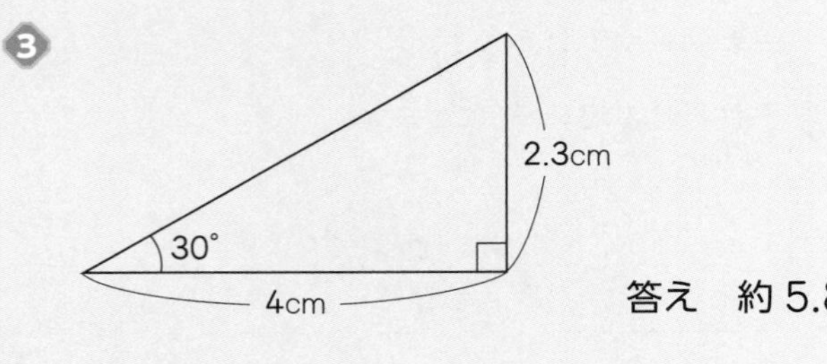

答え　約 5.8 m

てびき

❶ ①　4×250000＝1000000(cm)
1000000 cm＝10000 m
＝10 km
②200 m＝20000 cm
$20000\times\frac{1}{400}=50$(cm)
③60 m＝6000 cm
$1.2\div6000=\frac{12}{10}\times\frac{1}{6000}=\frac{1}{5000}$

❷ 15 m の $\frac{1}{500}$ を求めます。
15 m＝1500 cm　$1500\times\frac{1}{500}=3$(cm)
1辺が3cmで、35°の角をもつ直角三角形をかきます。
直角をはさむ辺の長さを縮図ではかると約2cmになります。(2.1 cm も可)
実際の長さは、2×500＝1000(cm)
1000 cm＝10 m

❸ 8 m の $\frac{1}{200}$ を求めます。
8 m＝800 cm　$800\times\frac{1}{200}=4$(cm)
1辺が4cmで、30°の角をもつ直角三角形をかきます。直角をはさむ辺の長さを縮図ではかると、2.3 cm になります。
実際の長さは、2.3×200＝460(cm)
460 cm＝4.6 m
目までの高さをたすと、4.6＋1.2＝5.8(m)

1 ①頂点(ちょうてん)H

②120°

③$7.5\left(\frac{15}{2}\right)$cm

④4cm

2

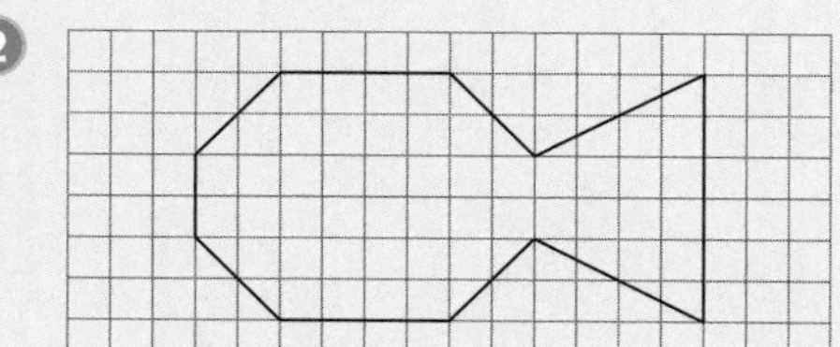

3

3cm
70°
4cm

4

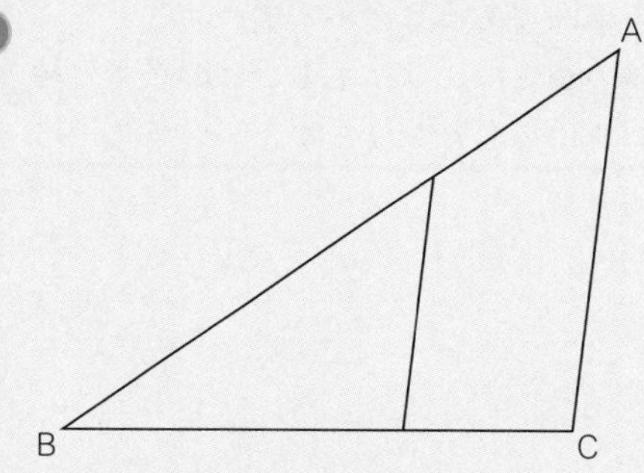

5

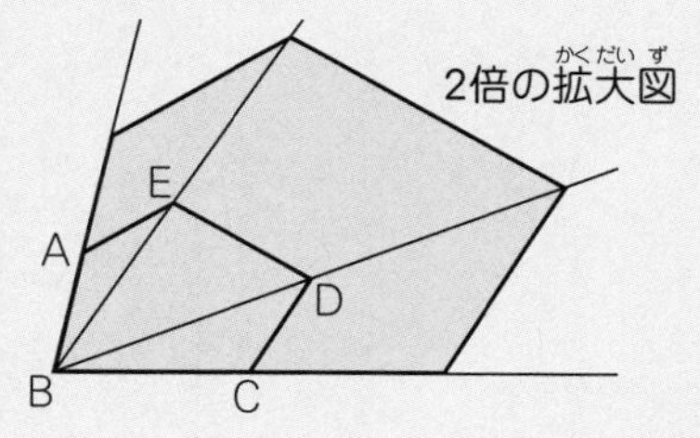

てびき

1 ②角Gは角Cに対応します。

③辺FGの$\frac{3}{2}$倍になります。

$5\times\frac{3}{2}=\frac{15}{2}=7.5$(cm)

④辺EFの$\frac{3}{2}$倍が辺ABになります。

辺EFを$x$cmとすると、

$x\times\frac{3}{2}=6$　　$x=6\div\frac{3}{2}=4$

3

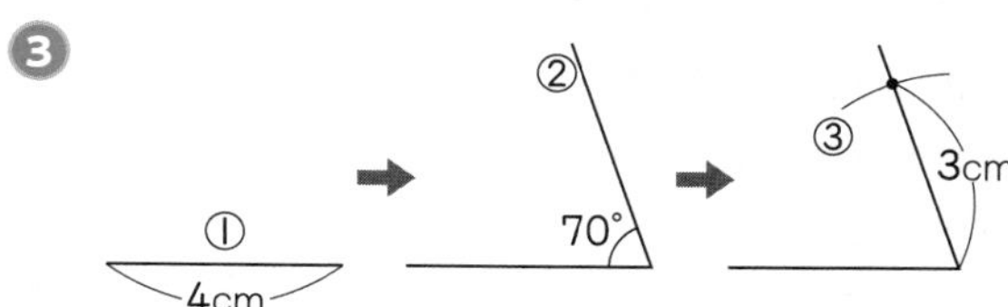

4 三角形ABCを$\frac{2}{3}$に縮小(しゅくしょう)した三角形DBEの辺BDとBEの長さは、AB、BCの長さがそれぞれ6cm、4.5cmなので、BDの長さは$6\times\frac{2}{3}=4$(cm)、BEの長さは

$4.5\times\frac{2}{3}=3$(cm)となります。

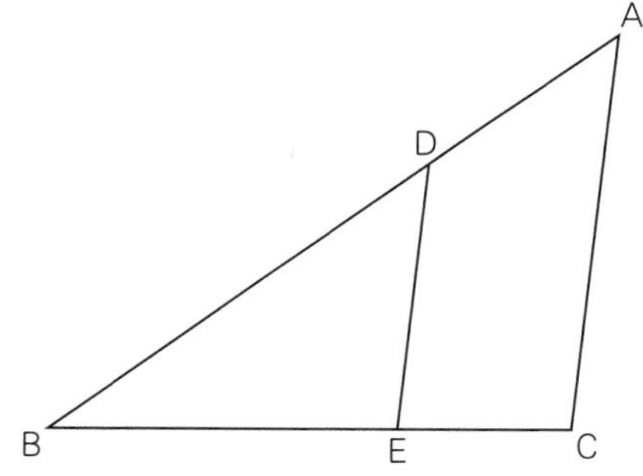

❻ 縮図

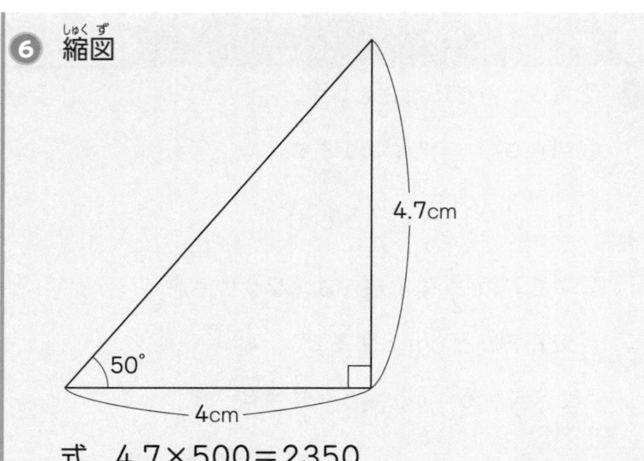

式　$4.7\times500=2350$

$2350\text{ cm}=23.5\text{ m}$

$23.5+1.2=24.7$

答え　24.7 m（25 m も可）

❼ 式　木の高さを x m とすると、

$x:1=4:0.8$

$x:1=40:8$

$x:1=5:1$

$x=5$　　答え　5 m

❻ $\frac{1}{500}$ の縮図をかいて、求める部分の長さをはかると、4.7 cm になります。実際の長さは、500 倍します。

❼

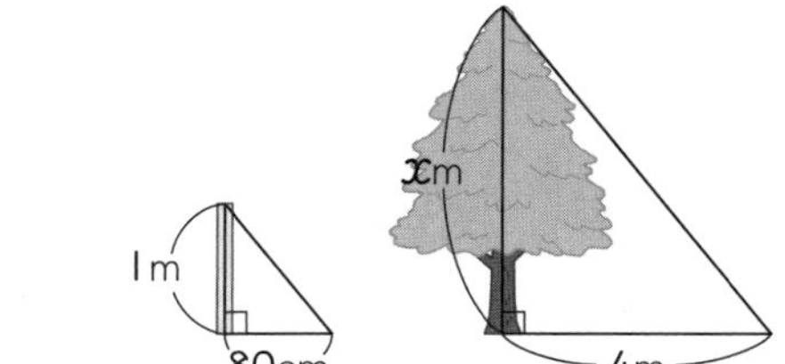

棒とかげがつくる直角三角形は、木とかげがつくる直角三角形の縮図であると考えます。
木の高さと棒の長さの比は、木のかげの長さと棒のかげの長さの比に等しくなります。

13 およその面積と体積

ぴったり1 準備 80ページ

1 (1)12、102、102 (2)60、2700、2700

2 (1)円、円柱 (2)3、3.14、5

ぴったり2 練習 81ページ

❶ ①約 9500 m^2 ②約 500 km^2

❷ ①約 2200 cm^3 ②約 105 cm^3

てびき

❶ ①円の4分の1とみて、
110×110×3.14÷4＝9498.5(m^2)
約 9500 m^2
②台形とみて、(30＋20)×20÷2＝500(km^2)

❷ ①直方体とみることができます。
25×22×4＝2200(cm^3)
②三角柱とみることができます。
(6×7÷2)×5＝105(cm^3)

ぴったり3 確かめのテスト 82～83ページ

❶ ①約 705 km^2
②約 850 km^2

❷ 約 600 km^2

❸ 約 78 m^3

❹ ①台形
②約 1500 km^2

❺ ①円柱
②約 1000 cm^3

てびき

❶ ①50×15÷2＋55×12÷2＝705(km^2)
②40×25－10×30÷2＝850(km^2)

❷ 2つの三角形の面積の差を考えて、
50×30÷2－30×10÷2＝600(km^2)

❸ 2.5×12×2.6＝78(m^3)

❹ ②10 km を 1 cm に縮小(しゅくしょう)した縮図です。
縮図で長さをはかると、上底は4cm、下底は8cm、高さは 2.5 cm の台形になっています。
実際の長さはそれぞれ 40 km、80 km、25 km だから、面積は、(40＋80)×25÷2＝1500(km^2)

❺ ②底面の半径4cm、高さ 20 cm の円柱とみることができます。
(4×4×3.14)×20＝1004.8(cm^3)
約 1000 cm^3

14 比例と反比例

ぴったり1 準備 84ページ

1 (1)2、3、比例　(2)15、25　(3)$\frac{1}{2}$、$\frac{1}{3}$

ぴったり2 練習 85ページ

1 ①×
②○
③×
④○

2 ①$\frac{1}{4}$になる。
②$\frac{5}{3}$倍になる。
③1.2倍、1.4倍、1.6倍になる。

てびき

1 xの値（あたい）が2倍、3倍、…になるとき、yの値も2倍、3倍、…になるものは比例しているといいます。
①xの値が増えているのに、yの値は減っているので、比例とはいえません。
②360÷180＝2、540÷180＝3より、xの値が2倍、3倍、…になると、yの値も2倍、3倍、…になっているので、比例しています。
③xの値が5から10へ2倍になっても、yの値は2倍にはなりません。
④xの値が2倍、3倍、…になると、yの値も2倍、3倍、…になります。

2 ①水の深さはそれぞれ、32cmから8cm、64cmから16cmに変わっています。
$\frac{8}{32}=\frac{1}{4}$　$\frac{16}{64}=\frac{1}{4}$
②水の深さは24cmから40cmに変わっています。
$\frac{40}{24}=\frac{5}{3}$(倍)
③$\frac{48}{40}=1.2$(倍)　$\frac{56}{40}=1.4$(倍)
$\frac{64}{40}=1.6$(倍)

ぴったり1 準備 86ページ

1 (1)5、5　(2)5、8　(3)70、5、5

2 5、直線

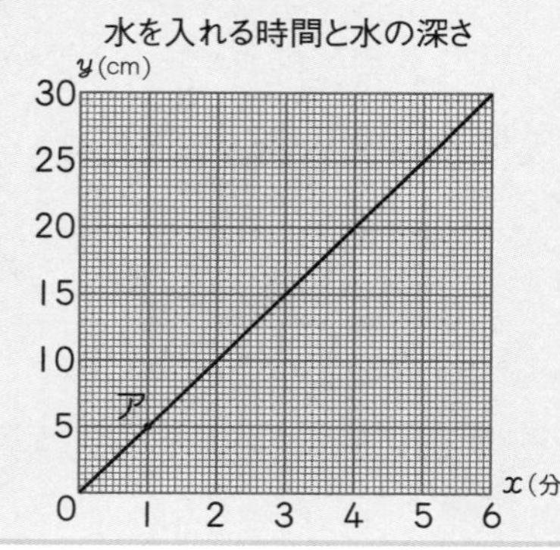

ぴったり2 練習 87ページ

❶ ①$y=40\times x$
②480 m
③10分

❷ ① y(cm) 水を入れる時間と水の深さ

②27 ③2.5

てびき

❶ ①40÷1=40、80÷2=40、…、$y\div x=40$
きまった数は40だから、$y=40\times x$
②xに12をあてはめて、$y=40\times 12$
$y=480$
③yに400をあてはめて、$400=40\times x$
$x=400\div 40$　$x=10$

❷ ①xの値(あたい)とyの値を表す点をとり、0の点とそれぞれの点を直線で結びます。
②xの値が4.5のところとグラフの交わる点から、yの値をよみとります。
③yの値が15のところとグラフの交わる点から、xの値をよみとります。

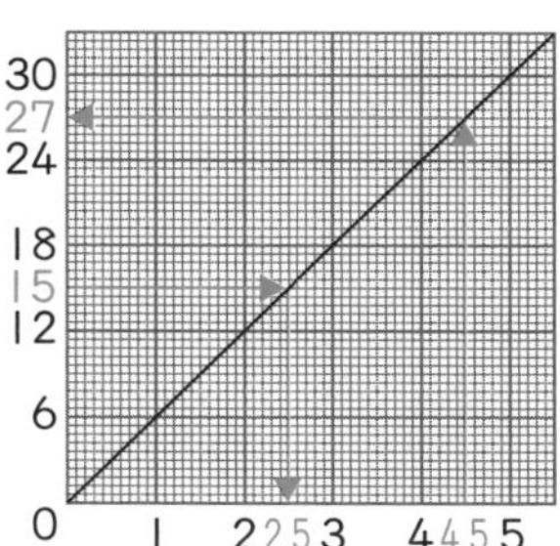

ぴったり1 準備 88ページ

1 40、2.5、2.5、500、500
2 18、1.8、400、720、720

ぴったり2 練習 89ページ

❶ 920 g

❷ 8 cm

❸ ①60冊(さつ)
②60冊
③36冊

てびき

❶ 1枚(まい)の重さ　46÷10=4.6(g)
200枚の重さ　4.6×200=920(g)
下の表のようにして、求めることもできます。

10倍

枚数(枚)	20	200
重さ(g)	92	□

10倍

92×10=920(g)

❷ 1枚の厚さ　1÷50=0.02(cm)
400枚の厚さ　0.02×400=8(cm)

❸ ①1冊の厚さ　10÷10=1(cm)
何冊ならべられるか　60÷1=60(冊)
下の表のようにして、求めることもできます。

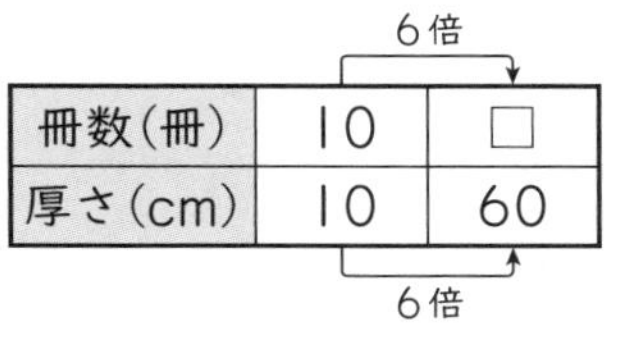

6倍

冊数(冊)	10	□
厚さ(cm)	10	60

6倍

10×6=60(冊)

②1冊の厚さ　15÷10=1.5(cm)
何冊ならべられるか　90÷1.5=60(冊)
下の表のようにして、求めることもできます。

冊数(冊)	10	□
厚さ(cm)	15	90

（上下とも6倍）　10×6=60(冊)

③1冊の厚さ　12.5÷5=2.5(cm)
何冊ならべられるか　90÷2.5=36(冊)
下の表のようにして、求めることもできます。

冊数(冊)	5	□
厚さ(cm)	12.5	90

（上下とも7.2倍）　5×7.2=36(冊)

ぴったり1 準備　90ページ

1 (1)9、6　(2)反比例　(3)6、9

ぴったり2 練習　91ページ

1 ①○
②×
③○

2 ①×
②○
③×

3 ① $\frac{1}{2}$、$\frac{1}{3}$、…になる。
②2倍、3倍、…になる。

てびき

1 表をつくってみます。

①

底辺 x(cm)	1	2	3
高さ y(cm)	8	4	$\frac{8}{3}$

②

くみ出した水 x(L)	1	2	3
残りの水 y(L)	49	48	47

③

時速 x(km)	1	2	3
時間 y(時間)	12	6	4

この中で、x の値が2倍、3倍、…になると、y の値が $\frac{1}{2}$、$\frac{1}{3}$、…になるものを見つけます。

2 ①x の値が1から2に2倍になったとき、y の値は4から3に $\frac{3}{4}$ になっています。
②x の値が2倍、3倍、…になると、y の値は $\frac{1}{2}$、$\frac{1}{3}$、…になります。
③x の値が2倍、3倍、…になると、y の値は2倍、3倍、…になっているので、比例の関係にあります。

ぴったり1 準備 92ページ

1 (1)18、18 (2)18、18、1.2

2 ①2 ②1.5 ③1.2 ④1

ぴったり2 練習 93ページ

1 ①時間は時速に反比例する。

②$y=120\div x$

③xの値(あたい) 7.5…yの値 16

xの値 24 …yの値5

④yの値 10 …xの値 12

yの値 2.5…xの値 48

2 ①$y=24\div x$

②あ3 い2 う1.5

③ y(cm) 長方形の横の長さと縦の長さ

24, 20, 15, 10, 5, 0

5, 10, 15, 20, 24 x(cm)

てびき

1 ①時速 x(km)が2倍、3倍、…になると、

時間 y(時間)は $\frac{1}{2}$、$\frac{1}{3}$、…になっています。

②$10\times12=120$、$20\times6=120$、…

$x\times y=120$

きまった数は 120 だから、$y=120\div x$

③$y=120\div x$ の x に数をあてはめて、

yの値を求めます。

$x=7.5$ のとき、$y=120\div7.5$ $y=16$

$x=24$ のとき、$y=120\div24$ $y=5$

④$y=120\div x$ の y に数をあてはめて、x の値を求めます。

$y=10$ のとき、$10=120\div x$ $x=12$

$y=2.5$ のとき、$2.5=120\div x$ $x=48$

2 ①$1\times24=24$、$2\times12=24$、…、$x\times y=24$

きまった数は 24 だから、$y=24\div x$

②あ$y=24\div8$ $y=3$

い$y=24\div12$ $y=2$

う$y=24\div16$ $y=1.5$

1 比例…あ、お　反比例…え、か
どちらでもない…い、う

2 ①比例、$y=0.05\times x\left(y=\frac{1}{20}\times x\right)$
②15 cm　③500 g

3 ①$y=100\div x$　②$y=2\times x$

4 ①$y=60\div x$　②あ12　い4　③8cm

5 ①比例している。　②50 g　③4.5 m
④$y=20\times x$

6 約 700 cm^2

てびき

1 あ$y=40\times x$　比例します。
い$y=x-2$　比例も反比例もしません。
う$y=x\times x\times x$　1辺の長さが2倍になると、体積は8倍になります。
え$y=50\div x$　反比例します。
お$y=60\times x$　比例します。
か$x\times y\div 2=12$　$y=24\div x$　反比例します。

2 ①重さ x(g)が2倍、3倍、…になると、のび y(cm)も2倍、3倍、…になっています。
$2\div 40=0.05$、$4\div 80=0.05$、…、
$y\div x=0.05\left(=\frac{1}{20}\right)$
きまった数は 0.05 だから、$y=0.05\times x$
②$y=0.05\times 300$　$y=15$
③$25=0.05\times x$　$x=25\div 0.05$　$x=500$

3 ①道のり＝速さ×時間　$100=x\times y$
x と y は反比例の関係にあり、$y=100\div x$
②水の深さ(cm)
＝1分あたりにたまる水の深さ(cm)×時間
容器には、1分で2cm 水がたまるので、
$y=2\times x$　y は x に比例します。

4 ①角柱の体積＝底面積×高さ　$60=x\times y$
x と y は反比例の関係にあり、$y=60\div x$
②あ式の y に5をあてはめて、
$5=60\div x$　$x=60\div 5$　$x=12$
い式の x に 15 をあてはめて、
$y=60\div 15$　$y=4$
③式の x に 7.5 をあてはめて、
$y=60\div 7.5$　$y=8$

5 ①グラフが0の点を通る直線になっています。
②x の値(あたい)が 2.5 のところとグラフの交わる点から y の値をよみとり、50 です。
③y の値が 90 のところとグラフの交わる点から x の値をよみとり、4.5 です。
④グラフから、x が1のとき y は 20、x が2のとき y は 40、…とわかります。
$20\div 1=20$、$40\div 2=20$、…
きまった数は 20 だから、$y=20\times x$

6 1g あたりの面積　$(20\times 20)\div 24=\frac{\overset{50}{\cancel{400}}}{\underset{3}{\cancel{24}}}=\frac{50}{3}$ (cm^2)

42 g の面積　$\frac{50}{3}\times 42=\frac{50\times \overset{14}{\cancel{42}}}{\cancel{3}\times 1}=700$($cm^2$)

下の表のようにして、求めることもできます。

面積(cm^2)	400	□
重さ(g)	24	42

（400 → □：1.75倍、24 → 42：1.75倍）

$20\times 20=400$(cm^2)
$42\div 24=1.75$(倍)
400×1.75
$=700$(cm^2)

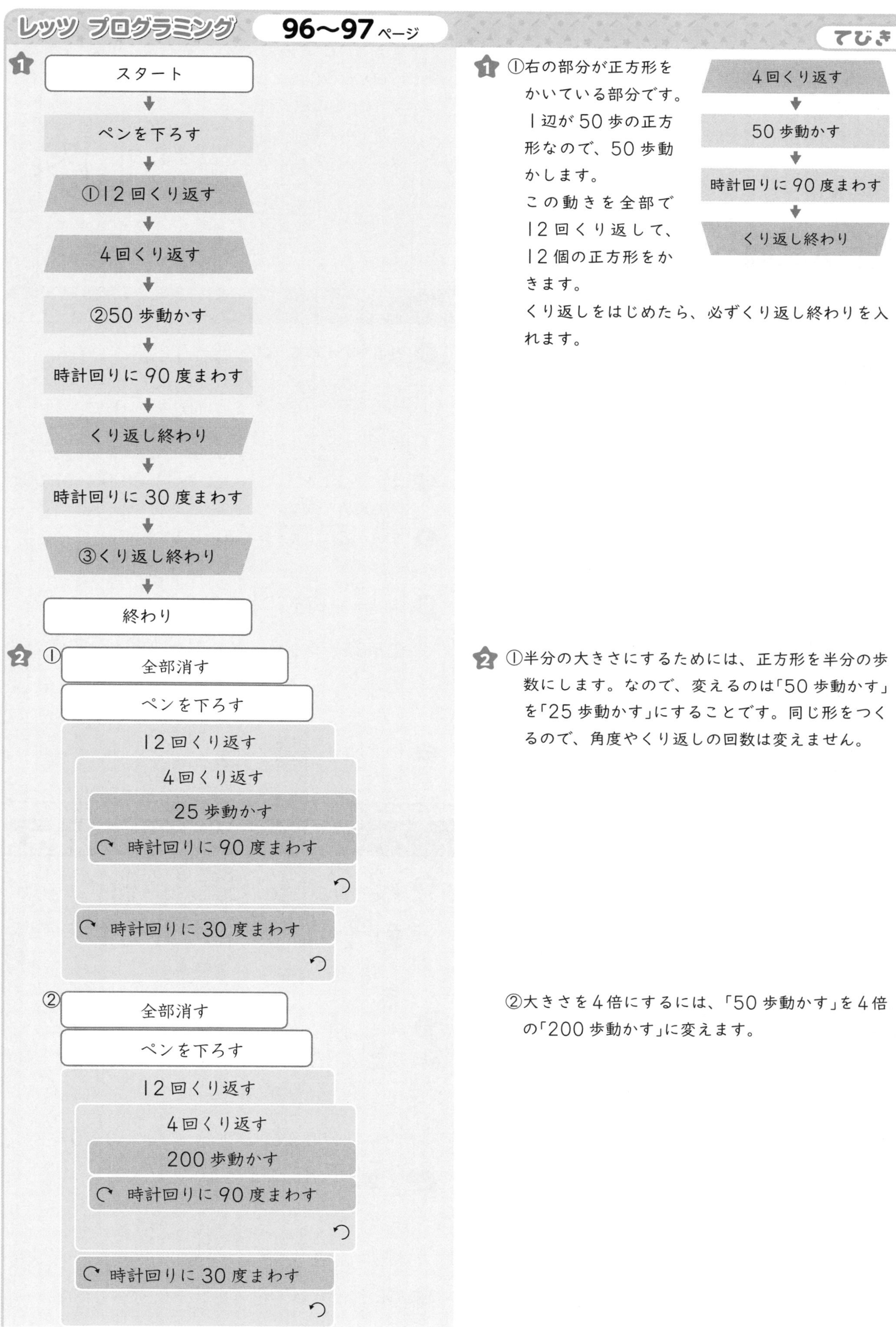

1 ①右の部分が正方形をかいている部分です。1辺が50歩の正方形なので、50歩動かします。この動きを全部で12回くり返して、12個の正方形をかきます。
くり返しをはじめたら、必ずくり返し終わりを入れます。

2 ①半分の大きさにするためには、正方形を半分の歩数にします。なので、変えるのは「50歩動かす」を「25歩動かす」にすることです。同じ形をつくるので、角度やくり返しの回数は変えません。

②大きさを4倍にするには、「50歩動かす」を4倍の「200歩動かす」に変えます。

3回くり返す

50歩動かす

時計回りに120度まわす

3 正方形と正三角形のちがいは、辺の数と角度です。変えるのは「4回くり返す」を「3回くり返す」、「時計回りに90度まわす」を「時計回りに120度まわす」にすることです。

三角形の内角は60°ですが、時計回りなので、120°まわることが必要です。

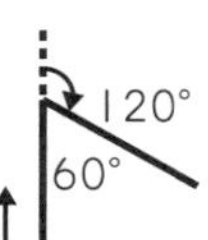

6年間のまとめ

まとめのテスト 98ページ

てびき

1

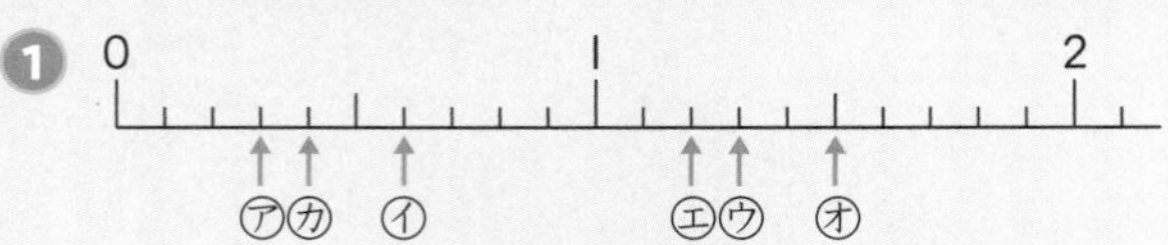

2 ①㋐8 ㋑9 ㋒2 ㋓6
②㋐386 ㋑3 ㋒8 ㋓6

3 ①73000 ②43

4 あ

5 ①0.75 ②0.85 ③$1\frac{3}{5}\left(\frac{8}{5}\right)$
④$4\frac{8}{25}\left(\frac{108}{25}\right)$

6 ①最大公約数…4、最小公倍数…40
②最大公約数…3、最小公倍数…42

7 ①$\frac{1}{2}$ ②$\frac{7}{12}$

8 ①< ②> ③<

てびき

1 数直線の1めもりは$0.1\left(\frac{1}{10}\right)$を表しています。

㋓ $1\frac{1}{5}=1\frac{2}{10}$ ㋔ $\frac{3}{2}=\frac{15}{10}=1\frac{5}{10}$

㋕ $\frac{2}{5}=\frac{4}{10}$

2 ②1は0.1を10個集めた数、10は0.1を100個集めた数です。

3 左から3けためを四捨五入(ししゃごにゅう)します。

5 ② $\frac{17}{20}=17\div20=0.85$

④ $4.32=4\frac{32}{100}=4\frac{8}{25}\left(=\frac{108}{25}\right)$

7 ② $\frac{21}{36}=\frac{21\div3}{36\div3}=\frac{7}{12}$

まとめのテスト 99ページ

てびき

1 ①814 ②39 ③4.02 ④0.71
⑤$\frac{11}{10}\left(1\frac{1}{10}\right)$ ⑥$\frac{2}{3}$

2 ①212 ②4410 ③8.4 ④0.646
⑤24あまり4 ⑥20

3 ①3.5 ②4.1あまり3.6
③4.4あまり0.26 ④9.2あまり0.004

4 ①$\frac{5}{8}$ ②$\frac{1}{2}$ ③$\frac{3}{4}$ ④$\frac{2}{3}$ ⑤21 ⑥$\frac{8}{3}\left(2\frac{2}{3}\right)$

5 ①23 ②9 ③19.02

てびき

1 ⑤ $\frac{5}{6}+\frac{4}{15}=\frac{25}{30}+\frac{8}{30}=\frac{33}{30}=\frac{11}{10}\left(=1\frac{1}{10}\right)$

⑥ $1\frac{5}{12}-\frac{3}{4}=\frac{17}{12}-\frac{9}{12}=\frac{8}{12}=\frac{2}{3}$

3 ③

```
        4.4
4.1 ) 18.3
      164
       190
       164
       0.26
```

④

```
          9.2
0.63 ) 5.80
       567
        130
        126
        0.004
```

4 ⑥ $2\frac{2}{7}\div\frac{9}{14}\div1\frac{1}{3}=\frac{16}{7}\times\frac{14}{9}\times\frac{3}{4}$

$=\frac{\overset{4}{\cancel{16}}\times\overset{2}{\cancel{14}}\times\overset{1}{\cancel{3}}}{\underset{1}{\cancel{7}}\times\underset{3}{\cancel{9}}\times\underset{1}{\cancel{4}}}=\frac{8}{3}\left(=2\frac{2}{3}\right)$

5 ③$2.5\times8-0.7\times1.4=20-0.98=19.02$

6 ①3900　②26　③11

6 ①$25\times13\times3\times4=(25\times4)\times(13\times3)$
$=100\times39=3900$
②$2.6\times5.4+2.6\times4.6=2.6\times(5.4+4.6)$
$=2.6\times10=26$
③$24\times\left(\frac{5}{8}-\frac{1}{6}\right)=24\times\frac{5}{8}-24\times\frac{1}{6}$
$=15-4=11$

まとめのテスト　100ページ

てびき

1 ①あ、い、う、お　②う、お　③う、お
④あ、う、お　⑤あ、い、う、お

2 ア60°　イ65°　ウ90°　エ85°

2 ア$180°-(50°+70°)=60°$
イ$(180°-50°)\div2=65°$
ウ$360°-(120°+80°+70°)=90°$
エ$180°-(90°+35°)=55°$
$(180°-120°)\div2=30°$　　$55°+30°=85°$

3 ①三角柱　②三角形ＤＣＥ　③12 cm
④24 cm^3

3 ③底面の三角形ＩＪＨのまわりの長さと等しくなります。$3+5+4=12$(cm)
④$(3\times4\div2)\times4=24(cm^3)$

4 ①3本　②13個

4 ②1辺1cmの正三角形が9個、
1辺2cmの正三角形が3個、
1辺3cmの正三角形が1個あります。

まとめのテスト　101ページ

てびき

1 ①20 cm^2　②39 cm^2　③25.12 cm
④10 cm

1 ③$8\times3.14=25.12$(cm)
④$62.8\div3.14\div2=10$(cm)

2 25.12 cm^2

2 右下の直径4cmの半円を移すと、半径4cmの半円の面積と等しくなります。
$4\times4\times3.14\div2=25.12(cm^2)$

3 ①729 cm^3　②714 cm^3　③300 cm^3
④1695.6 cm^3

3 ①$9\times9\times9=729(cm^3)$
②$8.5\times12\times7=714(cm^3)$
③$25\times12=300(cm^3)$
④$(6\times6\times3.14)\times15=1695.6(cm^3)$

4 252 cm^3

4 2つの直方体に分けて求めてもよいし、右のような形を底面とする角柱とみて求めてもよいです。

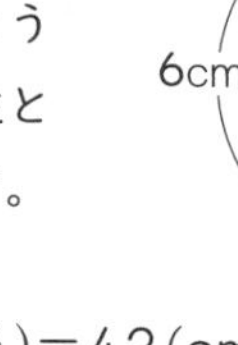

右の図形の面積は、
$6\times10-3\times(10-4)=42(cm^2)$
高さが6cmだから、$42\times6=252(cm^3)$

まとめのテスト　102ページ

てびき

1 ①cm　②mL　③m^2　④m　⑤kg

1 それぞれの単位1あたりの大きさを覚えておきましょう。

2 ①350　②2.9　③0.4　④57　⑤0.6
⑥12000　⑦2.3　⑧36

2 ③1000 kg＝1 t　④1000 cm^3＝1 L
⑤1 kL＝1 m^3　⑦100 a＝1 ha
⑧$60\times\frac{3}{5}=36$(分)

③ ①8.9 g　②15 km
④ ①時速 1080 km　②19 km
③1750 m(1.75 km)
④2時間 30 分(2.5 時間)　⑤40 分

③ ①712÷80＝8.9(g)　②900÷60＝15(km)
④ ①4320÷4＝1080(km)
②38×0.5＝19(km)
③70×25＝1750(m)(1.75 km)
④105÷42＝2.5(時間)(2時間 30 分)
⑤24 km＝24000 m、24000÷600＝40(分)
(別の解き方)600 m＝0.6 km
24÷0.6＝40 分

まとめのテスト　103ページ

① ①$200\times x=y$　②$(x+y)\times 2=20$
③$120\div x=y$　④$x+250=y$
比例…①　反比例…③
② ①120 g　②$y=2.5\times x$
③ ①60 %　②90 m²　③400 円　④360 円
④ ①10　②2
⑤ 45 個

てびき

① y＝きまった数×x という式で表されるとき、y は x に比例し、y＝きまった数÷x という式で表されるとき、y は x に反比例します。
② ①ケチャップの重さはウスターソースの量に比例します。
ウスターソースが 300÷50＝6(倍)になると、ケチャップも6倍になるので、20×6＝120(g)
②ケチャップ 1 g にウスターソースを
50÷20＝2.5(mL)使います。
③ ①9÷15＝0.6　0.6×100＝60(%)
②500×0.18＝90(m²)
③120÷0.3＝400(円)
④400×(1−0.1)＝360(円)
④ ①　$2:9=x:45$（×5）
②　$24:8=6:x$（÷4）
⑤ 姉の個数を x 個とすると、$5:4=x:36$
36÷4＝9　$x=5\times 9=45$(個)
(別の解き方)姉のおはじきの個数は、妹のおはじきの個数の何倍かを考えます。
$5\div 4=\frac{5}{4}$(倍)　$36\times\frac{5}{4}=45$(個)

まとめのテスト　104ページ

① ①い　②え　③う　④あ
② ①12日　②11日　③7日
③ 6とおり
④ ①(1)6とおり　(2)24 とおり
②5とおり

てびき

② ①データの値(あたい)の合計は 300 になります。
300÷25＝12(日)
②中央値は 13 番めの値です。
③ あえ、あお、いえ、いお、うえ、うおの6とおり。
④ ①(1)135、137、153、157、173、175 の
6とおり。
(2)百の位が3、5、7の整数もそれぞれ6とおりずつできるから、全部で、6×4＝24(とおり)できます。
②1＋3＝4　1＋5＝6　1＋7＝8
3＋5＝8　3＋7＝10　5＋7＝12
2枚の選び方は、上のように6とおりあって、和を求めると4、6、8、8、10、12 になります。8が2とおりあるので、全部で5とおりになります。

夏のチャレンジテスト

1 ① $\frac{2}{7}$　② $\frac{20}{3}\left(6\frac{2}{3}\right)$　③ $\frac{3}{7}$　④4

⑤ $\frac{1}{2}$　⑥16　⑦ $\frac{1}{3}$　⑧ $\frac{15}{14}\left(1\frac{1}{14}\right)$

⑨ $\frac{5}{7}$　⑩ $\frac{7}{6}\left(1\frac{1}{6}\right)$　⑪10　⑫ $\frac{5}{8}$

2 ①㋒　②㋑

3 ① $300-x$　② $a\times6$　③ $x\div7$

4 線対称(せんたいしょう)…㋑、㋒、㋔
点対称…㋐、㋑、㋕

5

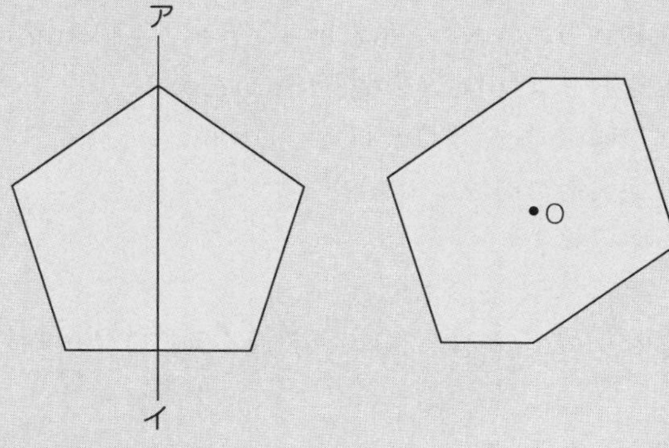

6 ①10人
②20分以上25分未満　③10人
④

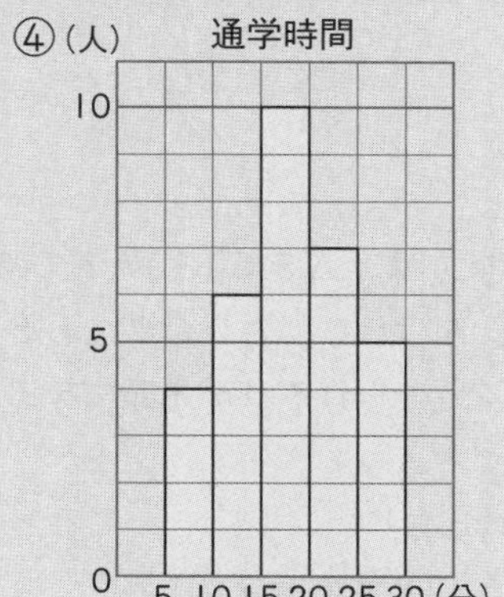

7 ①28.7 m
②24 m
③28.5 m

8 式　$1\frac{3}{4}\div\frac{1}{4}=7$　　答え　時速7km

9 式　$\frac{3}{4}\div\frac{2}{3}=\frac{9}{8}$　　答え　$\frac{9}{8}\left(1\frac{1}{8}\right)$m²

10 ㋒

てびき

1 ⑩ $35\div42\times1.4=\frac{35}{1}\times\frac{1}{42}\times\frac{7}{5}$

$=\frac{35\times7}{42\times5}=\frac{7}{6}\left(=1\frac{1}{6}\right)$

4 対称の軸(じく)と対称の中心は、次の図のようになります。

㋐　㋑　㋒　㋔　㋕

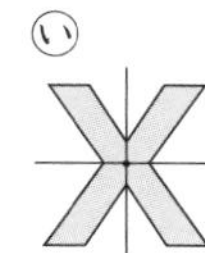
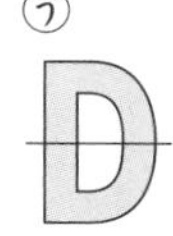
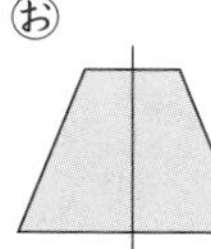
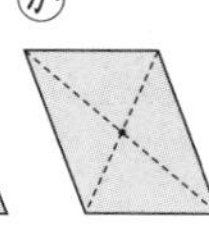

5 次のようにして、対応する点をとります。

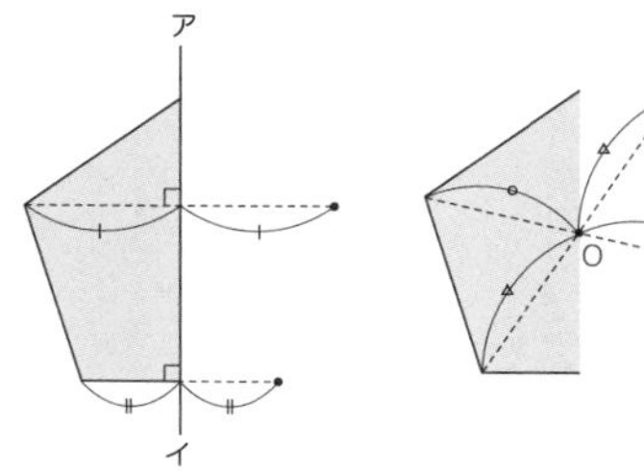

6 ① $6+4=10$(人)

7 ③データの個数が偶数(ぐうすう)のときは、中央にくる2つの値の平均値(へいきんち)を中央値(ちゅうおうち)とします。

8 速さ＝道のり÷時間、$1\frac{3}{4}\div\frac{1}{4}=\frac{7}{4}\div\frac{1}{4}=\frac{7}{4}\times4=7$

9 花だんの面積を x m² とすると、

$x\times\frac{2}{3}=\frac{3}{4}$　　$x=\frac{3}{4}\div\frac{2}{3}=\frac{9}{8}\left(=1\frac{1}{8}\right)$(m²)

1 ① $\frac{6}{5}$(1.2)　② $\frac{1}{3}$

2 比例…㋐　反比例…㋒

3 ①45　②5
③6　④8

4 ①63 cm^3
②502.4 cm^3

5 ①1256 cm^2
②157 cm^2
③13.76 cm^2

6 ①12 cm
②10 cm
③120°

7 ①㋐21　㋑35
② $y=7\times x$
③

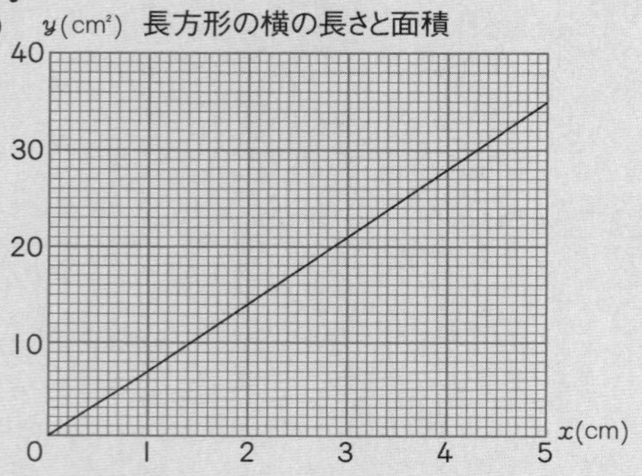

8 24とおり

9 1560円

10 約10 cm

てびき

1 ② $0.8\div2.4=\frac{4}{5}\div2\frac{2}{5}=\frac{1}{3}$

3 ③ $5\div3=\frac{5}{3}$　$x=3.6\times\frac{5}{3}=3\frac{3}{5}\times\frac{5}{3}=6$

4 ①底面積は、(2＋5)×3÷2＝10.5(cm^2)
体積は、10.5×6＝63(cm^3)
②(4×4×3.14)×10＝502.4(cm^3)

5 ①20×20×3.14＝1256(cm^2)
②10×10×3.14÷2＝157(cm^2)
③正方形の1辺の長さは、4×2＝8(cm)です。
8×8－4×4×3.14＝13.76(cm^2)

6 ①辺ＡＤの長さの2倍だから、6×2＝12(cm)
②辺ＢＦは、10×2＝20(cm)だから、
直線ＣＦは、20－10＝10(cm)

7 ①長方形の面積＝縦(たて)×横
㋐7×3＝21
㋑7×5＝35
③比例のグラフは、0の点を通る直線になります。

8 Ａが先頭になるならび方は、ＡＢＣＤ、ＡＢＤＣ、ＡＣＢＤ、ＡＣＤＢ、ＡＤＢＣ、ＡＤＣＢの6とおりあります。Ｂ、Ｃ、Ｄのそれぞれが先頭になるならび方も6とおりずつあるので、
全部で、6×4＝24(とおり)

9 お姉さんの貯金額を x 円とすると、
5：6＝1300：x　1300÷5＝260
x＝6×260＝1560(円)
(別の解き方)お姉さんの貯金額は、はるなさんの貯金額の何倍かを考えます。
$6\div5=\frac{6}{5}$(倍)
$1300\times\frac{6}{5}=1560$(円)

10 1枚(まい)の厚さ　1÷40＝0.025(cm)
400枚の厚さ　0.025×400＝10(cm)

11 〔縮図〕　約 8.4 m

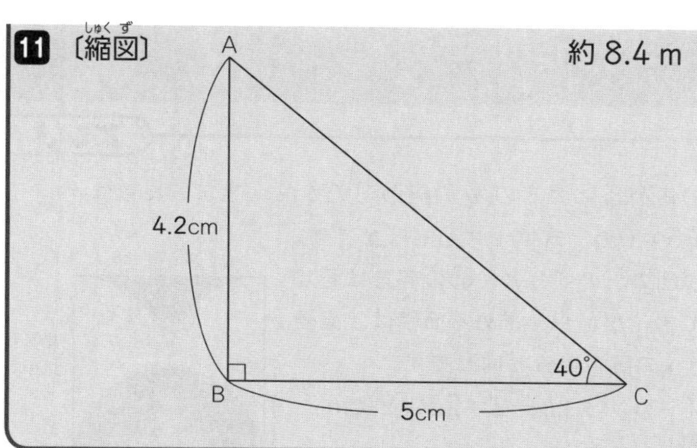

11 縮図の辺ＢＣの長さは、10 m＝1000 cm より、

$1000\times\frac{1}{200}=5$ (cm)になります。

辺ＡＢの実際の長さは、4.2×200＝840(cm)

840 cm＝8.4 m

春のチャレンジテスト

1 ①㋐、㋑、㋓、㋔、㋕　②㋒、㋕

2 ①$x\times9=y$　②150円

3 ①$\frac{1}{10}$　②3　③$\frac{10}{7}\left(1\frac{3}{7}\right)$　④$\frac{14}{15}$

⑤$\frac{6}{7}$　⑥$\frac{3}{20}$

4 ①16　②15

5 43 cm²

6 ①式　120×90÷2＝5400　答え　約 5400 m²

②式　7×8×15＝840　答え　約 840 cm³

7 ①$\frac{1}{2}$になる。

②$y=36\div x$

③あ6　い9

8 ①

(例)

1 → 2	3	4
	4	3
1 → 3	2	4
	4	2
1 → 4	2	3
	3	2

②24 とおり

9 ①3.5 冊

②2.5 冊

③2冊

10 ①$\frac{7}{12}$時間　②式　$210\div\frac{7}{12}=360$　答え　360 個

11 ①辺ＣＤ　②辺ＦＧ

12 式　$153\times\frac{7}{9}=119$　答え　119 km

てびき

2 ②$y=1350$ のとき、$x\times9=1350$ になります。

x にあてはまる値を求めます。

3 ⑥ $54\div15\div24=\frac{54}{1}\times\frac{1}{15}\times\frac{1}{24}$

$=\frac{\overset{3}{\cancel{\overset{18}{\cancel{54}}}}\times1\times1}{1\times\underset{5}{\cancel{15}}\times\underset{4}{\cancel{24}}}=\frac{3}{20}$

4 ①28÷7＝4　$x=4\times4=16$

②1÷0.2＝5　$x=3\times5=15$

5 長方形の横の長さは、10×2＝20(cm)です。

10×20－10×10×3.14÷2＝43(cm²)

6 ①三角形とみます。

②直方体とみます。

7 ①縦が2cm から4cm へ2倍になると、横は 18 cm から9cm へ$\frac{1}{2}$になっています。

②$x\times y=36$　と表してもかまいません。

③②の式を使って求めましょう。

8 ②千の位が2、3、4のときもそれぞれ6とおりずつできます。

全部で、6×4＝24(とおり)

9 ①10 人の冊数の合計は、

1×2＋2×3＋3×2＋5＋7＋9＝35(冊)

だから、平均値は、35÷10＝3.5(冊)

②10 人の中央値は、5番めと6番めの冊数の平均だから、(2＋3)÷2＝2.5(冊)

10 ①$35\div60=\frac{7}{12}$(時間)

12 道のり全体を、7＋2＝9とします。

学力診断テスト

てびき

1 ① $\frac{14}{15}$ ② $\frac{2}{3}$ ③ $\frac{9}{5}\left(1\frac{4}{5}\right)$

④2 ⑤ $\frac{4}{7}$ ⑥ $\frac{9}{25}$

2 ①1 ②1.2 ③3.6

3 ㋓

4 25.12 cm²

5 ①式 6×4÷2×12=144

答え 144 cm³

②式 5×5×3.14÷2×16=628

または、5×5×3.14×16÷2=628

答え 628 cm³

6 線対称(せんたいしょう)…㋐、㋑ 点対称…㋐、㋓

7 ㋑、㋓

8 ① $y=36\div x$ ②いえます(いえる)

9 ①角E ②4.5 cm

10 6通り

11 ①中央値(ちゅうおうち)…5冊(さつ)

最頻値(さいひんち)…5冊

②5冊

③右のグラフ

④6冊以上8冊未満

⑤4冊以上6冊未満

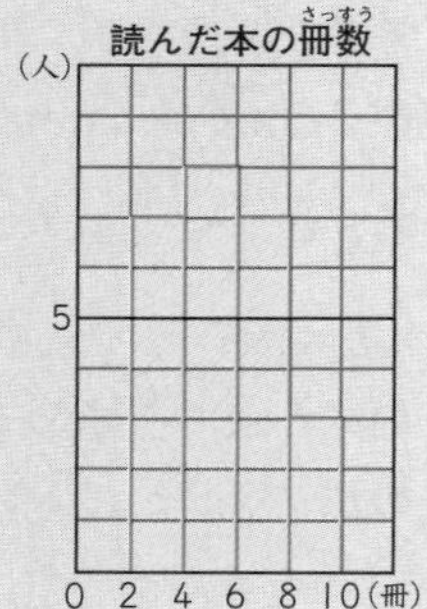

12 ① $y=12\times x$ ②900 L

③300000 cm³ ④50 cm

⑤(例)浴そうに水を200 Lためて

シャワーを1人15分間使うと、

200+12×15×5=1100(L)、

浴そうに水をためずにシャワーを1人20分間使うと、

12×20×5=1200(L)

になるので、浴そうに水をためて使うほうが水の節約になるから。

2 x の値(あたい)が5のときの y の値が3だから、きまった数は

3÷5=0.6 式は $y=0.6\times x$ です。

4 右の図の①の部分と、②の部分は同じ形です。だから、求める面積は、直径8cmの円の半分と同じです。

4×4×3.14÷2=25.12(cm²)

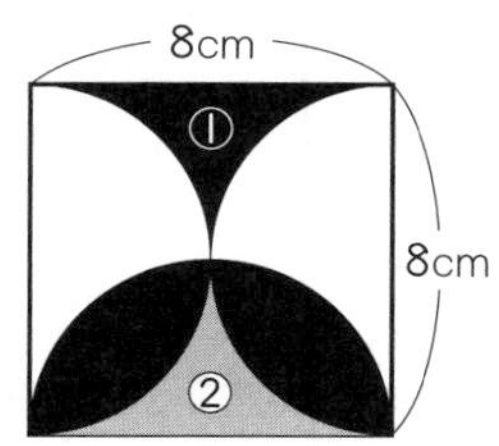

5 どちらも「底面積×高さ」で求めます。

①の立体は、底面が底辺6cm、高さ4cmの三角形で、高さが12cmの三角柱です。

②の立体は、底面が直径10cmの円の半分で、高さが16cmの立体です。また、②は底面が直径10cmの円、高さが16cmの円柱の半分と考えて、

「5×5×3.14×16÷2」でも正解です。

6 1つの直線を折り目にして折ったとき、両側の部分がぴったり重なる図形が線対称な図形です。また、ある点のまわりに180°まわすと、もとの形にぴったり重なる図形が点対称な図形です。

7 ㋑は6で、㋓は7でわると2：3になります。

8 ① 横=面積÷縦(たて) $x\times y=36$ としても正解です。

②①の式は、$y=$ きまった数 $\div x$ だから、x と y は反比例しているといえます。

9 ②形の同じ2つの図形では、対応する辺の長さの比はすべて等しくなります。辺ABと辺DBの長さの比は2：6で、簡単(かんたん)にすると1：3です。辺ACと辺DEの長さの比も1：3だから、1：3=1.5：□として求めます。

10 赤―青、赤―黄、赤―緑、青―黄、青―緑、黄―緑の6通りです。

例えば、右のようにして考えます。

赤＜青・黄・緑　青＜黄・緑　黄―緑

11 ①ドットプロットから、クラスの人数は25人とわかります。

中央値は、上から13番目の本の冊数です。

②平均値(へいきんち)は、125÷25=5(冊)になります。

③ドットプロットから、2冊以上4冊未満の人数は7人、4冊以上6冊未満の人数は8人、6冊以上8冊未満の人数は7人、8冊以上10冊未満の人数は3人です。

④8冊以上10冊未満の人数は3人、6冊以上8冊未満の人数は7人だから、本の冊数が多いほうから数えて10番目の児童は、6冊以上8冊未満の階級に入っています。

⑤5冊は4冊以上6冊未満の階級に入ります。

12 ① $12\times x=y$ としても正解です。

⑤それぞれの場合の水の使用量を求め、比かくした上で「水をためて使うほうが水の節約になる」ということが書けていれば正解とします。